CHANYE ZHUANLI
FENXI BAOGAO

产业专利分析报告

(第82册)——基因治疗药物

国家知识产权局学术委员会 ◎ 组织编写

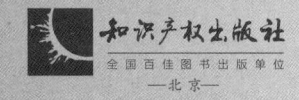

知识产权出版社
全国百佳图书出版单位
—北京—

图书在版编目（CIP）数据

产业专利分析报告. 第82册, 基因治疗药物/国家知识产权局学术委员会组织编写. —北京：知识产权出版社，2021.7

ISBN 978 – 7 – 5130 – 7596 – 1

Ⅰ.①产… Ⅱ.①国… Ⅲ.①专利—研究报告—世界②基因治疗—药物—专利—研究报告—世界 Ⅳ.①G306.71②R394

中国版本图书馆 CIP 数据核字（2021）第 133250 号

内容提要

本书是基因治疗药物行业的专利分析报告。报告从该行业的专利（国内、国外）申请、授权、申请人的已有专利状态、其他先进国家的专利状况、同领域领先企业的专利壁垒等方面入手，充分结合相关数据，展开分析，并得出分析结果。本书是了解该行业技术发展现状并预测未来走向，帮助企业做好专利预警的必备工具书。

责任编辑：卢海鹰　王玉茂	责任校对：潘凤越
执行编辑：章鹿野	责任印制：刘译文
封面设计：博华创意·张冀	

产业专利分析报告（第 82 册）
——基因治疗药物
国家知识产权局学术委员会　组织编写

出版发行：知识产权出版社有限责任公司	网　　址：http：//www.ipph.cn
社　　址：北京市海淀区气象路 50 号院	邮　　编：100081
责编电话：010 – 82000860 转 8541	责编邮箱：wangyumao@ cnipr.com
发行电话：010 – 82000860 转 8101/8102	发行传真：010 – 82000893/82005070/82000270
印　　刷：天津嘉恒印务有限公司	经　　销：各大网上书店、新华书店及相关专业书店
开　　本：787mm×1092mm　1/16	印　　张：14.25
版　　次：2021 年 7 月第 1 版	印　　次：2021 年 7 月第 1 次印刷
字　　数：313 千字	定　　价：70.00 元

ISBN 978 – 7 – 5130 – 7596 – 1

出版权专有　侵权必究

如有印装质量问题，本社负责调换。

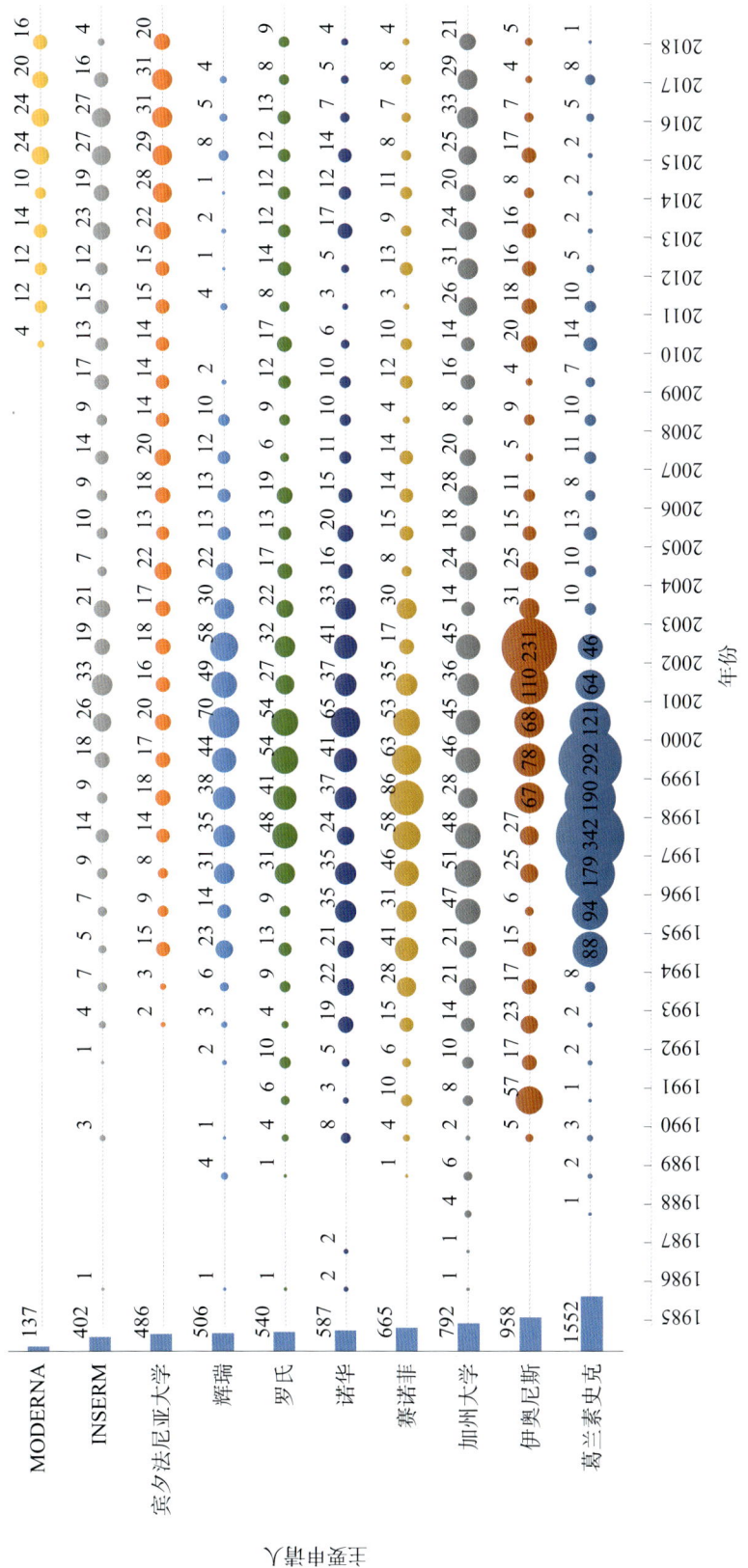

图4-1-4 全球基因治疗专利主要申请人申请趋势

（正文说明见第56页）

注：图中数字表示专利数量，单位为项。

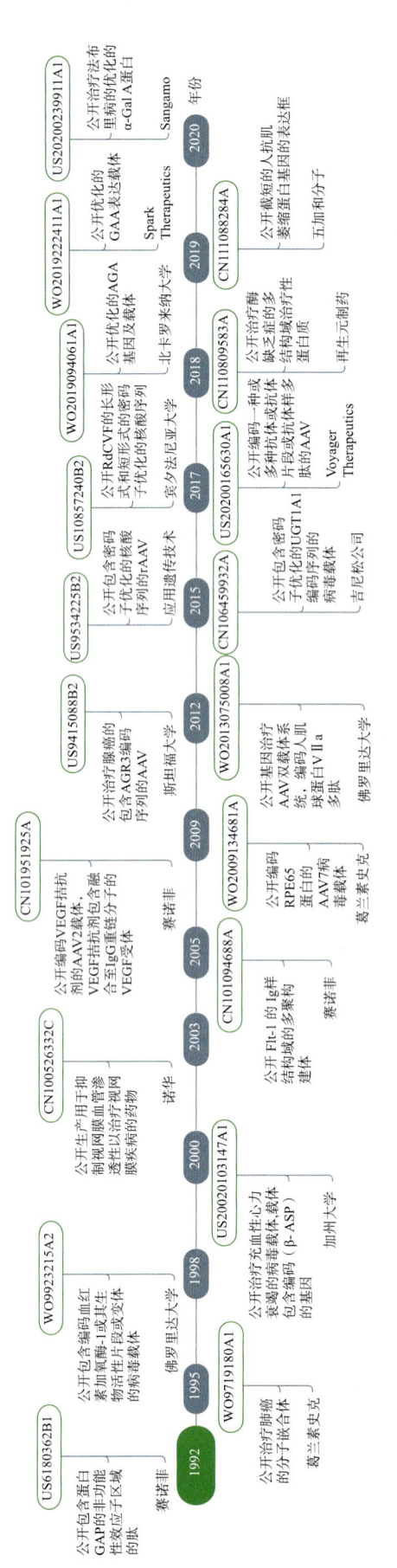

图5-3-9 AAV密码子优化代表专利梳理

（正文说明见第99页）

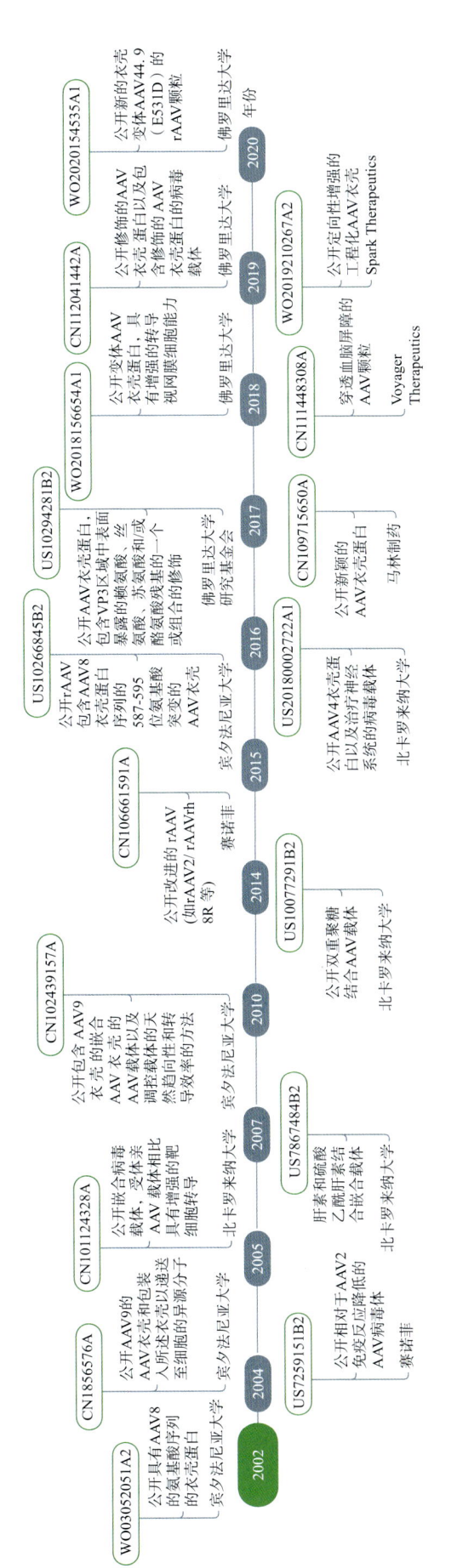

图5-3-10 腺相关病毒衣壳突变代表专利梳理

（正文说明见第105页）

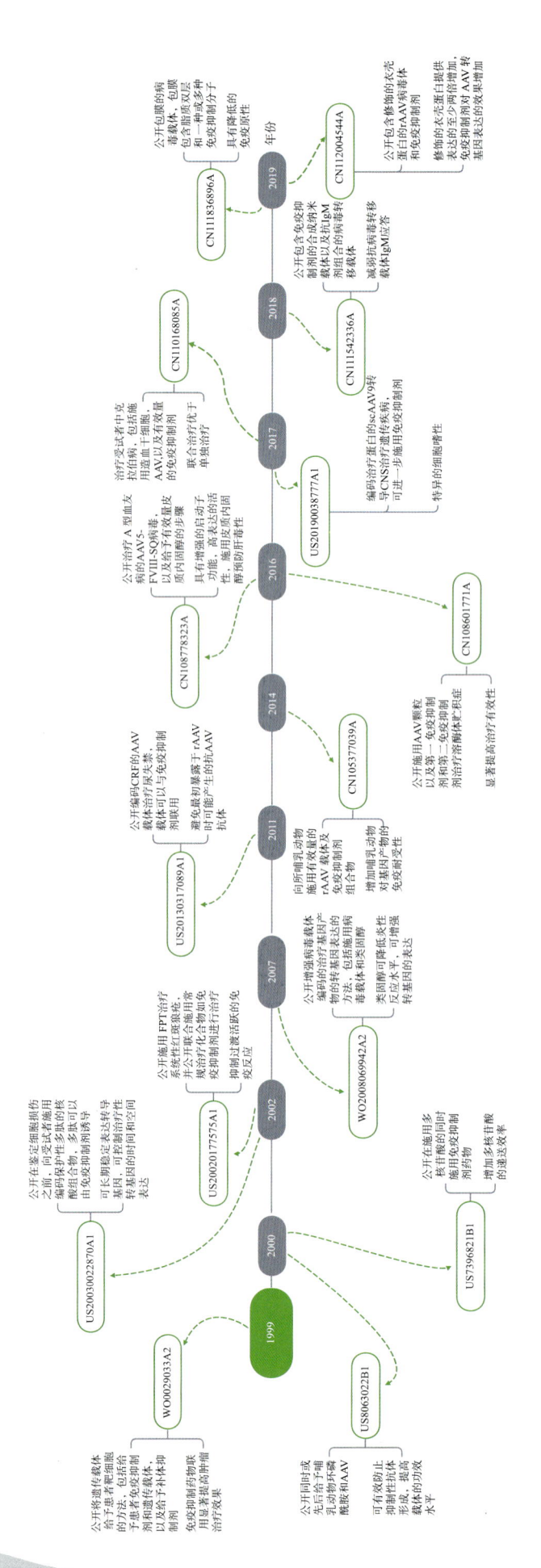

图5-3-11　AAV联合免疫抑制剂代表专利梳理

（正文说明见第108页）

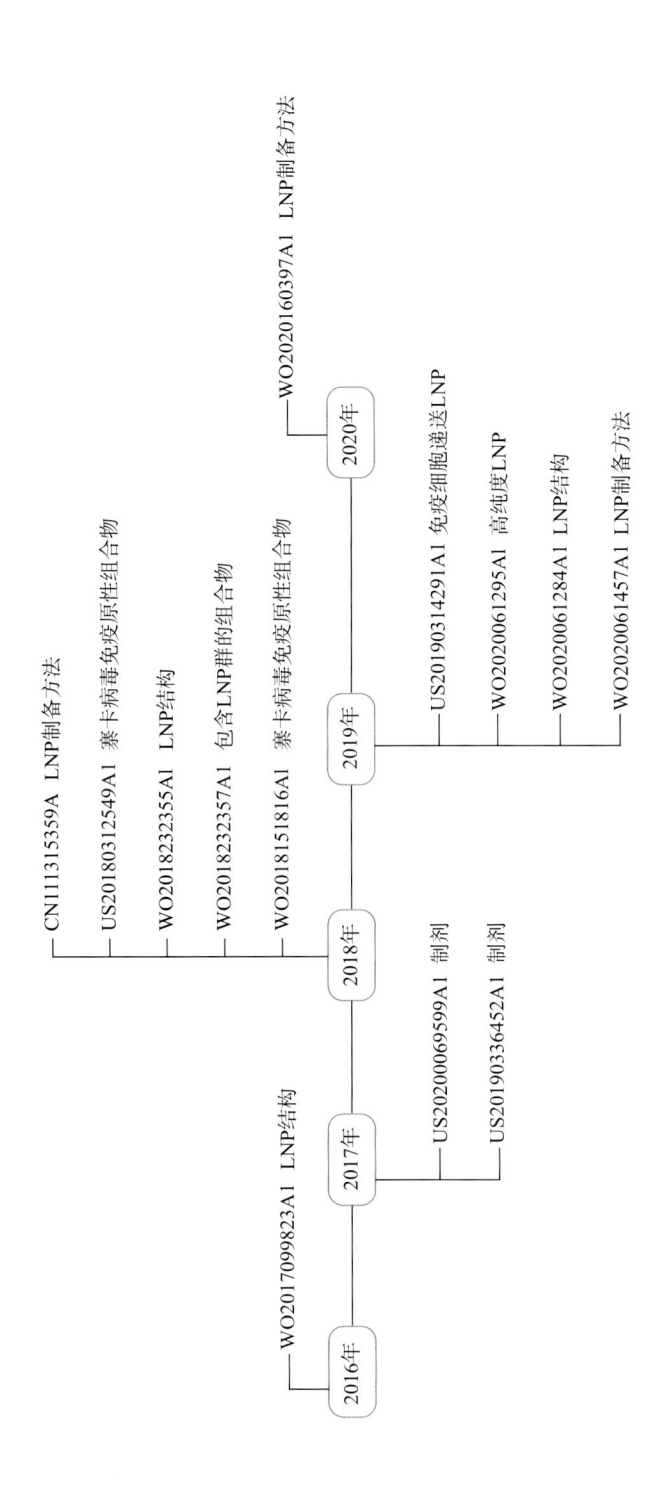

图5-4-4 MODERNA LNP专利梳理

（正文说明见第136页）

2016年
- WO2017099823A1 LNP结构

2017年
- US2020069599A1 制剂
- US20190336452A1 制剂

2018年
- CN111315359A LNP制备方法
- US20180312549A1 寨卡病毒免疫原性组合物
- WO2018232355A1 LNP结构
- WO2018232357A1 包含LNP群的组合物
- WO2018151816A1 寨卡病毒免疫原性组合物

2019年
- US20190314291A1 免疫细胞递送LNP
- WO2020061295A1 高纯度LNP
- WO2020061284A1 LNP结构
- WO2020061457A1 LNP制备方法

2020年
- WO2020160397A1 LNP制备方法

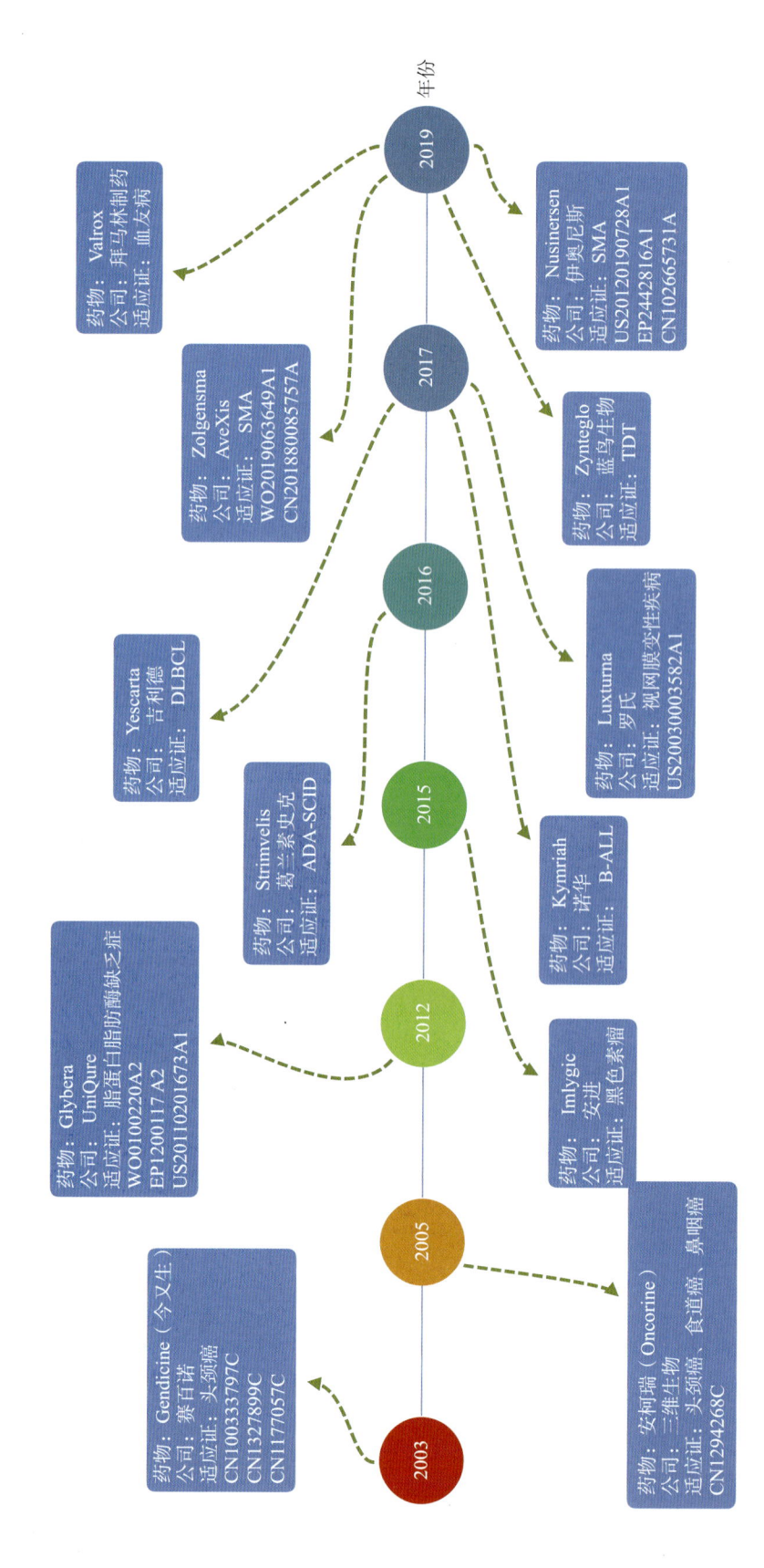

图6-0-1 已经被批准的基因治疗药物

（正文说明见第156页）

PCT	发明点	美国	法律状态	授权内容	中国	法律状态
WO2007002390A3	序列	US20200181613A1	在审		未进入中国	
		US20130109091A1	授权	序列		
		US20180291376A1	驳回			
		US20170088835A1	驳回			
		US20150353929A1	驳回			
		US20100216238A1	授权	序列		
WO2010148249A1	序列，诊断/给药	US20170015995A1	授权	序列，诊断/给药	CN106983768A	在审
		US20120190728A1	授权	序列，诊断/给药	CN102665731A	驳回
WO2014110291A1	序列，诊断/给药	US20160002627A1	授权	序列，诊断/给药	未进入中国	
WO2015161170A2	序列	US20170044538A1	驳回		未进入中国	
WO2016040748A1	诊断/给药	US20170363643A1	授权	诊断/给药	未进入中国	
WO2017223258A1	生产工艺	US20190161513A1	在审		CN109689668A	在审
WO2017218454A1	生产工艺	US20190248823A1	在审		CN109641928A	在审
WO2020037161A1	药物组合物			尚未进入国家阶段		
WO2020227618A2	生产工艺			尚未进入国家阶段		

图6-1-4　Nusinersen相关专利在中国和美国的法律状态

注：红色为Orange Book登记的核心专利，灰色或蓝色为同一专利族。

（正文说明见第161页）

PCT	发明点	美国	法律状态	中国	法律状态
WO2007148971A2	载体优化	US20090191588A1	授权	CN101506369A	授权
		US20130296532A1	授权	CN103849629A	授权
		US20150140639A1	授权		
		US20170145440A1	授权		
		US20180258448A1	授权		
		US20190153473A1	授权		
		US20200131535A1	在审		
WO2007046703A1	载体优化	US20120028357A1	授权	CN101287837A	授权
WO2009014445A2	载体优化	US20100261254A1	授权	CN101868547A	授权
WO2010029178A1	病毒载体+活性成分	US20100261254A1	授权	未进入	
		US20140186926A1	授权		
		US20160032254A1	授权		
		US20190203183A1	在审		
WO2015137802A1	载体优化	US20170356008A1	授权	CN106459984A	在审
US20200231958A1	病毒载体+活性成分	US20200231958A1	在审	尚未进入	
		US20200190498A1	在审		
		US20200199564A1	在审		
WO2019016349A1	载体优化	US20200248206A1	在审	CN111183225A	在审
WO2019122293A1	试剂盒优化	US20200360535A1	在审	尚未进入	
WO2020104424A1	载体优化			尚未进入国家阶段	

图6-2-4　AMT-061相关专利在中国和美国的法律状态

注：红色、蓝色为核心专利，灰色、绿色为同一专利族。

（正文说明见第168页）

编委会

主　任：廖　涛

副主任：胡文辉　魏保志

编　委：雷春海　吴红秀　刘　彬　田　虹

　　　　李秀琴　张小凤　孙　琨

前　言

为深入学习贯彻习近平新时代中国特色社会主义思想，深入领会习近平总书记在中央政治局第二十五次集体学习时的重要讲话精神，特别是"要加强关键领域自主知识产权创造和储备"的重要指示精神，国家知识产权局学术委员会紧紧围绕国家重点产业和关键领域创新发展的新形势、新需求，进一步强化专利分析运用与关键核心技术保护的协同效应，每年组织开展一批重大专利分析课题研究，取得了一批有广度、有高度、有深度、有应用、有效益的优秀课题成果，出版了一批《产业专利分析报告》，为促进创新起点提高、创新效益提升、创新决策科学有效提供了有力指引，充分发挥了专利情报对加强自主知识产权保护、提升产业竞争优势的智力支撑作用。

2020年，国家知识产权局学术委员会按照"源于产业、依靠产业、推动产业"的原则，在广泛调研产业需求基础上，重点围绕高端医疗器械、生物医药、新一代信息技术、关键基础材料、资源循环再利用等5个重大产业方向，确定12项专利课题研究，组织20余家企事业单位近180名研究人员，圆满完成了各项课题研究任务，形成一批凸显行业特色的研究成果。按照课题成果的示范性和价值度，选取其中5项成果集结成册，继续以《产业专利分析报告》（第79~83册）系列丛书的形式出版，所涉及的产业方向包括群体智能技术，生活垃圾、医疗垃圾处理与利用，应用于即时检测关键技术，基因治疗药物，高性能吸附分离树脂及应用等。课题成果的顺利出版离不开社会各界一如既往的支持帮助，各省市知识产权局、行业协会、科研院所等为课题的顺利开展贡献巨大力量，来自近百名行业和技术专家参与课题指导工作。

  《产业专利分析报告》（第 79～83 册）凝聚着社会各界的智慧，希望各方能够充分吸收，积极利用专利分析成果助力关键核心技术自主知识产权创造和储备。由于报告中专利文献的数据采集范围和专利分析工具的限制，加之研究人员水平有限，因此报告的数据、结论和建议仅供社会各界借鉴研究。

《产业专利分析报告》丛书编委会

2021 年 7 月

基因治疗药物产业专利分析课题研究团队

一、项目管理

国家知识产权局专利局： 张小凤　孙　琨

二、课题组

承 担 单 位： 苏州兰登紫金信息技术有限公司

课题负责人： 马俊豪

课题组组长： 孙丽芳

统　稿　人： 刘　健　崔恒进

主要执笔人： 崔恒进　丁　鹏　刘　健　马俊豪　龚甚其　曹文静
　　　　　　　王佳颖　陈舒炜

课题组成员： 崔恒进　丁　鹏　刘　健　马俊豪　龚甚其　曹文静
　　　　　　　王佳颖　陈舒炜　耿锟锟　平大为　苏保卫　王广珺
　　　　　　　韦　炜　禹良艳　朱　静

三、研究分工

数据检索： 崔恒进　刘　健　马俊豪　丁　鹏　龚甚其　王佳颖

数据清理： 刘　健　崔恒进　马俊豪　丁　鹏　龚甚其　曹文静
　　　　　　王佳颖　陈舒炜

数据标引： 崔恒进　刘　健　马俊豪　丁　鹏　龚甚其　王佳颖

图表制作： 刘　健　崔恒进　马俊豪　丁　鹏　龚甚其　曹文静
　　　　　　王佳颖　陈舒炜

报告执笔： 崔恒进　刘　健　马俊豪　丁　鹏　龚甚其　陈舒炜

报告统稿： 刘　健　崔恒进

报告编辑： 刘　健　崔恒进　马俊豪　丁　鹏　龚甚其　曹文静
　　　　　　王佳颖　陈舒炜

报告审校： 马俊豪　刘　健　苏保卫

四、报告撰稿

崔恒进： 主要执笔第 1 章和第 5 章

刘　健： 主要执笔第 2 章和第 8 章

陈舒炜： 主要执笔第 3 章

丁　鹏： 主要执笔第 4 章

马俊豪： 主要执笔第 6 章

龚甚其： 主要执笔第 7 章

五、指导专家

行业专家

戴　略　　罗氏上海创新中心

汪思佳　　中科院计算生物学重点实验室

陈　磊　　海军军医大学（原第二军医大学）东方肝胆外科医院/国家肝癌科学中心

技术专家

张康雨　　基石药业有限公司

周敬业　　上海诚益生物科技有限公司

六、合作单位

山东绿叶制药有限公司

目 录

第 1 章　行业概况 / 1
  1.1　产业概述 / 1
    1.1.1　发展历史 / 1
    1.1.2　国外发展概述 / 1
    1.1.3　国内发展概述 / 2
  1.2　产业发展现状 / 4
    1.2.1　产业链构成 / 4
    1.2.2　市场容量 / 4
    1.2.3　目标市场 / 5
    1.2.4　国内产业政策 / 5
    1.2.5　代表企业和核心产品 / 6
  1.3　产业发展趋势 / 7
    1.3.1　产业需求 / 7
    1.3.2　存在的问题 / 7
    1.3.3　发展方向 / 8
  1.4　技术发展现状 / 8
    1.4.1　技术发展历程 / 8
    1.4.2　代表技术 / 9
  1.5　技术发展趋势 / 9
    1.5.1　基于转基因技术的基因治疗 / 9
    1.5.2　基于基因编辑技术的基因治疗 / 10
    1.5.3　技术研发方向 / 10

第 2 章　研究方法 / 11
  2.1　第一阶段：数据收集 / 11
    2.1.1　研究对象 / 11
    2.1.2　专利数据库 / 11
    2.1.3　检索策略 / 12

2.2 第二阶段：数据筛选 / 14
2.3 第三阶段：数据标引与分析 / 16
2.4 相关事项约定 / 16

第3章　基因治疗全球专利概览 / 18
3.1 全球专利申请趋势分析 / 18
3.2 全球专利申请量地域分布 / 20
3.2.1 全球专利分布 / 20
3.2.2 中国专利分布 / 22
3.3 全球专利主要申请人排名 / 23
3.4 主要国家/地区专利分析 / 25
3.4.1 美国专利分析 / 26
3.4.2 中国专利分析 / 31
3.4.3 日本专利分析 / 40
3.4.4 欧洲专利分析 / 43
3.4.5 韩国专利分析 / 47
3.4.6 其他国家专利分析 / 50
3.5 基因治疗技术分支分布 / 52
3.6 本章小结 / 53

第4章　基因治疗全球主要申请人分析 / 54
4.1 主要申请人 / 54
4.1.1 全球专利布局的主要申请人 / 54
4.1.2 全球近5年活跃的申请人 / 56
4.1.3 主要国家/地区的申请人 / 57
4.2 葛兰素史克 / 61
4.2.1 申请量与法律状态分析 / 62
4.2.2 地域分布分析 / 64
4.2.3 主要技术发展分析 / 64
4.2.4 上市基因治疗产品分析 / 64
4.3 加州大学 / 67
4.3.1 申请量与法律状态分析 / 68
4.3.2 地域分布分析 / 70
4.4 MODERNA / 72
4.4.1 申请量与法律状态分析 / 73
4.4.2 地域分布分析 / 74
4.5 中国企业申请人 / 74
4.5.1 瑞博生物 / 74

4.5.2　百奥迈科 / 76

4.5.3　科济生物 / 77

4.6　本章小结 / 78

第5章　全球基因治疗药物专利技术分析 / 80

5.1　病毒载体药物专利分析 / 80

5.1.1　病毒载体药物全球专利分析 / 80

5.1.2　病毒载体药物中国专利分析 / 83

5.2　基因治疗药物专利适应证分布分析 / 85

5.2.1　基因治疗药物专利适应证的技术分支分析 / 90

5.3　AAV载体药物 / 93

5.3.1　AAV概述 / 93

5.3.2　AAV载体药物全球专利分析 / 95

5.3.3　腺相关病毒载体药物中国专利分析 / 125

5.4　mRNA疫苗药物 / 129

5.4.1　MODERNA概述 / 130

5.4.2　MODERNA传染病专利分析 / 130

5.5　慢病毒载体药物 / 137

5.5.1　慢病毒概述 / 137

5.5.2　慢病毒载体药物全球专利分析 / 138

5.5.3　慢病毒载体药物中国专利分析 / 145

5.6　溶瘤病毒药物 / 150

5.6.1　溶瘤病毒概述 / 150

5.6.2　溶瘤疱疹病毒T-VEC / 150

5.6.3　溶瘤疱疹病毒T-VEC相关专利分析 / 151

5.7　本章小结 / 154

第6章　基因治疗药物重点专利 / 156

6.1　Nusinersen / 156

6.1.1　脊髓性肌萎缩症 / 156

6.1.2　Nusinersen的研发历程 / 157

6.1.3　Nusinersen的专利保护网络 / 158

6.2　AMT-061 / 163

6.2.1　B型血友病 / 164

6.2.2　AMT-061的研发进程 / 165

6.2.3　AMT-061的专利保护网络 / 165

6.2.4　AMT-061的核心专利在欧美被无效 / 172

6.3　本章小结 / 175

第7章　基因治疗药物专利诉讼分析 / 177
　　7.1　宏观分析 / 177
　　　　7.1.1　涉诉专利权人构成分析 / 177
　　　　7.1.2　涉诉地域分析 / 178
　　7.2　典型案例 / 178
　　　　7.2.1　CRISPR专利诉讼案 / 178
　　　　7.2.2　CAR–T专利系列诉讼案 / 182
　　7.3　本章小结 / 185
第8章　总　　结 / 186
附　录　申请人名称约定表 / 187
图索引 / 197
表索引 / 201

第1章 行业概况

1.1 产业概述

基因治疗是以改变人细胞遗传物质为基础的生物医学治疗手段，是指将外源正常基因导入靶细胞，以纠正或补偿因基因缺陷或基因表达异常引起的疾病，以达到治疗疾病的目的。[1] 基因治疗作为一种新型的生物技术疗法，给众多患者带来了前所未有的治疗手段，也带来了新的希望。

1.1.1 发展历史

20世纪60年代，科学家首次提出利用基因治疗治愈遗传疾病的概念。随着20世纪七八十年代DNA重组、基因克隆等技术的成熟，基因治疗技术快速发展，并成为21世纪重要的医药产业和最重要的疾病治疗手段之一。

早期基因治疗主要是针对单基因遗传病，随着生物技术的不断发展，基因治疗的对象已经扩大到6000多种疾病，如艾滋病、乙肝、镰刀贫血症、血友病、黏多糖贮积症Ⅲ型、遗传性精神病、感染性疾病、心血管疾病、自身免疫性疾病和代谢性疾病等。

经过30多年的发展，基因治疗相关技术趋于成熟，新的基因载体、新的基因编辑技术以及细胞生物学和免疫学领域等若干关键技术获得突破进展。

1.1.2 国外发展概述

随着基因治疗技术创新并促成重大临床进展，多项基因治疗项目相继在美国和欧盟获得批准上市。与此同时，全球资本市场对基因治疗领域投融资及并购也异常火热。

近几年，美国政府不断加大对基因治疗领域的支持力度。美国国家卫生研究院（NIH）在2014年投入2500万美元，用于研究疟疾和流感的基因治疗方法。美国政府还在2015年底发布的《美国创新新战略》（*New Strategy for American Innovation*）中将基因治疗纳入了未来发展战略中，明确10年内将斥资48亿美元进一步促进基因治疗的发展。

除美国之外，欧盟对基因治疗的投入也不甘落于人后。2006年，欧盟出台了CliniGene计划，在5年内出资6580万欧元投入基因治疗技术的研发。在2014年启动的欧盟"地平线2020"计划，给予了基因治疗技术4910万欧元的研发资助。另外，法国还在2016年宣布投资6.7亿欧元展开基因治疗领域为期10年的研究项目。

---

[1] 邓洪新，魏于全. 肿瘤基因治疗的研究现状和展望[J]. 中国肿瘤生物治疗杂志，2015，22（2）：170–176.

除了各国政府，一些大型制药企业也十分重视基因治疗技术的研发。辉瑞与 Spark Therapeutics 于 2014 年达成合作，将共同研究 B 型血友病的基因治疗方法。百时美施贵宝与 UniQure 于 2015 年达成合作，将共同投资 10 亿美元对重组腺相关病毒（rAAV）表达载体的心血管基因治疗药物进行研发。另外，百健与再生生物股份有限公司以及宾夕法尼亚大学同样于 2016 年达成了基于腺相关病毒（AAV）载体的基因治疗药物研发合作。

综上，欧美国家在基因治疗领域的技术发展、资金投入以及政策扶持等方面都处于行业领先地位，占据主要的国际市场。

1.1.3 国内发展概述

我国政府也十分重视基因治疗相关技术的研发。早在"十一五"规划期间，我国便将重大疾病的基因治疗研究纳入了《国家高技术研究发展计划》（"863"计划）中，成立了由多家国内领先的生物治疗研究单位和多个国家级重点实验室组成的团队。众多国内顶尖的基因治疗领域的人才参与其中，一起研发出了诸多具有自主知识产权的基因治疗技术。而在"863"计划中，政府对基因治疗的基础研究和应用基础研究进行了专项拨款资助，从而取得了重要的研究成果。

与诸多医疗领域的技术不同，我国基因治疗技术研究的起步时间晚于发达国家，主攻方向为肿瘤、心血管相关的重大疾病。目前我国已经在该方向上有了很多重要的成果，包括已经上市的两款用于头颈部恶性肿瘤基因治疗的产品，进入临床试验的近 20 款针对恶性肿瘤、心血管疾病、遗传性疾病的基因治疗产品，处于临床研究阶段的 40 多项重疾病制剂，处于实验室阶段的上百项技术。此外，还有 70 多个基因治疗临床试验方案登记在 ClinicalTrial 网站上，在亚洲处于领先地位，包括华中科技大学研发的治疗肝癌和头颈癌的产品"重组腺病毒 - 胸苷激酶基因制剂"（ADV - TK），中山大学研发的治疗晚期头颈鳞癌的注射液 E - 10A，军事医学科学院研发的治疗心肌梗死的注射液 Ad - HGF 等。我国的基因治疗技术在某些方向上处于世界的前列，而且正处于蓬勃发展的阶段。

虽然我国基因治疗研究及临床试验与世界发达国家几乎同期起步，但是与欧美基因治疗市场相比，除嵌合抗原受体 T 细胞免疫治疗（CAR - T）外，我国基因治疗的发展仍处于行业小量维持、谨慎跟进的状况。

从产品角度看，2004 年 1 月，我国研发的基因治疗药物今又生（Gendicine）被国家药品监督管理局（NMPA）批准上市，它是一种重组人 p53 腺病毒注射液，用于头颈部肿瘤的治疗，它也是全球第一个上市的基因治疗产品。2005 年，我国研发的用于头颈部肿瘤治疗的 H101 重组人 5 型腺病毒注射液安柯瑞（Oncorine）上市，这也是全球第一个上市的溶瘤病毒基因治疗产品。此外，国内有多个基因治疗药物的在研项目正在开展，部分项目已取得了较好的临床效果，如表 1 - 1 - 1 所示。

表1-1-1 部分国内基因治疗项目

产品	产品说明	公司	适应证	靶点	临床/上市	临床试验编号
今又生	腺病毒	赛百诺	头颈癌	P53	上市（2004年）	—
安柯瑞	腺病毒	三维生物	头颈癌、鼻咽癌	P53	上市（2006年）	—
ADV-TK	腺病毒	天达康基因	进展期肝癌肝移植	TK	Ⅲ期	CTR20132308
NL003	裸质粒	诺思兰德	下肢缺血性疾病	HGF	Ⅲ期	CTR20190746
OrienX010	单纯疱疹病毒	奥源和力	恶性黑色素瘤	GM-CSF	Ⅱ期	CTR20171275
Ad-HGF	腺病毒	海泰联合	缺血性心脏病	HGF	Ⅱ期	CTR20130386
EDS01	腺病毒	恩多施生物	晚期头颈部恶性肿瘤	EDS	Ⅱ期	CTR20140842
LCAR-B38M	慢病毒CAR-T	传奇生物	多发性骨髓瘤	BCMA	临床	CTR20181007
Gene-modified autologous stem cells	慢病毒	深圳市免疫基因治疗研究院	β-地中海贫血		Ⅰ/Ⅱ期	NCT03351829
YUVA-GT-F801/F901	慢病毒	深圳市免疫基因治疗研究院	血友病	Factor Ⅷ/Ⅸ	Ⅰ/Ⅱ期	NCT03217032
Autologous CD34+ cells genetically modified	慢病毒	铱科基因	β-地中海贫血	—	Ⅰ/Ⅱ期	NCT03276455

资料来源：药智网、ClinicalTrials，华金证券研究所。

综上，目前国内企业研发投入大多集中在肿瘤基因治疗领域。基因治疗在国内经历了十多年的行业大整改之后刚刚进入成长期，随着未来国内技术的不断成熟，基因治疗也会逐步扩展到其他适应证，发展前景较大。

1.2 产业发展现状

1.2.1 产业链构成

基因治疗产业链的上游包括以基因测序、组学分析为代表的基因组学检测分析环节，以及仪器设备、试剂、耗材公司；病毒载体的构建包装技术处于产业链的中游；产业链的下游主要为医药企业、科研院校、医疗机构等，应用领域广泛，包括基因治疗药物研发、CAR－T开发以及其他细胞治疗等。上游的供应市场较为成熟，且竞争格局较为稳定；随着基因治疗市场的发展，更多基因药物上市获批，中游病毒载体构建包装与生产环节未来的发展潜力巨大。

1.2.2 市场容量

2018年，全球癌症统计数据显示，全球新增大约1810万癌症病例，960万癌症患者死亡。IQVIA（艾昆纬）数据显示，2018年，全球肿瘤药物支出近1500亿美元，同比增长12.90%，连续5年两位数增长。而中国的肿瘤治疗市场规模高达约90亿美元，年增长达11.10%，肿瘤药增长23.60%，达63亿美元。预计到2023年，全球市场总规模将达到2000亿～2300亿美元。

据全球医药健康领域的行业咨询及市场调研机构EvaluatePharma称，基因治疗、细胞治疗以及核酸疗法在未来很长一段时间都将是极其热门的领域，其全球市场规模在2017年仅有10亿美元，但是预计将会在2024年增长至440亿美元。目前临床上最成功的离体基因治疗技术是CAR－T治疗，但是该技术主要用来治疗血液肿瘤，在治疗实体肿瘤上的运用尚不成熟，需要更进一步的研究，同时其应用也具有非常大的想象空间。

目前临床上治疗镰刀型细胞贫血症只能采用输血、干细胞移植等方式进行缓解而很难彻底治愈，但是基因治疗技术给该病带来了根治的可能性。通过基因治疗技术，可以将患者造血干细胞中出现错误的基因恢复成正常的基因，从而恢复造血干细胞的正常功能，以实现该疾病的彻底治愈。此外，困扰全世界的艾滋病难题在基因编辑技术的使用下也有望被彻底攻克，这无疑是对基因治疗技术的潜力最有力的证明。

溶瘤病毒是基因治疗在肿瘤治疗上的另一个应用。通过基因改造，科学家赋予了传统病毒全新的功能，该技术成熟后有望单独使用或和其他治疗方案联合使用，提高肿瘤的可治愈性。[1]

从目前各国和各医药公司的研发投入以及市场需求来看，基因治疗在未来具有广阔的市场前景。

---

[1] 基因治疗：医学革命正在到来［EB/OL］．［2018－08－10］．http：//pdf.dfcfw.com/pdf/H3_AP201808131177598227_1.pdf．

1.2.3 目标市场

本报告主要以不同的适应证来区分基因治疗不同的目标市场。全球基因治疗临床试验的适应证分布如图1-1-1所示。

由图1-1-1可知，截至2017年底，绝大多数的基因治疗临床试验致力于解决癌症和遗传性单基因疾病。排在癌症和遗传性单基因疾病之后的适应证，分别是针对传染病的试验（7%）以及针对心血管疾病的试验（7%）。此外，癌症治疗的市场空间大于一般的遗传性单基因疾病，发展潜力巨大，这也是现在企业大批进入肿瘤基因治疗行业的重要驱动力。[1]

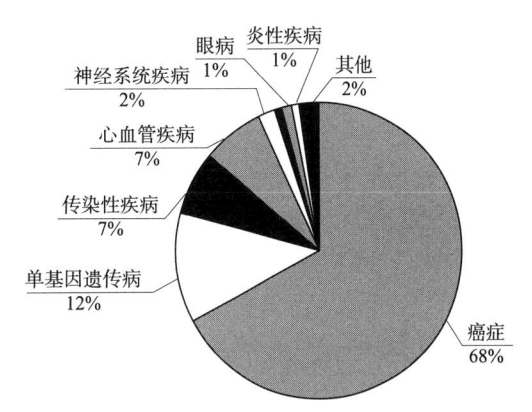

图1-1-1 全球基因治疗临床试验的适应证分布

资料来源：Journal of Gene Medicine。

1.2.4 国内产业政策

生物医药行业一直是国家产业政策大力支持的行业，是国家重点鼓励发展的方向，近年来国内出台多项利好政策，如表1-2-1所示，推动和引导基因治疗行业积极发展。

表1-2-1 国内基因治疗部分政策汇总

时间	发文机构	文件名称	内容
2013年	国务院	生物产业发展规划	努力培育生物产业延伸服务，发展健康管理、转化医学、细胞治疗、基因治疗、临床检验社会化、个体化医疗等新业态
2015年7月	广东省政府	广东省促进健康服务业发展行动计划（2015—2020年）	将重点研发干细胞治疗、肿瘤免疫治疗、基因治疗等个体化治疗领域的高端技术、新型服务、新兴业态；推出高端医疗服务和高端技术服务；建设高端医疗技术公共服务平台，打造国际高端医疗产业集群

---

[1] GINN S L, ALEXANDER I E, EDELSTEIN M L, et al. Gene therapy clinical trials worldwide to 2012 - an update [J]. Journal of Gene Medicine, 2013, 15 (2): 65.

续表

时间	发文机构	文件名称	内容
2016 年	科技部和卫计委	科技部关于发布国家重点研发计划精准医学研究等重点专项 2016 年度项目申报指南的通知	"以我国常见高发、危害重大的疾病及若干流行率相对较高的罕见病为切入点,实施精准医学研究的全创新链协同攻关""突破新一代生命组学临床应用技术和生物医学大数据分析技术,建立创新性的大规模研发疾病预警、诊断、治疗与疗效评价的生物标志物、靶标、制剂的实验和分析技术体系"
2016 年 12 月	国务院	国务院关于印发"十三五"国家战略性新兴产业发展规划的通知	开发新型抗体和疫苗、基因治疗、细胞治疗等生物制品和制剂,推动化学药物创新和高端制剂开发,加速特色创新中药研发,实现重大疾病防治药物原始创新
2017 年 1 月	国家发展和改革委员会	"十三五"生物产业发展规划	培育符合国际规范的基因治疗、细胞治疗、免疫治疗等专业化服务平台,加速新型治疗技术的应用转化
2017 年 2 月	江苏省政府	江苏省"十三五"战略性新兴产业展规划	开展核酸药物、基因治疗药物、干细胞等细胞治疗产品研究,着力构建生物医药产业新体系
2017 年 3 月	上海市卫计委	关于促进上海医学科技创新发展的实施意见	明确将推动细胞及基因治疗等开发和应用
2019 年初	国家卫生健康委员会	1. 生物医学新技术临床应用管理条例(征求意见稿) 2. 体细胞治疗临床研究和转化应用管理办法(试行)	提高了基因治疗临床研究的门槛,有助于基因治疗的规范化发展

资料来源:灿土研究院。

1.2.5 代表企业和核心产品

在基因治疗技术中,较早出现的是以病毒载体为代表的转基因技术,因此诺华、Spark Therapeutics 等跨国医药公司在该方面均有研究;ZFN 技术的发展一直被 Sangamo 所垄断;TALEN 技术的主要研究公司是 Cellectis 与 Editas Medicine;CRISPR 技术的主要研究公司是 Editas Medicine、Caribou Biosciences 与 Intellia Therapeutics。

寡核苷酸类、病毒载体类、溶瘤病毒、CAR-T疗法等是已经上市的基因治疗产品类型。核苷酸类基因疗法主要用来治疗遗传性眼部疾病、代谢障碍以及神经退行性病变。最早上市的是伊奥尼斯和诺华研发的专门用于治疗人类免疫缺陷病毒（HIV）阳性患者巨细胞病毒性视网膜炎的反义核苷酸药物福米韦生钠（Vitravene）。前几年还上市了伊奥尼斯研发的用于治疗遗传性转甲状腺素蛋白淀粉样变性引起的多发性神经病的反义寡核苷酸（ASO）药物 Tegsedi 以及 RNAi 疗法药物 Onpattro。

基于病毒载体的基因治疗产品涉及的疾病领域更加广泛，目前上市产品获批适应证包括头颈癌、家族性高乳糜微粒血症、遗传性视网膜营养不良以及脊髓性肌萎缩症（SMA）。重组人 p53 腺病毒注射液（商品名为今又生）是由深圳市赛百诺公司研发的携带野生型 p53 基因的重组复制缺陷型人 5 型腺病毒，于 2005 年在中国获批上市。Zolgensma 是由诺华旗下 AveXis 公司开发，用于治疗脊髓性肌萎缩症（SMA），该药物含有递送人野生型 SMN 基因的腺相关病毒 9 型（AAV9）载体，已于 2019 年获美国食品药品监督管理局（FDA）批准上市。

安柯瑞作为全球第一个成功上市的溶瘤病毒药物，由三维生物研发，于 2005 年在中国获批上市。另一溶瘤病毒药物 Imlygic 于 2015 年先后在美国和欧盟批准上市，由安进研发，用于初次手术后复发的黑色素瘤局部治疗。[1]

1.3 产业发展趋势

1.3.1 产业需求

全球基因治疗还处于早期产业化阶段，中国的基因治疗技术发展在上游的科学创新方面迅速跟进，但是中游产业需要从知识、技术、人才和资本等各方面的深度投入来逐渐弥补差距。

1.3.2 存在的问题

就全球而言，目前基因治疗仍然存在诸多挑战，其中主要包括对整合载体或基因组编辑脱靶引起的细胞毒性的认识和预防，提高基因递送和编辑效率以治疗更多类型的遗传疾病，防止载体或基因组编辑复合物引起的体内免疫反应等技术问题，保证基因治疗的安全、有效并形成完整的产业链。同时基因治疗存在专利壁垒和伦理纠纷等问题。

就我国而言，技术上的主要差距存在于产业链的中游，即病毒载体的构建包装技术，这是基因治疗的重要技术，而这些技术大多掌握在国外企业手中，并有较严密的专利保护。此外，国内针对肿瘤、血液疾病、免疫系统疾病的基因治疗临床试验（即血液肿瘤）的占比要高于国外。由于肿瘤治疗的市场空间远大于其他疾病，驱动国内

---

[1] 盘点全球基因治疗上市产品 [EB/OL]. [2020-03-04]. https://mp.weixin.qq.com/s/1OUOC06o9ADsfg8a3SgTzg.

企业大批进入肿瘤基因治疗领域，而对其他疾病的基因治疗研发投入较少，因此相比于国外，我国基因治疗针对疾病的广度不够。

在美国，一项医药研究自实验室基础研发开始就不断有投资者跟进，待产品上市后，往往由大型医药企业接盘。而我国基因治疗产业还存在资本运作不完善、立法滞后的问题，产品在上市后容易出现资金短缺问题，造成产业化过程的缺憾，赛百诺的今又生就是其中的典型案例。

美国在基因治疗相关研究方面的立法较早、相应的政策法规较多、监管部门相对统一。我国基因治疗的立法则相对较少，已有法律规定也相对简单，对在基因治疗相关研究的过程中所涉及的法律法规问题没有详细的说明和规定，各种政策法规颁布的时间相对靠前，滞后于当前基因治疗的临床研究进展。同时管理机构较多，缺乏相对统一的部门，不利于在管理上的统筹协调。

1.3.3 发展方向

基因治疗的未来会朝着更安全、更高效的载体工程方向发展，将结合多种现有策略，例如，病毒载体与基因工程技术相结合，针对患者进行个性化基因治疗。然而，要克服这类新型药物带来的困难并实现其全部治疗潜力，仍需要政府、科研机构和企业强有力且持续的合作努力。

1.4 技术发展现状

1.4.1 技术发展历程

基因治疗技术的发展主要分为如下 4 个阶段。

（1）萌芽阶段

基因治疗技术起源于诺贝尔生理学或医学奖获得者 Joshua Lederberg 在 1963 年提出的基因交换和优化概念。以此为基础，美国医生 Stanfield Rogers 在未经批准的情况下尝试通过注射含有精氨酸酶的乳头瘤病毒来治疗一对姐妹的精氨酸血症，但是该尝试最终失败。虽然没有对患者造成伤害，但是这次尝试在那样一个对基因了解不多的时代仍然显得十分草率。随后科学家们想到了利用正常基因替换突变基因的方式来进行治疗，但一直无法寻找到合适的基因传递工具。直到病毒载体兴起以及公共监管体制的建立，FDA 于 1990 年正式批准基因疗法的人体临床试验。

（2）迅速发展

1990 年，FDA 批准了首例基因疗法的临床试验，一名年仅 4 岁患有先天性腺苷脱氨酶（ADA）缺乏症的小女孩，经过基因治疗技术导入正常的 ADA 基因，结果发现患者体内的白细胞可以正确地合成 ADA。试验的成功让业内外对基因治疗的前景一片乐观，并且得益于人类基因组计划的开展，大量基因信息被披露，极大促进了基因治疗技术的研发热情，世界各国都掀起了基因治疗的研究热潮，各大制药企业和科研院校纷纷投入研究。此时的基因治疗技术的研究虽然取得了一定成功，但是技术上仍然存在很大的风险性，然而很多研究者并没有意识到这一点，只是一味地进行着各种临床试验，基因治疗技术进入了一个高速但是盲目的冒进式发展期。

（3）曲折前行

1999年9月，美国男孩Jesse Gelsinger参与了宾夕法尼亚大学的基因治疗临床试验，针对先天性鸟氨酸氨甲酰基转移酶缺乏症进行基因治疗。但是该男孩在试验后体内产生了严重的免疫反应，最终因器官衰竭死亡。这一事件的发生，使得各界对基因治疗质疑不断，FDA也在随后叫停了几项基因治疗临床试验。在2002~2003年，巴黎有两名重症联合免疫缺陷（SCID）患者在接受基因治疗后出现了类似白血病的症状，这导致人们对基因治疗几乎丧失了信心，基因治疗研究瞬间跌入谷底。

（4）新的发展

在遭受打击后，科学家们开始理性且慎重地进行基因治疗的研究。直到2012年，欧洲药品管理局（EMA）批准UniQure的基因治疗药物Glybera上市。作为欧洲第一款被批准上市的基因治疗产品，它再度打开了基因治疗技术的大门。而在随后的时间内，基因治疗逐渐成为医疗领域最热的潮流，基因治疗进入了一个全新的发展时期。

1.4.2 代表技术

基因治疗最初的想法便是利用载体将正常的基因导入人体以替换出现错误的非正常基因以达到治疗的目的。目前最常用的载体是逆转录病毒（RV）、慢病毒（LV）和腺相关病毒等人工病毒。近年来，科学家们开始研究利用非病毒载体进行基因的运输，包括显微注射、基因枪和电转导等物理方法，以及脂质体运送和纳米颗粒运送等化学方法。

相对于外源导入基因，直接修复突变的基因无疑是更安全的选择。近几年，FIV技术、TALEN技术和成簇规律性间隔的短回文重复序列技术等靶向基因敲除技术可以快速、高效地编辑基因组中特定靶点的遗传信息，在重大疾病治疗领域显示出了较好的应用前景。

RNA干扰（RNAi）和microRNA等新型的靶向基因沉默技术在重大疾病治疗方面也显示了较好的应用前景，未来将靶向传递载体、靶向调控元件与microRNA技术结合，有望对复杂疾病进行靶向基因治疗。另一种形式的基因治疗是把经过体外基因改造的细胞导入人体发挥作用，目前以CAR–T技术为代表。

1.5 技术发展趋势

基因治疗作为新兴的医学技术，仍然存在诸多挑战，基因治疗技术上的难点主要是如何提高有效性以及降低风险。

1.5.1 基于转基因技术的基因治疗

转基因技术相比于其他基因技术，虽然已经十分成熟，但是仍然存在一些需要解决的技术难题。

（1）病毒载体的靶向性问题

病毒载体不能特异性地感染病变细胞，即使是不同亚型的 AAV 也无法特异性地识别病变细胞，而仅能对某些组织进行部分选择性。目前常用的治疗方法是采用定点局部注射，这也限制了临床应用的范围。

（2）病毒载体的潜在威胁

病毒载体在感染人体病变细胞的同时，将自身的基因组随机插入宿主的细胞基因组中的某个位置，这可能会导致插入突变及细胞恶性转化。❶

（3）载体病毒容量有限

现有的载体病毒容量有限，只能携带一定量的治疗基因，这导致携带的治疗基因无法完全包含全基因序列，只能借助病毒自带的基因来进行表达调控，这导致治疗基因无法根据病变的严重程度以适当的方式表达，以达到正常生理状态下的表达水平。❷

（4）病毒载体因自身所具有的毒性和免疫原性易被人体免疫系统清除。

（5）病毒载体的基因导入效率有待提高。

1.5.2 基于基因编辑技术的基因治疗

基因编辑技术目前已应用在如单基因遗传病、肿瘤、艾滋病及眼科疾病等疾病的治疗中。但基因编辑技术同样存在一些技术难题。

（1）基因编辑技术，特别是 CRISPR 的技术发展还不够成熟，具有潜在风险。此外，目前尚未对人类基因功能和调控网络有很深入的认知，因此对基因的编辑和改动可能会引起安全性问题。

（2）基因编辑和导入细胞的效率尚未达到实现临床大规模应用的要求。

（3）基因编辑系统的备靶向性也有待提高。

1.5.3 技术研发方向

为应对基因治疗及其药物的上述问题，目前以及未来基因治疗的研究方向包括以下方面：

（1）针对病毒载体的优化改造可以进一步提高外源基因的高效转导以及降低机体的免疫原性。

（2）基于基因编辑工具的升级改造可以提高靶向切割的效率以及降低脱靶效应的产生。

（3）开发高效精准的靶向基因组整合策略将有助于外源基因的长期稳定整合，实现遗传疾病的长期有效治疗。❸

---

❶ SADELAIN M. Insertional oncogenesis in gene therapy: how much of a risk? [J]. Gene Therapy, 2004, 11 (7): 569–573.

❷ CHECK E. Gene–therapy trials to restart following cancer risk review [J]. Nature, 2005, 434 (7030): 127.

❸ 陈曦，陈亮，李大力. 基因治疗在临床应用中的研究进展 [J]. 生物工程学报, 2019, 35 (12): 2295–2307.

第 2 章　研究方法

2.1　第一阶段：数据收集

2.1.1　研究对象

基因治疗是一种新的治疗手段，也是基因工程在应用领域较为常见的技术。基因治疗可以适用于多种疾病，包括癌症、遗传性疾病、感染性疾病、心血管疾病、代谢性疾病和自身免疫性疾病等重大疾病。

近几年，基因治疗技术创新和临床试验不断涌现，多项基因治疗项目相继在美国、欧盟、中国等国家和地区获得批准上市。

2.1.2　专利数据库

本研究使用的主要专利数据库为 Questel Orbit、PatBase、IncoPat、LexisNexis、欧洲专利局（EPO）和 CNIPR 数据库。其中 Questel Orbit 作为主力数据库，负责数据收集、筛选与标引的主体任务多在 Questel Orbit 中实现；PatBase、IncoPat 作为辅助数据库，在完成 Questel Orbit 第一轮检索后，接着在 PatBase、IncoPat 中进行了补充检索；涉及专利诉讼、异议、无效、转让、许可部分的内容则通过结合使用 Questel Orbit、LexisNexis、EPO 和 CNIPR 数据库共同实现。

下面就主要专利商业数据库收录数据特点作简单介绍。

（1）Questel Orbit 数据库

Questel Orbit 数据库是法国 Questel 公司开发的提供专利检索及在线知识产权服务平台，包括的发明和实用新型专利数据涵盖了 102 个国家和机构，外观设计专利数据涵盖了 14 个国家和组织，引用/被引用数据涵盖了 19 个国家，法律状态数据涵盖了 51 个国家。此外，Questel Orbit 数据库还专门构建了美国知识产权诉讼信息库用以供使用者查询美国知识产权相关的诉讼信息。其收录范围较广，可用 7 国语言（英语、德语、法语、中文、日语、韩语、俄语）同时检索，有各类检索助手、类似检索、技术布局分析、数据共享等功能。在数据标引方面具有技术优势，在数据深入处理的基础上发展了自有的专利检索和专利分析工具。

Questel Orbit 数据库可以检索的国家涵盖所有欧洲主要国家，其具体收录范围请参见https://www.questel.com/software/data-coverage/。

（2）PatBase 数据库

PatBase 数据库是由英国 Minesoft 专利资讯公司，联手 RWS 专业翻译集团共同打造的专利检索与分析平台，特色在于提供专利家族观点的检索结果，帮助众多企业领导者、专业经理人与研究团队，以全球观点进行创新布局的决策。PatBase 数据库每周更新，范围涵盖美国、欧洲、中国、日本、韩国等国家/地区专利数据，并将中、日、韩、俄、世界知识产权组织（WIPO）、瑞典等国家、地区和组织的专利数据的内容翻译为英语进行检索。除了以英语检索以外，还支持中、日、韩、俄、泰 5 种非拉丁语系的跨语言检索。

（3）IncoPat 数据库

IncoPat 数据库是第一个将全球顶尖的发明智慧深度整合，并将数据翻译为中文，为中国的企业决策者、研发人员、知识产权管理人员提供科技创新情报的平台。平台涵盖了全世界范围的海量专利信息，集成了专利检索、分析、数据下载、文件管理和用户管理等多个功能模块。从最新的技术发展或需要规避专利的侵权风险，到希望掌握竞争对手的研发动态或实现知识产权的商业价值，IncoPat 数据库都能提供全面、准确、及时的情报。

（4）LexisNexis 数据库

LexisNexis 严格来说不仅是一个数据库的名称，而且是美国著名的 LexisNexis 公司，该公司成立于 1973 年，专门从事法律、商业、新闻信息和出版服务，拥有外文法律数据库 Lexis Advance、中文法律数据库 Lexis China（律商网）、全球专利检索数据库 Total Patent One、美国专利诉讼分析 Lex Machina 以及美国法律新闻网 Law360 等上百个数据库。其中，Lexis Advance 和律商网是 LexisNexis 的特色信息库。Lexis Advance 收录了美国、英国、加拿大、澳大利亚等全球 20 多个国家/地区的法律法规、案例、论文、期刊、法律图书、法律报告等全面、专业、深度的法律信息。律商网则是结合理论，以实务为导向的有关中国法律法规，案例、实物资料（合同范本等）等法律信息数据库。

LexisNexis 收集了来自 4 万多个来源的 50 多亿文件，深受法律行业人士的青睐，包括：①综合全面的美国法律资料，如过往案例、联邦及各个州和地方的立法等法律资料；庭审记录和诉讼文书、专家证人分析、陪审团裁决；②法学期刊，如英美核心法学期刊的全文资料；③法律报告，如美国法律报告、美国判例的注解分析和律师杂志集合；④法律新闻，如 300 多种各国的法律报纸、杂志和新闻中的报导；⑤其他各种法律相关的文献。

2.1.3 检索策略

根据本研究限定的需要重点检索的技术特征及上位概念扩展，采用主题检索收集基因治疗技术在全球范围的相关专利和申请。

2.1.3.1 检索逻辑

由于本研究设定的检索范围比较大，即要求对基因治疗领域的技术进行全景分析，因此检索式的检索范围整体设置得比较大；具体的检索逻辑如下：

（1）检索核心分类号 A61K-048/00 下的所有 50000 余个简单专利家族（Fampat）。

（2）检索相关分类号包括 C12N-015/113，C12N-015/11，C12N-015/09，

C12N－015/10，C12N－015/86?，C12N－015/6?，C12N－015/88，C12N－015/90，C12N－005/078? 和 C12N－005/10，上述分类号用于 IPC 和 CPC 分类号检索，并在全文中应用基因治疗关键词进行限制。

（3）检索边缘分类号包括 A61K－038＋，A61P－035＋和 C12Q－001/68，上述分类号用于 IPC 和 CPC 分类号检索，并在标题、摘要、权利要求中应用基因治疗关键词进行限制。

将上述三个角度的检索逻辑进行合并运算，共得到 118986 项简单专利家族。

2.1.3.2 检索要素

本研究涉及的检索要素至少包括关键词、专利分类号、重点专利权人、地域、时间等。

关键词如下：

（1）基因，GENE＋。

（2）治疗，疗法，THERAP＋，TREAT＋。

（3）基因治疗，基因疗法，GENE_THERAP＋。

分类号如下：

（1）核心分类号：A61K－048/00。

（2）相关分类号：C12N－015/113，C12N－015/11，C12N－015/09，C12N－015/10，C12N－015/86?，C12N－015/6?，C12N－015/88，C12N－015/90，C12N－005/078? 和 C12N－005/10。

（3）边缘分类号：A61K－038＋，A61P－035＋和 C12Q－001/68。

具体的分类号含义如表 2－1－1 所示。

表 2－1－1 检索涉及的分类号及对应含义

分类	分类号	含 义
核心分类号	A61K－048/00	含有插入到活体细胞中的遗传物质以治疗遗传病的医药配制品；基因治疗
相关分类号	C12N－015/00	突变或遗传工程；遗传工程涉及的 DNA 或 RNA，载体
	C12N－015/09	.DNA 重组技术
	C12N－015/11	..DNA 或 RNA 片段；其修饰形成
	C12N－015/113	...调节基因表达的非编码核酸，如反义寡核苷酸
	C12N－015/86	.....病毒载体
	C12N－015/861	......腺病毒载体
	C12N－015/863	......痘病毒载体，如痘苗病毒
	C12N－015/864	......细小病毒载体
	C12N－015/866	......杆状病毒载体
	C12N－015/867	......逆转录病毒载体

续表

分类	分类号	含义
相关分类号	C12N-015/869	……疱疹病毒载体
	C12N-015/63	..使用载体引入外来遗传物质；载体；其宿主的使用；表达的调节
	C12N-015/64	...制备载体、将其引入细胞或选择含载体宿主的一般方法
	C12N-015/65	...使用标记
	C12N-015/66	...经裂解和连接将基因插入载体中以形成重组载体的一般方法；非功能性衔接子或连接物
	C12N-015/67	...提高表达的一般方法
	C12N-015/88	...使用微胶囊，如使用脂质体囊
	C12N-015/90	...将外来DNA稳定地引入染色体中
	C12N-005/10	.经引入外来遗传物质而修饰的细胞，如病毒转化的细胞
	C12N5/078	...来自血液或免疫系统的细胞
边缘分类号	A61K-038/00	含肽的医药配制品
	A61P-035/00	抗肿瘤药
	C12Q-001/68	包含酶或微生物的测定或检验方法 .包括核酸

在 Questel Orbit 数据库中，具体的检索式和检索结果如表2-1-2所示。

表2-1-2 Questel Orbit 数据库中检索式和检索结果

序号	检索式	结果数/件
1	(A61K-048/00)/IPC/CPC	50298
2	(C12N-015/113 OR C12N-015/11 OR C12N-015/09 OR C12N-015/10 OR C12N-015/86? OR C12N-015/6? OR C12N-015/88 OR C12N-015/90 OR C12N-005/078? OR C12N-005/10)/IPC/CPC	226322
3	(A61K-038+ OR A61P-035+ OR C12Q-001/68)/IPC/CPC	459677
4	(((基因 OR GENE+)7D(治疗 OR 疗法 OR THERAP+ OR TREAT+)) OR GENE_THERAP+)/TI/AB/CLMS	180688
5	(((基因 OR GENE+)7W(治疗 OR 疗法 OR THERAP+ OR TREAT+)) OR GENE_THERAP+)/TI/AB/CLMS/TX	785035
6	1 OR (2 AND 5) OR (3 AND 4)	118986

2.2 第二阶段：数据筛选

经过对基因治疗领域的调研后，制定如表2-2-1所示的基因治疗技术特征分解表，并根据所示技术分类情况，通过人工阅读专利的标题、摘要与权利要求，筛选出符合本研究要求的专利。

表2-2-1 基因治疗技术特征分解

一级分类	二级分类	三级分类	备注
病毒载体	AAV	调控元件	技术效果（主要针对AAV载体）：降低病毒载体的毒性和免疫原性；解决载体容量限制；载体高效表达；细胞靶向性
		衣壳化学修饰	
		衣壳突变	
		目的基因密码子优化	
		免疫抑制剂联用	
		其他	
	LV	—	—
	RV	—	—
	腺病毒（ADV）	—	—
非病毒载体	质粒	—	—
	脂质体	—	—
	纳米颗粒	—	脂质纳米颗粒（LNP）组织靶向性（即不同处方的LNP递送实现不同组织靶向性，例如LNP-siRNA靶向肺部的递送）
	外泌体	—	—
	减毒细菌	—	—
基因修饰细胞	CAR-T	—	—
	造血干/祖细胞（HSC/HSPC）	—	—
	iPS细胞	—	—
核酸药物	反义核酸	—	—
	microRNA	—	—
	RNA干扰（RNAi）	—	iRNA的化学修饰
溶瘤病毒	腺病毒	—	—
	痘苗病毒	—	—
	疱疹病毒	—	—

2.3 第三阶段：数据标引与分析

依据基因治疗领域技术分解，利用 Questel Orbit 等数据库平台，确定各技术点的关键词和 IPC 分类号，完成检索式的编制和修改完善，完成数据的初步检索与获取，在机器标引的基础上进行人工标引，实现专利数据的清洗去噪，最终获得基因治疗领域精准专利数据样本。

标引筛选过程需要遵循以下原则：

（1）重点标引 AAV 载体的技术效果，但其中 AAV 表达核酸类药物以及基因编辑技术不标引技术效果。

（2）排除权利要求只保护一种载体或病毒载体或非病毒载体，未保护具体载体类型的专利。

（3）若专利的标题、权利要求、摘要部分不能明显判断适应证，不标引适应证，只标引技术分支和技术效果。

对于标引后的数据，需要验证查全率，以表明本次检索的技术分解是否准确，检索式是否完备。利用已知的近 1000 件用 AAV 进行基因治疗的专利进行了查全率的检验，结果表明已知的近 1000 件专利全部包含在上述检索式的检索结果中。因此，课题组认为该检索式的查全率能够符合此次分析报告的要求。

此外，由于此次检索式涉及的范围很宽泛，针对的是基因治疗技术全领域，因此将近 12 万项简单专利家族，几乎涵盖了所有基因治疗领域的专利，查全率可靠。

对全球、中国、国外来华基因治疗领域的专利总体状况进行相关分析，形成主要竞争对手专利态势分布和重点专利技术分布态势研究结论。开展技术路线分析，寻找目前的技术布局热点和空白点，为企业基因治疗药物专利布局提供思路，提升企业的市场竞争实力。

2.4 相关事项约定

本书中的相关数据检索日期截至 2020 年 8 月 31 日，以下对本书中出现的术语或现象一并给出解释。

（1）同族专利

同一项发明创造在多个国家/地区申请专利而产生的一组内容相同或基本相似的专利文献，称为一个专利族或同族专利。从技术角度来看，属于同一专利族的多件专利申请可视为同一项技术。在本书中，针对技术和专利技术原创国进行分析时，对同族专利进行了合并统计，针对专利在国家/地区的公开情况进行分析时，对各件专利进行了单独统计。

（2）关于专利申请量统计中的"项"和"件"的说明

项：同一项发明可能在多个国家/地区提出专利申请，德温特世界专利索引数据库

（DWPI）将这些相关多件专利申请作为一条记录收录。在进行专利申请数量统计时，对于数据库中以一族（这里的"族"反映的是同族专利中的"族"）数据的形式出现的一系列专利文献，计算为"1 项"。一般情况下，专利申请的项数对应于技术的条目。以"项"为单位进行专利文献量的统计主要出现在外文数据的统计中。

件：在进行专利申请数量统计时，例如，为了分析申请人在不同国家、地区或组织所提出的专利申请的分布情况，将同族专利申请分别进行统计，所得到的结果对应于申请的件数。1 项专利可能对应于 1 件或多件专利申请。

（3）专利所属国家/地区

在本书中，专利所属国家/地区是以专利申请的首次申请优先权国别来确定的，没有优先权的专利申请以该项申请的最早申请国别确定。

（4）近两年专利文献数据不完整导致申请量下降的原因

由于我国发明专利申请通常自申请日（有优先权日的，自优先权日计）起 18 个月公开，PCT 专利申请可能自申请日起 30 个月甚至更长时间才能进入国家阶段，其进入指定国后进行的国家公布时间就更晚，因此，检索结果中包含 2017~2019 年的专利申请量比真实的申请量要少，反映到申请量年度变化的趋势中，将出现申请量在 2018 年之后出现突然下滑的现象。

第3章 基因治疗全球专利概览

为了更好地了解基因治疗领域的专利申请状况，本章针对基因治疗全球及主要国家/地区的专利态势进行分析。本章的专利数据来源于 Questel Orbit 数据库，检索日期截至 2020 年 8 月 31 日，针对基因治疗领域核心相关的 51037 项专利（FamPat）进行全球专利的申请趋势、优先权分布、国家/地区分布、主要申请人等多方位分析，得到基因治疗相关专利的全球概况以及各国家申请人的特点。

3.1 全球专利申请趋势分析

本节分析了基因治疗全球专利申请的总体趋势，通过统计目前已经公开的专利文献得到所分析的数据，不区分法律状态，由于专利数据公开滞后或数据库更新较慢的原因导致 2018~2020 年的数据并不全面。

图 3-1-1 显示了全球基因治疗专利申请总量的变化趋势，其中，年份以专利申请日为准。从专利申请的趋势来看，基因治疗技术起源于 1980 年，在 1990 年之前全球范围内的总申请量很少，处于萌芽阶段。

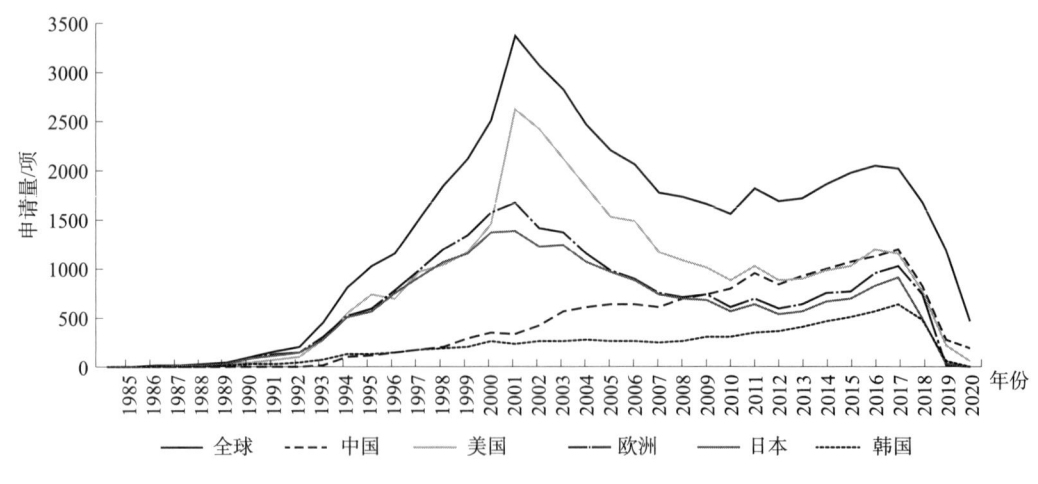

图 3-1-1　基因治疗专利全球和主要国家历年申请趋势

注：1985 年数据包含 1985 年以前的数据，下同。

1990~2010 年，全球基因治疗专利的公开趋势经历了起初专利申请量快速上升，在 2001 年达到申请量的最高点，随后呈现快速下降的趋势，并于 2010 年出现了申请量的低点。这样的申请趋势与这一阶段的行业背景有一定关系。1990 年，FDA 批准了首例基因疗法的临床试验，试验的成功让行业内外对基因治疗技术的前景非常乐观。并且，得益于人类基因组计划的开展，大量基因信息被披露，极大地促进了全球对基因治疗技术的研发热情。❶各大制药企业和科研院校纷纷投入研究，基因治疗专利呈现快速增加的趋势。基因治疗技术经过10年左右的发展，基因治疗全球相关专利申请量已经达到每年约3000项专利。但是，1999年9月，美国男孩Jesse Gelsinger参与临床试验后因器官衰竭死亡这一事件的发生，使社会各界对基因治疗质疑不断。同时伴随着人类基因组计划的热潮散去，导致产业化进程停滞，各大企业、高校和科研机构又纷纷削减相关研发投入，专利申请量也随之出现了滑坡式的下降。

此外，2003年初，由于法国临床试验中出现不良后果，FDA曾短暂中止使用逆转录病毒载体将缺陷基因插入造血干细胞的27项试验。❷多方面的原因导致2001~2010年基因治疗的研发出现了很大程度的停滞，但也给了行业沉淀的时间。

在2001~2010年，基因治疗技术也取得了一些突破性的进展，例如，2006年第一例癌症基因治疗成功和2012年基因治疗药物Glybera获批上市。这些成就也让人们重新认识到了基因治疗的前景。可以预见，今后整个基因治疗行业将迈入稳步发展的阶段。

图3-1-1还显示了中国、美国、欧洲、日本和韩国这五个主要国家/地区的基因治疗专利申请趋势，其中，美国、欧洲和日本的专利申请趋势与全球趋势相似，都是从1985年起步，1990~2001年专利申请量快速增长，随后明显回落，至2011年后专利申请量保持稳步增长。2010年以前，美国的专利申请趋势与全球的申请趋势非常相似，并且美国的专利申请量在全球的占比也很高，因此在这一时间段，美国处于主导地位；2011年以后，美国的专利申请量在全球的占比相对降低很多，主导地位有所减弱。

中国和韩国的专利布局起步较晚，在1990年时还处于萌芽阶段。当以美国、欧洲、日本为代表的专利全球申请量在1990~2000年出现快速增长时，中国和韩国的发展趋势还是小幅度稳步上升。在2001~2010年，中国和韩国的专利申请趋势略有区别，中国在这一阶段仍然保持着稳步上升的趋势。这一阶段韩国虽然没有像美国、欧洲、日本一样出现专利申请量下降，但也没有明显的增长趋势，而是处于稳定期，专利申请量基本稳定在每年250项。2011年以后，随着基因治疗领域进入稳健发展阶段，所有主要经济体的专利申请趋势基本保持稳步上升的趋势，且相互之间的专利申请量也不像2000年以前那么悬殊。

基因治疗技术发展已近40年，基因治疗领域已经积累了庞大的专利数量，如图3-1-2所示，目前有31%的专利维持着授权状态，申请中的专利为14%，有效专利（包括授权和申请中）合计45%；这些有效专利代表着基因治疗领域有价值的技术以及未来发展的方向，也是此次分析的重点。

---

❶ 何隽，张虹颖. 基于全球专利情报的中国基因治疗产业竞争力研究 [J]. 情报杂志，2018，37（12）：27，43-49.

❷ MARWICK C. FDA halts gene therapy trials after leukaemia case in France [J]. The British Medical Journal，2003，326（7382）：181.

如图 3-1-2 所示，全球有 9% 的专利已经到期，这些专利具有较高的技术和商业价值，通常会被专利权人一直维护直至到期。所以当这些技术可以为公众所用时，一方面可以基于这些专利技术进行新的研发，另一方面可以直接利用这些已经到期的专利技术，因此这些专利对于各大制药企业和科研院校都是宝贵的科研资源。

此外，全球有 34% 的专利被放弃，有 12% 的专利被撤销，这些专利可能因为其本身不具备授权的条件，或者其技术含量和商业价值有所欠缺等。对于各大制药企业和科研院校，这些专利具有一定的借鉴意义，并且有可能通过改进这些有缺陷或者价值较低的专利技术而培育出高价值专利。

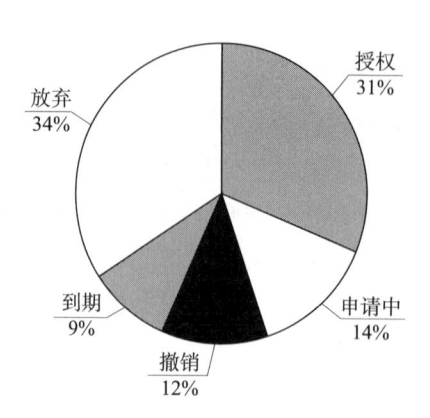

图 3-1-2 全球基因治疗专利总量法律状态分布

3.2 全球专利申请量地域分布

3.2.1 全球专利分布

截至 2020 年 8 月 31 日，全球范围内已公开总计 51037 项基因治疗相关的专利申请，全球基因治疗专利分布国家、地区和组织排名如图 3-2-1 所示，国家、地区申请量按时间分布如图 3-2-2 所示，其中有 32446 件 PCT 申请，占比 63.60%。与其他领域相比，基因治疗领域更加倾向于在多个国家、地区和组织布局专利，这可能是因为制药企业的研发成本高、周期长，所以非常注重知识产权保护。

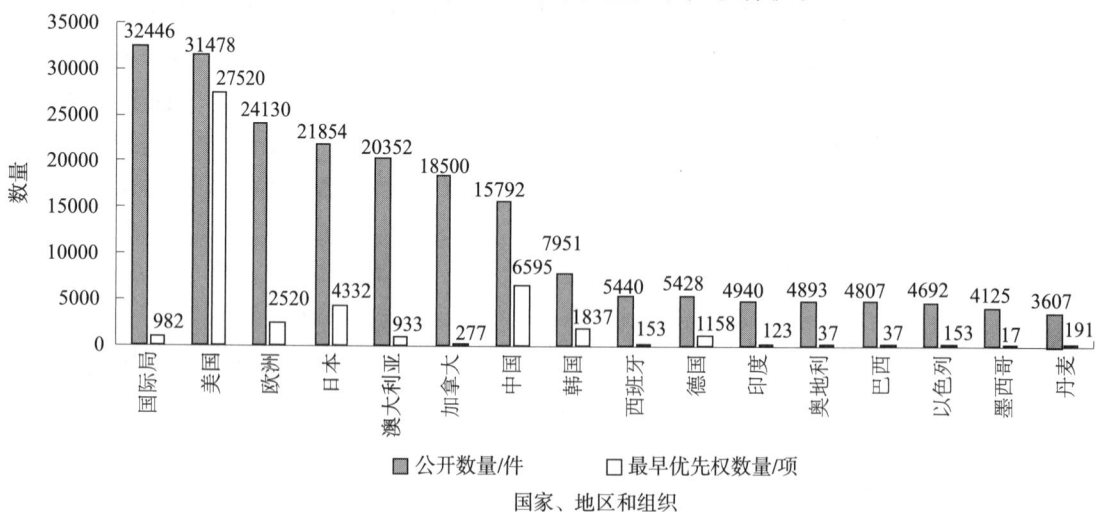

图 3-2-1 全球基因治疗专利分布主要国家、地区和组织排名

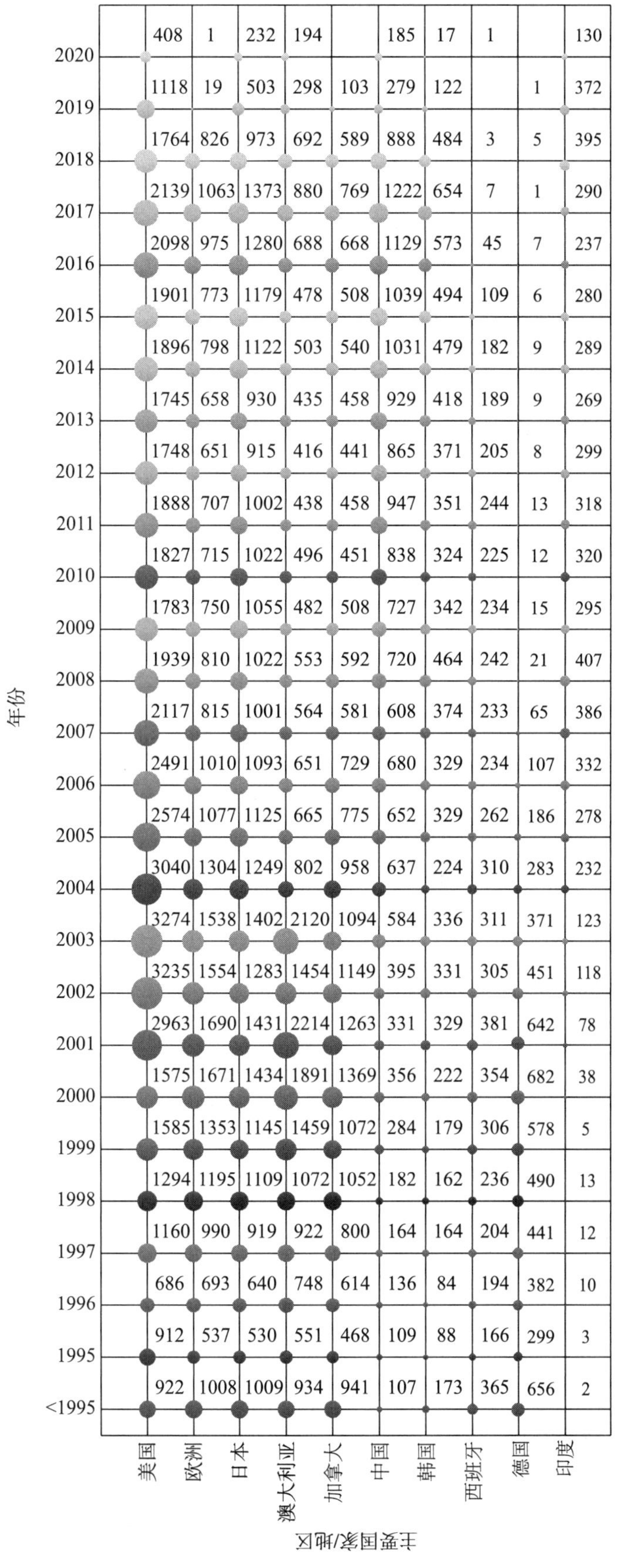

第3章 基因治疗全球专利概览

年份	美国	欧洲	日本	澳大利亚	加拿大	中国	韩国	西班牙	德国	印度
2020	408	1	232	194		185	17	1		130
2019	1118	19	503	298	103	279	122		1	372
2018	1764	826	973	692	589	888	484	3	5	395
2017	2139	1063	1373	880	769	1222	654	7	1	290
2016	2098	975	1280	688	668	1129	573	45	7	237
2015	1901	773	1179	478	508	1039	494	109	6	280
2014	1896	798	1122	503	540	1031	479	182	9	289
2013	1745	658	930	435	458	929	418	189	9	269
2012	1748	651	915	416	441	865	371	205	8	299
2011	1888	707	1002	438	458	947	351	244	13	318
2010	1827	715	1022	496	451	838	324	225	12	320
2009	1783	750	1055	482	508	727	342	234	15	295
2008	1939	810	1022	553	592	720	464	242	21	407
2007	2117	815	1001	564	581	608	374	233	65	386
2006	2491	1010	1093	651	729	680	329	234	107	332
2005	2574	1077	1125	665	775	652	329	262	186	278
2004	3040	1304	1249	802	958	637	224	310	283	232
2003	3274	1538	1402	2120	1094	584	336	311	371	123
2002	3235	1554	1283	1454	1149	395	331	305	451	118
2001	2963	1690	1431	2214	1263	331	329	381	642	78
2000	1575	1671	1434	1891	1369	356	222	354	682	38
1999	1585	1353	1145	1459	1072	284	179	306	578	5
1998	1294	1195	1109	1072	1052	182	162	236	490	13
1997	1160	990	919	922	800	164	164	204	441	12
1996	686	693	640	748	614	136	84	194	382	10
1995	912	537	530	551	468	109	88	166	299	3
<1995	922	1008	1009	934	941	107	173	365	656	2

主要国家/地区

图3-2-2 基因治疗全球主要国家/地区专利年度分布

注：图中数字表示申请量，单位为项。

专利申请量能够反映国家、地区和组织对于基因治疗技术的市场、技术、知识产权保护程度，从而反映其重要性。美国的专利申请量达到 30000 件以上，属于第一梯队，欧洲、日本和澳大利亚的专利申请量为 20000～25000 件，属于第二梯队；中国和加拿大的申请量为 10000～20000 件，属于第三梯队；韩国和其他国家的申请量都在 8000 件以内，明显落后于排名前六的国家、地区和组织，差距较大，属于第四梯队。

图 3-2-1 还显示出了主要国家、地区的最早优先权数量，最早优先权代表了一个专利技术的发源地，最早优先权数量更能直接反映出国家和地区的研发实力。如图 3-2-1 所示，相对于在专利申请量上的优势，美国最早优先权数量的优势更为明显，达到 27520 项；其余 15 个国家、地区和组织的最早优选权数量之和都远不及美国，因此美国在基因治疗领域的研发实力处于绝对领先的地位。

最早优先权数量排名第二位的国家是中国，有 6595 项，可见作为发展中国家，中国虽然在基因治疗领域起步晚于美国、欧洲和日本，但是其研发实力较为突出，本章后续将具体分析中国的最早优先权情况。

日本、欧洲和韩国的最早优先权数量分别位列第三位至第五位，作为世界主要的经济体，其研发实力也比较强；因为图 3-2-1 仅仅统计了以最早优先权为 EP 申请的专利族代表欧洲，因此严格意义上，欧洲的最早优先权数量应该再加上德国、英国、法国等国家的数量。预计其研发实力会超越中国和日本，仅次于美国。

值得注意的是，澳大利亚和加拿大的专利申请量排名分别为第四位和第五位，仅次于美国、欧洲和日本，但是其最早优先权数量较少，在全球范围内分别排第九位和第十位，因此这两个国家属于各专利权人重点布局的国家，但是其本身的研发实力相对较弱，与全球主要经济体差距较大。

从图 3-2-2 中可以看出，全球基因治疗专利申请量前五的国家/地区，也正是布局时间较早、布局专利较多的国家/地区。这些国家/地区基本都经历了 1995～2003 年的专利申请量快速增长时期，在 2003 年达到申请数量顶峰之后，申请数量略有下滑，经过几年的行业调整后步入平稳发展期。

美国每年都是专利申请数量最多的国家，即使在 2003 年达到顶峰后申请数量略有下滑，依然领先于其他国家/地区。中国起步较晚，在 1995 年之前，专利申请数量共计 109 件，远少于欧洲、美国和日本。但不同于欧洲、美国和日本等国，中国的专利申请量始终保持稳步增长，2017 年已经成为当年专利申请量排名第三位的国家。韩国的情况与中国类似，起步较晚且逐年发展，但是从专利申请数量来看，发展速度不及中国。

3.2.2　中国专利分布

图 3-2-3 为中国基因治疗专利申请量地域分布情况，北京和上海分别位列第一位和第二位，处于第一梯队，这是中国两大核心城市，聚集了重点大学和高精尖人才，也是中国生物医药公司聚集的两个城市，代表了中国核心的研发实力。同为经济大省

和人口大省的广东和江苏处于第二梯队,分别排名第三位和第四位,广东和江苏都将医药产业作为省重要发展产业,积极引入国内外的投资,建立医疗产业科技园区,打造高新技术医疗产业,因此在基因治疗领域也取得了一定成绩。处于第三梯队的是湖北、浙江、山东、四川、天津和重庆,这些省市也具有一定的研发实力。

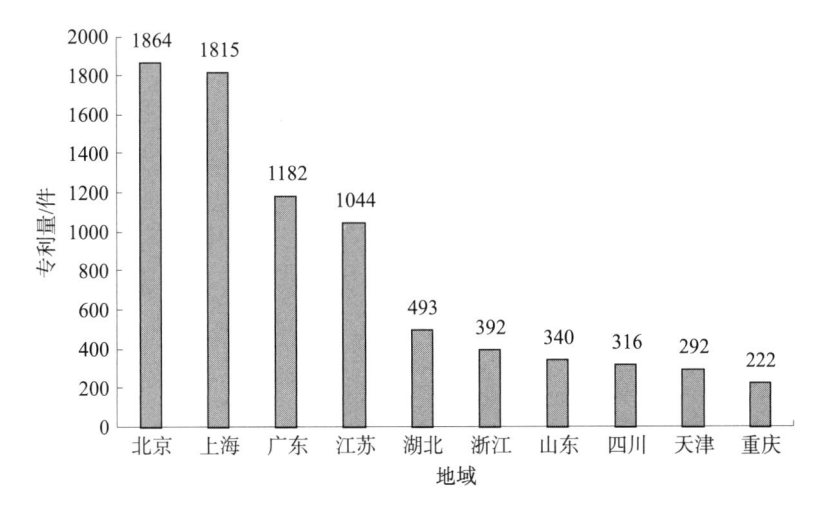

图 3-2-3 中国基因治疗专利地域分布

图 3-2-4 显示了中国基因治疗专利申请人类型情况,企业和高校分别占总申请量的 37% 和 30%,科研机构占比 15%,三者占比之和超过 80%。企业、高校和科研机构拥有长期稳定的研发能力,也具备研发所需的资金、设备和科研人员,能够产出研究成果并申请专利。个人受限于基因治疗技术的研发难度、资金需求和研发时间,很难攻克基因治疗的技术难题,从而得出高价值的研发成果。

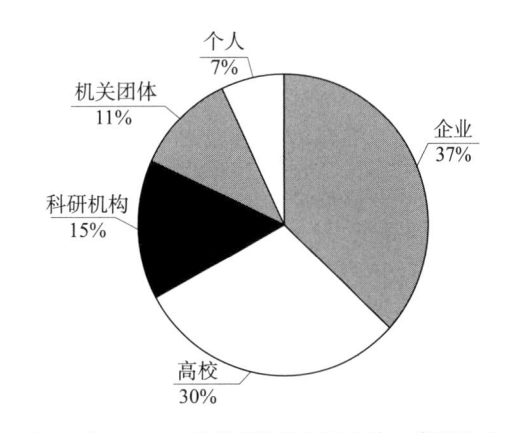

图 3-2-4 中国基因治疗专利申请人类型分布

3.3 全球专利主要申请人排名

基因治疗全球排名前 30 位的申请人如图 3-3-1 所示。从国别来看,全球排名前 30 位申请人中有 19 位来自美国,反映出美国在基因治疗领域的研发实力强大。此外,德国和法国均有 3 位申请人,瑞士有两位申请人,英国、日本和中国各有 1 位申请人,中国申请人是中国科学院。

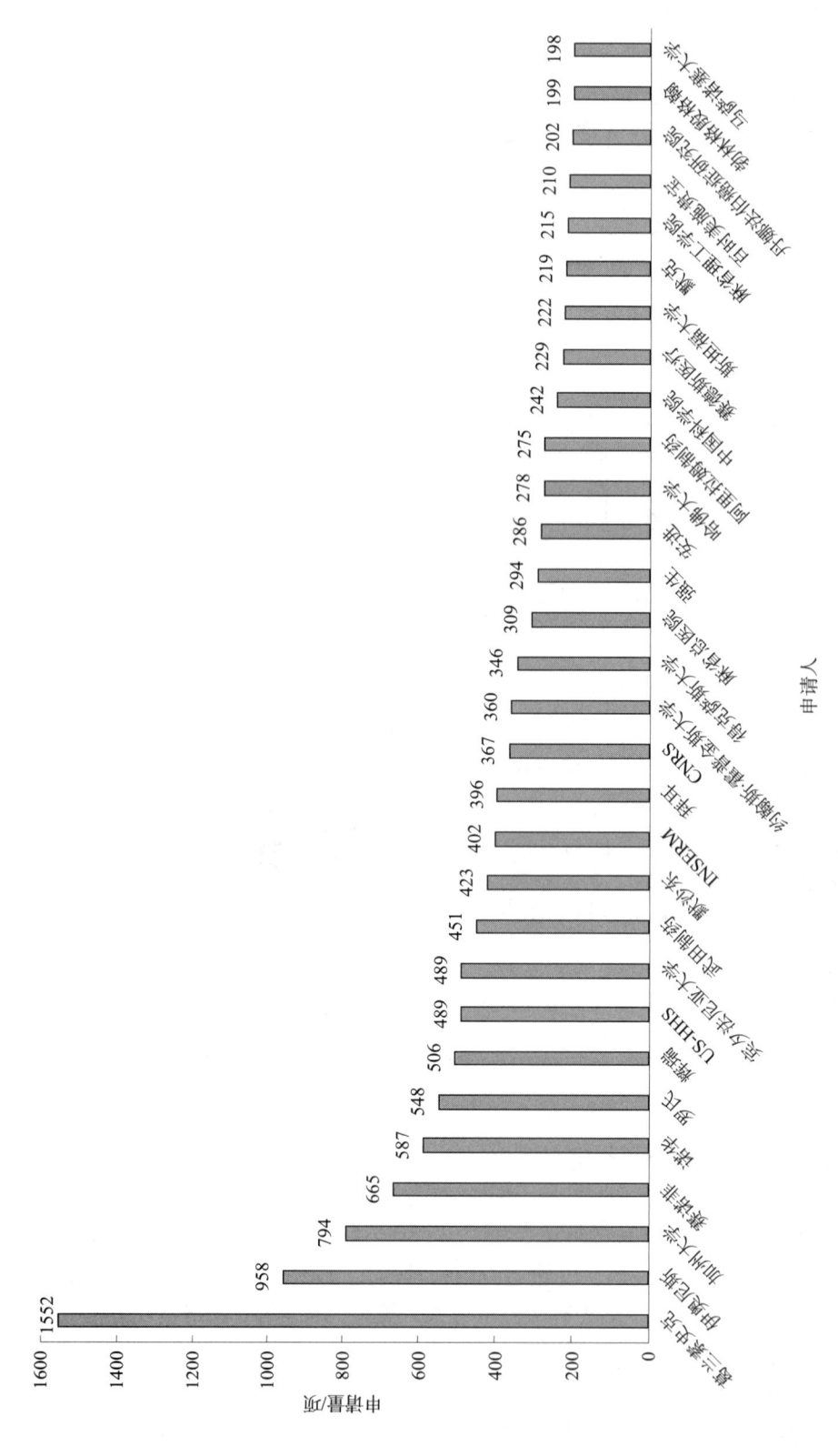

图 3-3-1 全球基因治疗专利总量排名前 30 位申请人申请量分布

在所有主要申请人中，葛兰素史克拥有1552项基因治疗专利，遥遥领先，其余大多数申请人持有专利数量在200项以上。除了葛兰素史克，伊奥尼斯、赛诺菲、诺华、罗氏、辉瑞和武田制药等公司均是基因治疗领域综合实力排名前列的公司。从申请人类型分布情况来看，申请人中高校与科研机构占比较高，表明基因治疗仍主要处于实验室或临床试验阶段，产业化程度不高。此外，排名前几位申请人均是欧美国家的制药巨头，也反映了基因治疗领域最核心的技术仍属于这些布局全球、投入研发资金庞大的跨国公司。

中国尚未有企业或研究机构进入全球前20位，中国科学院作为中国最顶尖的科研机构，排名第22位，与世界一流研发机构在专利数量上仍有较大差距，这意味着国外科研机构是推动基因治疗研发的主要力量，中国在基因治疗领域仍有长足的进步空间。

全球基因治疗领域申请量排名前30位申请人的申请量之和占全球申请量的24.90%，排名前20位的申请人的申请量之和占全球总申请量的20.57%，排名前10位的申请人的申请量之和占全球总申请量的13.79%；而排名第一位的申请人所拥有的申请量只占到全球总申请量的3.40%。由此可见，在基因治疗领域的专利申请人数量众多，技术比较分散，即使是排名靠前的申请人，其所拥有的专利申请量仍然相对较少。

3.4 主要国家/地区专利分析

如表3-4-1所示，全球具有基因治疗研发实力的31个国家/地区的专利主要集中在欧、美、中、日、韩这五个主要的经济体中，有将近一半的国家/地区专利申请量在100项以内，差距还是非常悬殊的。

表3-4-1 全球具有基因治疗研发实力的31个国家/地区

国家/地区	专利数量/项	国家/地区	专利数量/项
美国	27520	瑞典	115
中国	6595	新西兰	54
日本	4332	泰国	53
欧洲	2520	芬兰	49
英国	2145	奥地利	37
韩国	1837	巴西	37
德国	1158	新加坡	32
法国	996	荷兰	28
澳大利亚	937	挪威	27
加拿大	277	古巴	21
丹麦	191	爱尔兰	19
俄罗斯	164	瑞士	17
西班牙	153	墨西哥	17
以色列	153	南非	9
意大利	147	马来西亚	5
印度	123		

基于表 3-4-1 中的国家/地区的专利数量排名，下面将对典型国家/地区进行比较分析。其中，美国是基因治疗领域的绝对领先者；中国作为最大的发展中国家，在国家大力鼓励创新的大环境下，专利技术的发展取得了一定的成就，下面对中国和美国的专利申请进行对比。

图 3-4-1 示出了中国和美国基因治疗专利年度变化趋势的对比。美国不仅是最大的专利布局国，也是最大的技术原研国。中国在基因治疗领域的起步落后于美国约 10 年，并且目前仍处于落后阶段，专利数量在 2005 年之前与美国存在巨大差距，2005 年之后差距逐渐缩小。2015 年后美国有一个比较明显上升趋势，但是中国却出现了微弱的下滑。单从专利数量的趋势而言，无法判断基因治疗领域中国和美国之间的差距是进一步缩小还是扩大。如果考虑中国的专利申请可能存在价值度较低的情况，中美之间研发实力的差距可能仍然非常悬殊。

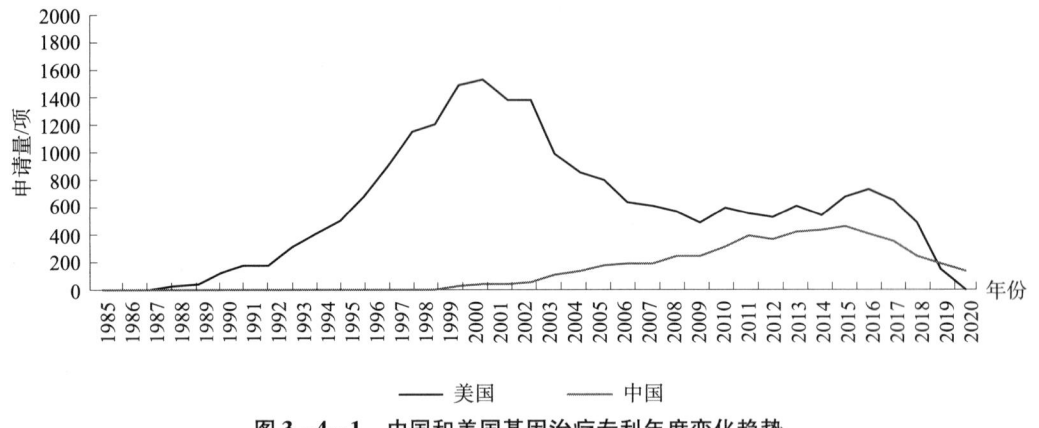

图 3-4-1 中国和美国基因治疗专利年度变化趋势

3.4.1 美国专利分析

截至 2020 年 8 月 31 日，美国拥有 27520 项基因治疗专利，其中，近 5 年的专利数量为 6984 项，代表了美国近期的研发实力。通过分析美国近 5 年的专利情况，可以了解美国近期在基因治疗领域的参与者的变化、新兴的研究方向等。

图 3-4-2 为基因治疗美国专利申请总量排名前 30 位申请人申请量分布情况；可以发现在专利申请量上葛兰素史克排名第一，其专利有效量却落后于伊奥尼斯、加州大学等其他前 12 名的专利权人，在专利申请量上排名中游的塞德斯医疗，在专利有效量的排名中靠后，拜耳的专利有效量也不容乐观，从整体情况来看，专利申请量与专利有效量不成正比。造成这种情况的原因有很多，例如某个专利权人涉足基因治疗领域时间较长，技术在不断地更新发展，相当一部分专利已经过了保护期限，也可能是专利质量不高，未被授权或后来放弃了，抑或是新进入的申请人很多专利处于在审状态。

从专利权人的类型来看，高校和科研机构占比接近一半，与前文提到的全球申请人中高校和科研机构占比较高的情况一致，表明美国高校和科研机构的科研能力是值得肯定的。

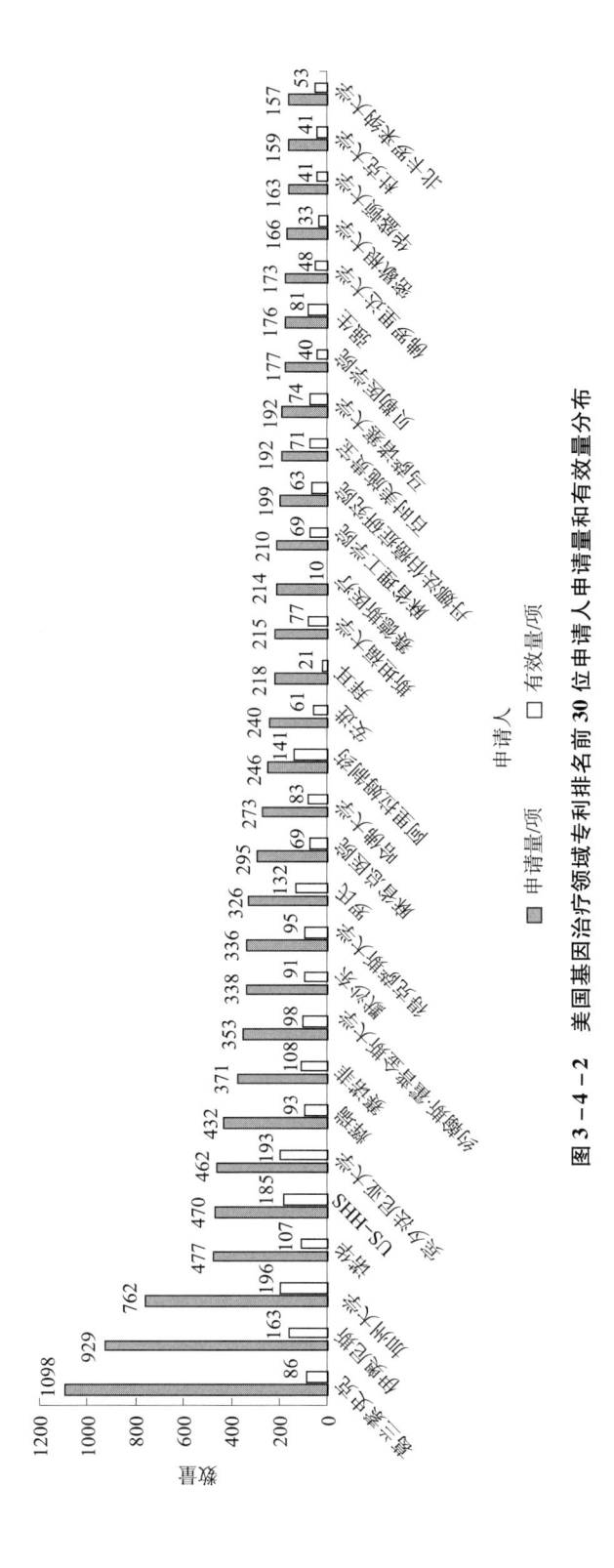

图 3-4-2 美国基因治疗领域专利排名前 30 位申请人申请量和有效量分布

图3-4-2还示出了美国基因治疗专利总量排名前30位的申请人专利有效量,通过专利有效量能看出这些公司获得的专利权情况。对专利有效量的分析和解读,有助于研发者发现、规避风险,对研发思路也具有较好的启迪意义。

图3-4-3为美国基因治疗专利近5年排名前30位申请人申请量分布。可以发现,高校与科研机构占比超过了一半,说明近5年在美国的基因治疗领域,高校和科研院所依然是技术推动的主要贡献力量。

葛兰素史克和诺华处于排名下游,说明近5年公司的技术成果产出表现一般;而辉瑞、默沙东、拜耳等公司直接在近5年排名前30位的申请人榜单上消失了,取而代之的是MODERNA、Sangamo和博德研究所等,说明美国其他公司也在加大投入基因治疗技术的研究,它们的表现值得关注。

其中,MODERNA是一家创立于2009年的基因工程公司,专注于信使核糖核酸(mRNA)的研究和药物开发,是新型冠状病毒肺炎(以下简称"新冠肺炎")疫苗研发进度最快的大型制药公司之一。

Sangamo创立于1995年,是一家从事临床试验阶段的生物制药公司,专注于将突破性的科学转化为基因组治疗,通过基因组编辑、基因治疗、基因调控和细胞治疗平台技术服务患者,在基因治疗领域相当活跃,与辉瑞、诺华等全球范围内多家公司都有合作。

博德研究所成立于2004年,是哈佛大学、麻省理工学院以及波士顿若干医院和企业的合作产物,是美国最大的基因组测序实验室、世界顶尖的基因组学研究中心,专注于包括传染病、癌症、精神病学和心血管疾病的研究,其CRISPR技术处于世界领先地位。

图3-4-4为美国专利总量在全球范围内的布局情况,其中绝大部分专利进行了PCT申请,并且进入了欧洲、澳大利亚、加拿大、日本、中国和韩国等主要经济体;可见美国的专利布局非常广泛。具体而言,欧洲、澳大利亚、加拿大、日本是美国专利国外布局的第一梯队;中国处于第二梯队。

图3-4-5为美国专利近5年在全球范围内的布局情况,由于美国专利可能是PCT申请,而PCT申请需要30个月后进入国家阶段,在分析时才会被具体地统计在目标国家的申请中,因此国际局的申请量大于美国的申请量。近5年美国87.9%的专利进行了PCT申请。

总体而言,美国专利广泛地进入了欧洲、加拿大、澳大利亚、日本、中国和韩国等主要经济体,与图3-4-4的整体情况类似。

通过对比分析图3-4-3和图3-4-4,美国专利全球布局的排名略有变化,澳大利亚的排名从第三位降至第五位。其次比较明显的是,近5年的布局不像整体分布那样出现了明显梯队,尤其是中国的布局比例增加明显,可见美国近5年对中国市场的的重视。

第3章 基因治疗全球专利概览

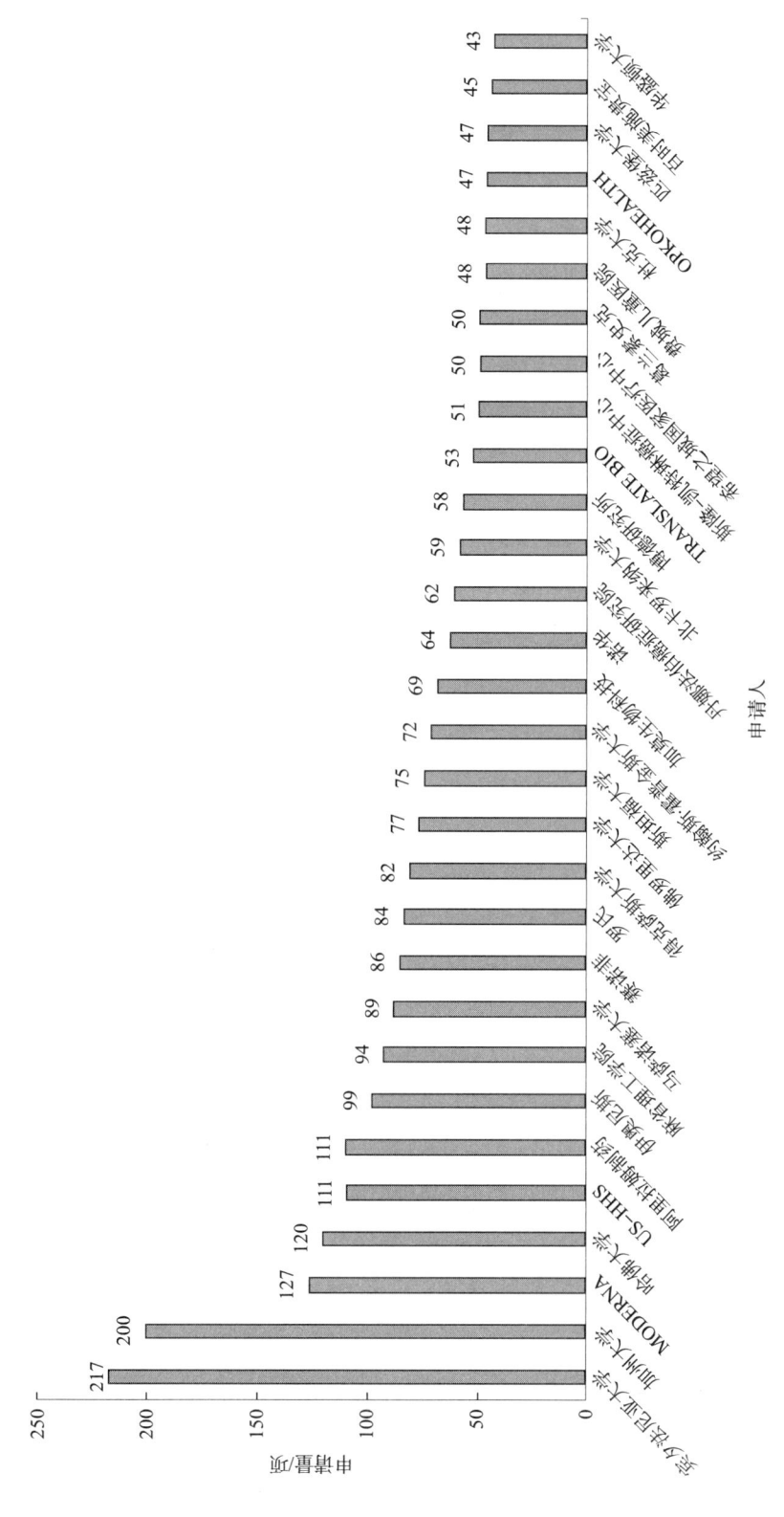

图 3-4-3 美国基因治疗专利近 5 年排名前 30 位申请人申请量分布

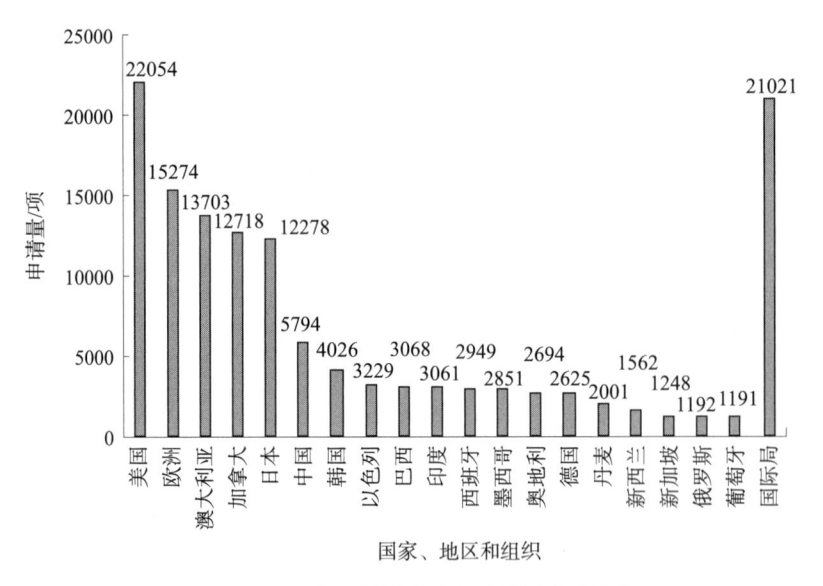

图 3-4-4　美国基因治疗专利总量全球布局

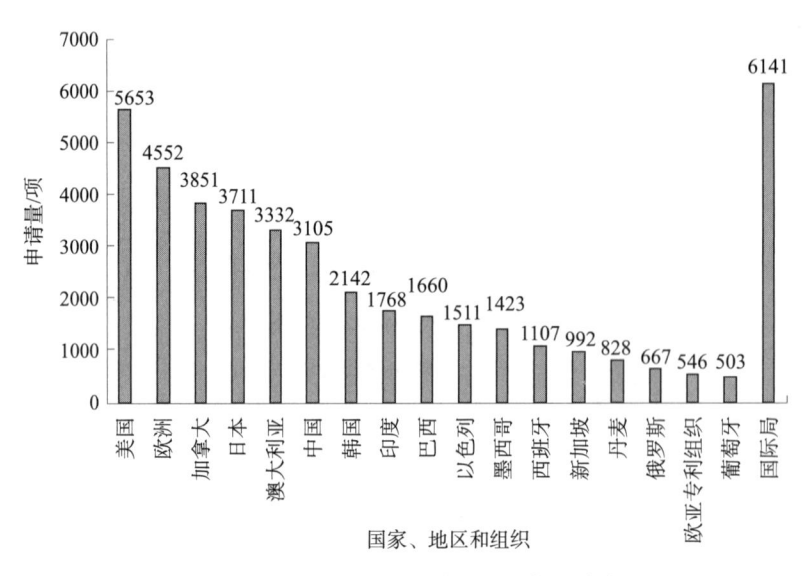

图 3-4-5　美国基因治疗专利近 5 年全球布局

图 3-4-6 和图 3-4-7 分别示出了美国基因治疗专利总量和近 5 年的法律状态分布情况。具体而言，美国专利有 29% 为授权状态，有 14% 为申请状态，总体有效专利数量占比 43%；与全球总体情况相当。近 5 年的美国专利族有 54.2% 为授权状态，有 40.0% 为申请状态，总体有效专利数量占比 94.2%；在 5 年内有一半以上的专利已经被授权，且申请状态的占比也达到 40%，可见后劲十足。

由美国基因治疗专利的申请趋势、布局特点和法律状态分布，结合美国专利的申请量趋势，可见美国在这一领域不仅拥有全球范围内绝对领先的技术积累，而且后续的发展潜力也非常巨大。

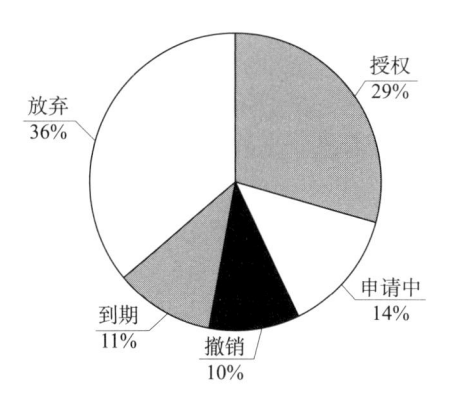

图 3-4-6 美国基因治疗专利总量
法律状态分布情况

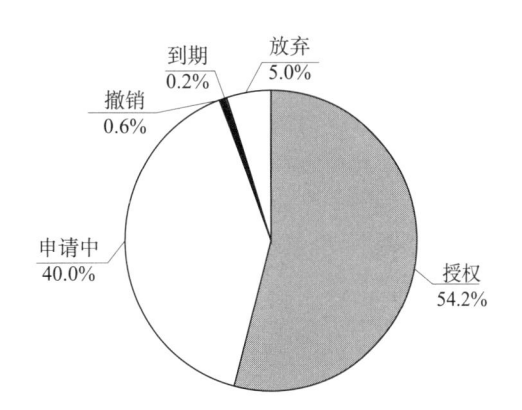

图 3-4-7 美国基因治疗专利
近 5 年法律状态分布情况

3.4.2 中国专利分析

3.4.2.1 中国专利概览

截至 2020 年 8 月 31 日,中国拥有 6596 项基因治疗专利,其中,中国近 5 年专利数量为 2351 项,代表了中国近期的研发实力。中国近 5 年的专利数量占总体的 35.6%,也就是中国在基因治疗领域超过 1/3 的研究成果是在近 5 年取得的。这不仅与基因治疗领域进入稳健发展阶段的大背景有关,也与国家战略、企业战略、市场导向、专利布局意识的提升有关系。通过分析中国近 5 年专利情况,可以了解中国近期在基因治疗领域的参与者的变化、新兴的研究方向等。

图 3-4-8 为中国基因治疗专利总量排名前 30 位的申请人申请量分布情况;可以发现,绝大部分申请人是高校和科研机构,企业仅有洮深生物和吉玛基因上榜。

洮深生物基于知识产权的医药技术运营,通过创新性的研发合作,公司目前已经申请了数百项精准医疗领域的发明专利和数十项医疗器械专利。

通过 Questel Orbit 数据库查询可知,洮深生物拥有 501 件专利,其中有 4 件国际专利,其余均为中国专利,可见洮深生物以布局中国市场为主,目前市场上还没有发现具体产品的应用案例。

吉玛基因由国家引进人才张佩琢博士领衔的海归创业团队 2003 年在上海张江高科技园区创立,2007 年在苏州工业园区生物纳米科技园设立总部。该公司拥有处于国际先进水平的 siRNA 化学合成的全部核心技术,RNAi 相关产品在国内占据了主要的市场份额,并出口欧洲、美国、日本、新加坡、韩国等国家/地区,同时为跨国试剂公司提供 OEM 生产。

图 3-4-8 还示出了中国基因治疗专利总量排名前 30 位申请人专利有效量,对专利有效量的分析和解读可以明确哪些技术空白点可以布局,有助于国内企业、高校和科研机构打开研发思路。

图 3-4-9 为中国基因治疗专利近 5 年排名前 30 位的申请人申请量分布情况,我们可以发现绝大部分申请人依然是高校和科研机构,中国科学院、武汉大学、第二军医大学等学校保持着出色的研发能力,近 5 年继续有高质量的成果产出。

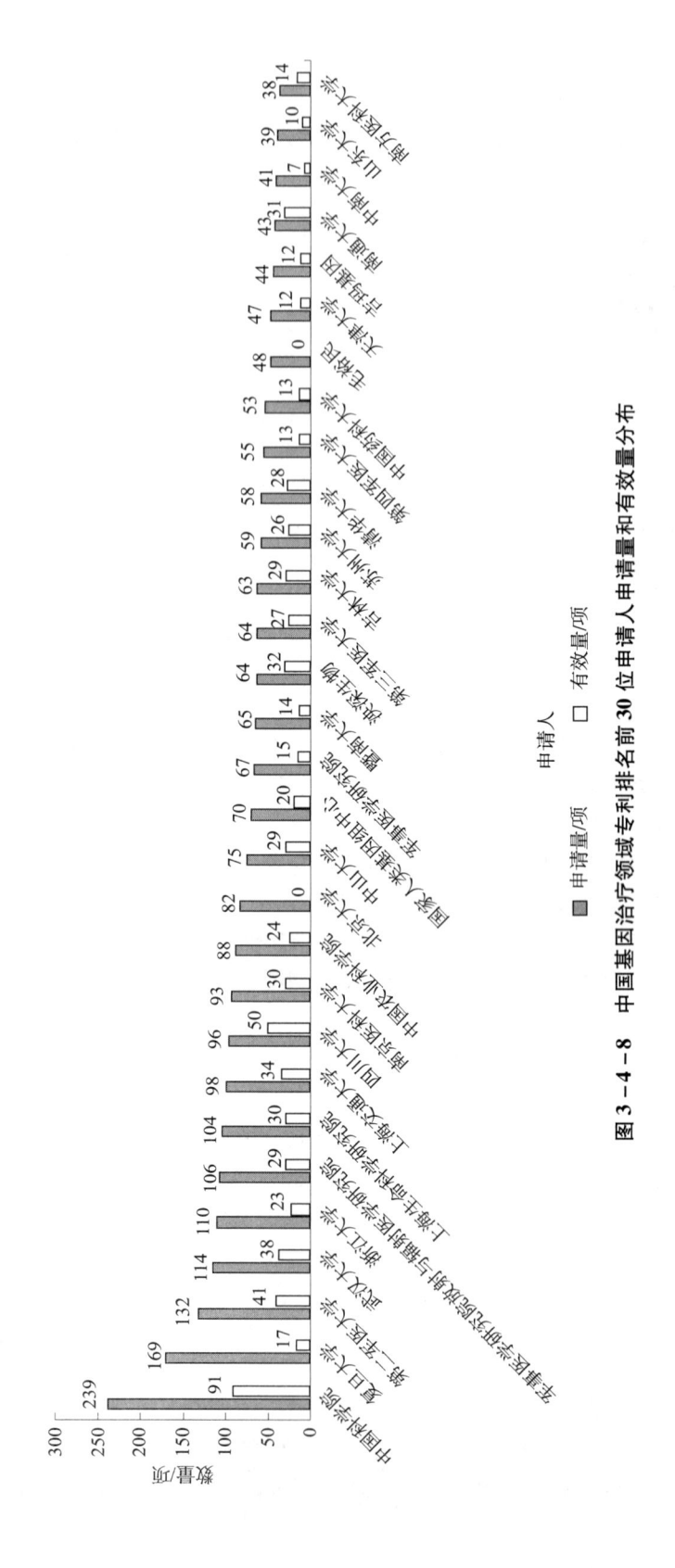

图 3-4-8 中国基因治疗领域专利排名前 30 位申请人申请量和有效量分布

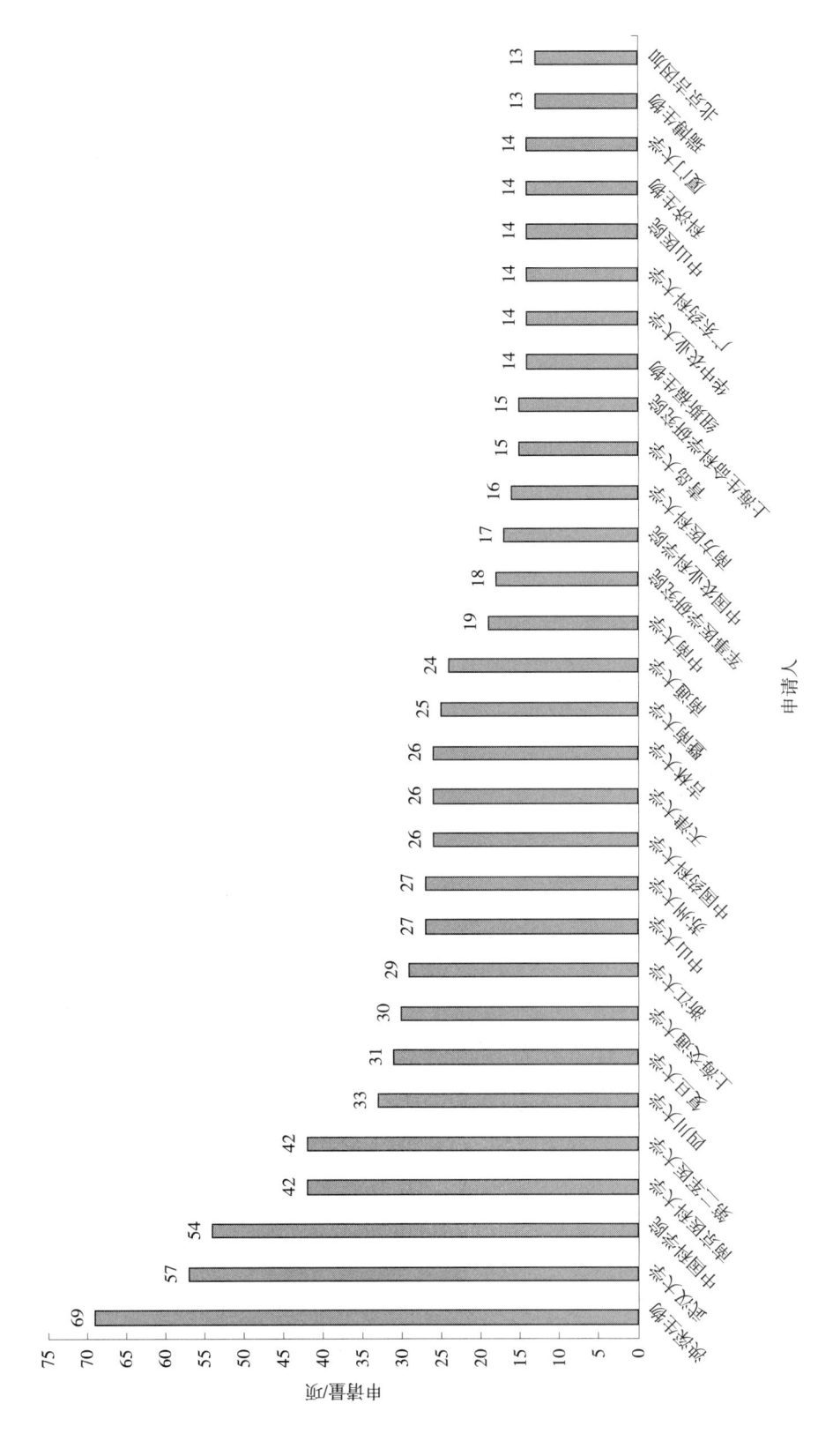

图 3-4-9 中国基因治疗专利近 5 年申请量排名前 30 位申请人申请量分布

对比分析图3-4-8和图3-4-9可以发现，上榜的申请人中企业数量有了一定的提升。图3-4-8中仅有泱深生物和吉玛基因两家企业上榜，而图3-4-9中出现了5家企业，分别是泱深生物、纽福斯生物、科济生物、瑞博生物和北京吉因加。虽然除了泱深生物，其他企业排名比较靠后，却能说明企业在基因治疗领域的发展壮大。

另外值得注意的是，泱深生物近5年专利申请量排名第一，甚至超过了中国科学院。因此，国内企业仍然需要重视从理论到实践的应用，早日开发出具有市场化的产品。

图3-4-10和图3-4-11分别显示了中国基因治疗专利总量和近5年的法律状态分布情况。就总量而言，中国专利有34%为授权状态，有18%为申请中状态，有效专利数量占比达到52%，比全球总体水平高。而近5年的中国专利有38%为授权状态，有48%为申请中状态，有效专利数量占比86%，远高于总量中有效专利数量占比。而且申请状态的占比将近一半，预计授权的潜力也较高，体现出近5年中国主要申请人对基因治疗领域的投入相对较大，产出的研究成果也相应增多。

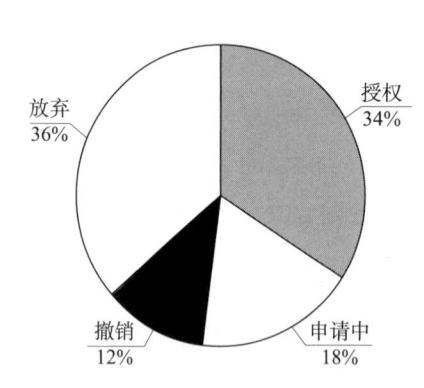

图3-4-10 中国基因治疗专利总量法律状态分布

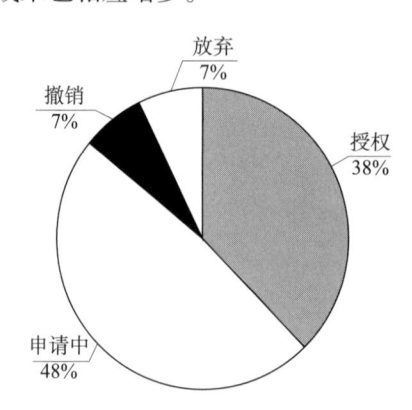

图3-4-11 中国基因治疗近5年专利法律状态分布

图3-4-12和图3-4-13为中国基因治疗专利总量和近5年在全球范围内的布局情况，其中仅有少部分专利进行了PCT申请，PCT占比9.40%，进入美国、欧洲、澳大利亚、加拿大、日本和韩国等主要经济体的专利也不足5%。中国绝大多数专利仅在本国申请，且专利族中有且只有1件中国专利的有5878项，在其他国家、地区和组织布局的仅有717项专利。可见，中国专利申请人全球布局意识较低。

通过对比分析图3-4-12和图3-4-13，中国基因治疗专利全球布局情况整体变化不大，PCT申请占比为13.90%，略有提高，在美国、欧洲、澳大利亚、加拿大、韩国和日本等主要经济体布局比例略有增加。虽然近些年优先权数量与美国差距变小了，但是整体布局上与美国的差距很大。这从侧面反映中国专利的价值相对较低。

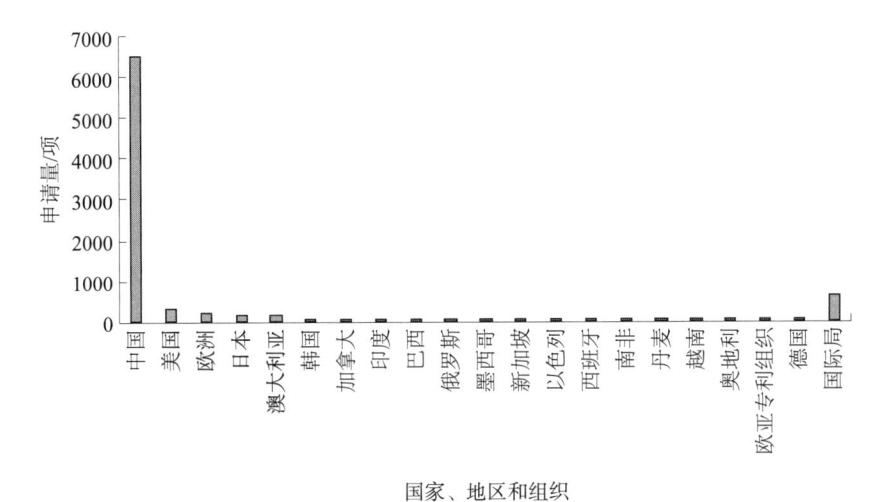

图 3-4-12 中国基因治疗专利总量全球布局情况

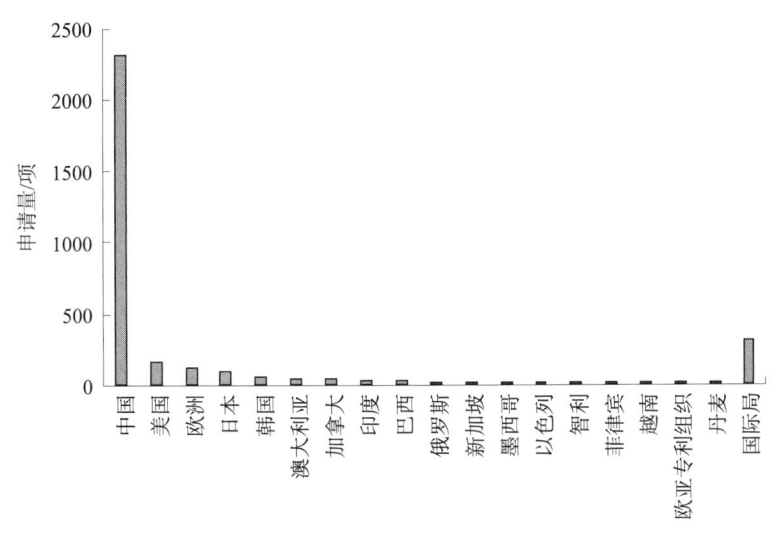

图 3-4-13 中国基因治疗专利近 5 年全球布局情况

3.4.2.2 多国布局的中国专利、全球布局分析

在全球布局的专利可能是中国价值比较高的专利，因此有必要对这些专利进行分析，探究这些专利的申请趋势、主要申请人、申请人类型、全球布局情况、法律状态，以及这些专利具体的内容等。

图 3-4-14 为中国在多国布局的基因治疗专利全球布局的发展趋势分析，从中可以发现中国申请人从 1995 年开始在全球进行布局，除了 1999 年、2000 年和 2011 年出现了异常的专利数量突增，其余年份都处于稳步上升的趋势。另外，2001~2015 年的专利授权状态比例较高，从侧面说明了这些专利的价值较高。

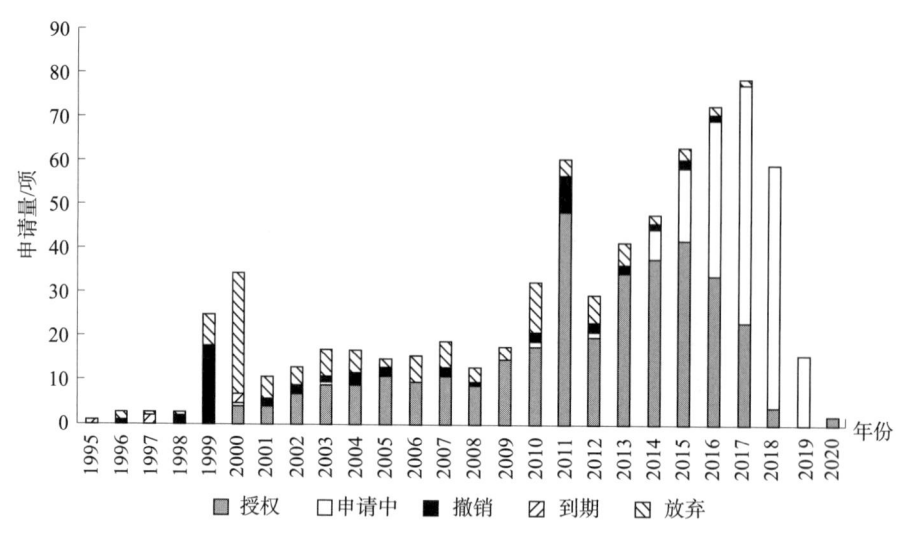

图 3-4-14 中国基因治疗专利全球布局的发展趋势

图 3-4-15 为中国基因治疗专利全球布局主要申请人申请量分布情况，从申请数量来看，除毛裕民（其研究成果集中在 1999~2000 年，后续未显示其有继续申请专利）外，其他企业和高校及科研机构的申请数量较少。其中，瑞博生物和上海生命科学研究院排名相对靠前，其余申请人之间的差距不大。

从申请人类型来看，排名前 30 位的主要申请人中，高校和科研机构占据 18 位，占比较大，其中包括上海生命科学研究院、厦门大学、中国科学院、清华大学等，是在多国布局中国专利的主要贡献力量。企业占据 11 位，其中有像恒瑞医药这样的上市公司，也有像百奥迈科、瑞博生物、命码生物这类耕耘十多年的成熟企业，还有诸如科济生物、优卡迪生物、纽福斯生物这些成立时间不久的新兴势力。可见，国内不断涌现的新生企业，是国内基因治疗领域发展的源动力，也是推动基因治疗技术前进的助推器。

图 3-4-16 为中国基因治疗专利全球布局情况，可以发现这些专利中 PCT 申请的占比是 85.40%，在全球其他主要经济体的布局量也明显高于中国的整体情况。虽然这 717 项专利已经是中国多国布局的专利了，但是其专利族的平均数（专利族中不同国家/地区公开数量的平均值）在很大程度上小于美国，说明地域分布的广度较差。

中国基因治疗专利全球布局总量法律状态分布情况如图 3-4-17 所示，其中，49% 为授权专利，另有 27% 专利处于申请中的状态，有效率达到 76%。

综上所有针对中国基因治疗专利的分析，不难看出，中国专利申请量处于比较高的排名，表明中国市场的重要性，本国申请人的参与度较高。但从中国专利的全球布局来看，中国研发水平还较弱，多国布局的意识有待增强。

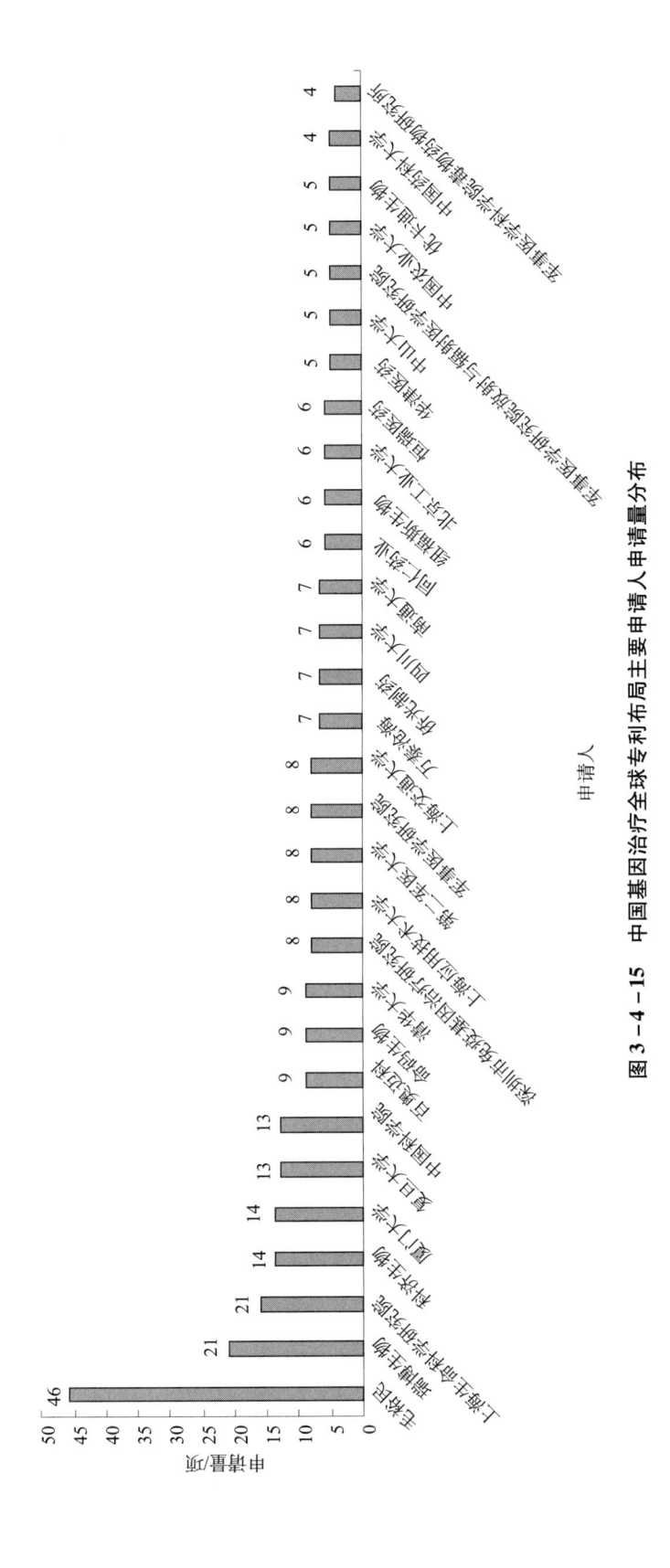

第 3 章　基因治疗全球专利概览

图 3-4-15　中国基因治疗全球专利布局主要申请人申请量分布

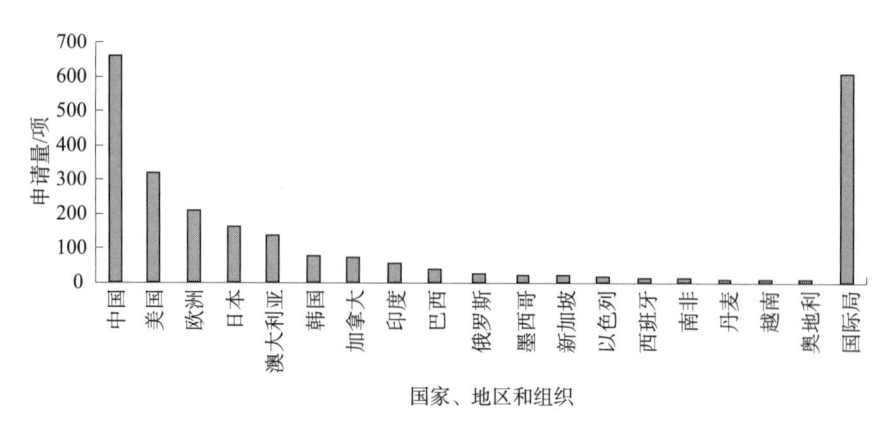

图 3-4-16 中国基因治疗专利全球布局情况

3.4.2.3 中国国内专利优先权地域分布

图 3-4-18 所示基因治疗中国国内专利优先权地域分布情况，与图 3-2-3 所示的中国专利申请量地域分布情况非常相似，上海和北京排名前两位，随后是处于第二梯队的广东和江苏，分别位列第三和第四，处于第三梯队的是湖北、浙江、山东、四川、天津和陕西。

值得注意的是，在图 3-2-3 中重庆排名第十，而在图 3-4-18 中则被陕西取代。而除了陕西是新进入前十的省份外，申请量排名和优先权数量排名的前九名省份完全一致，说明申请量与优先权数量同步增长。

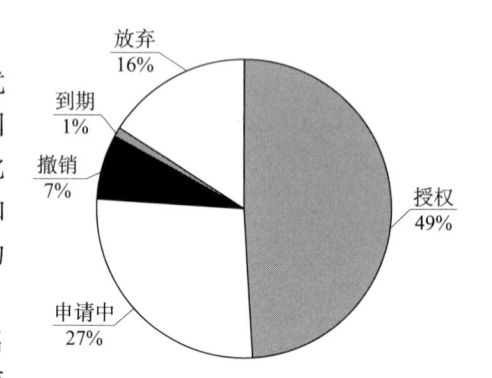

图 3-4-17 中国基因治疗全球专利总量法律状态分布

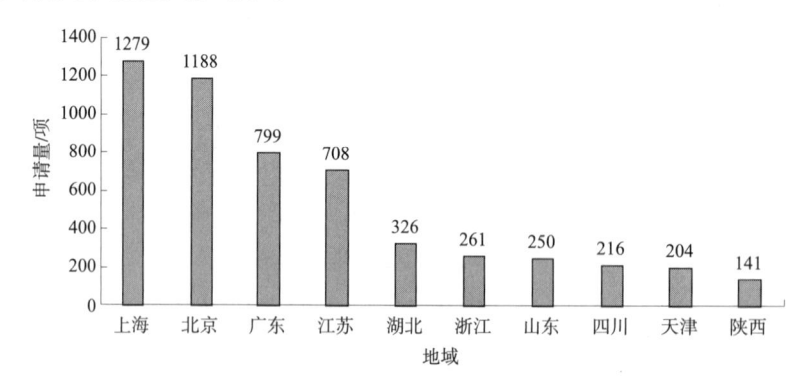

图 3-4-18 基因治疗中国国内专利优先权地域分布

结合中国申请量和优先权的地域分布情况，可以清晰地认识到中国基因治疗药物的研究和创新主要集中在上海和北京，广东和江苏两省也具备一定的研发创新实力。类似基因治疗领域这样的高端技术领域，与地方高校和科研机构的数量和质量密切关联，一线城市和经济发达的省份更容易吸引优秀人才和高精尖产业。

3.4.2.4 中国国内专利与来华专利对比

图 3-4-19 为基因治疗中国国内专利和来华专利年度分布情况。从中可知，美国

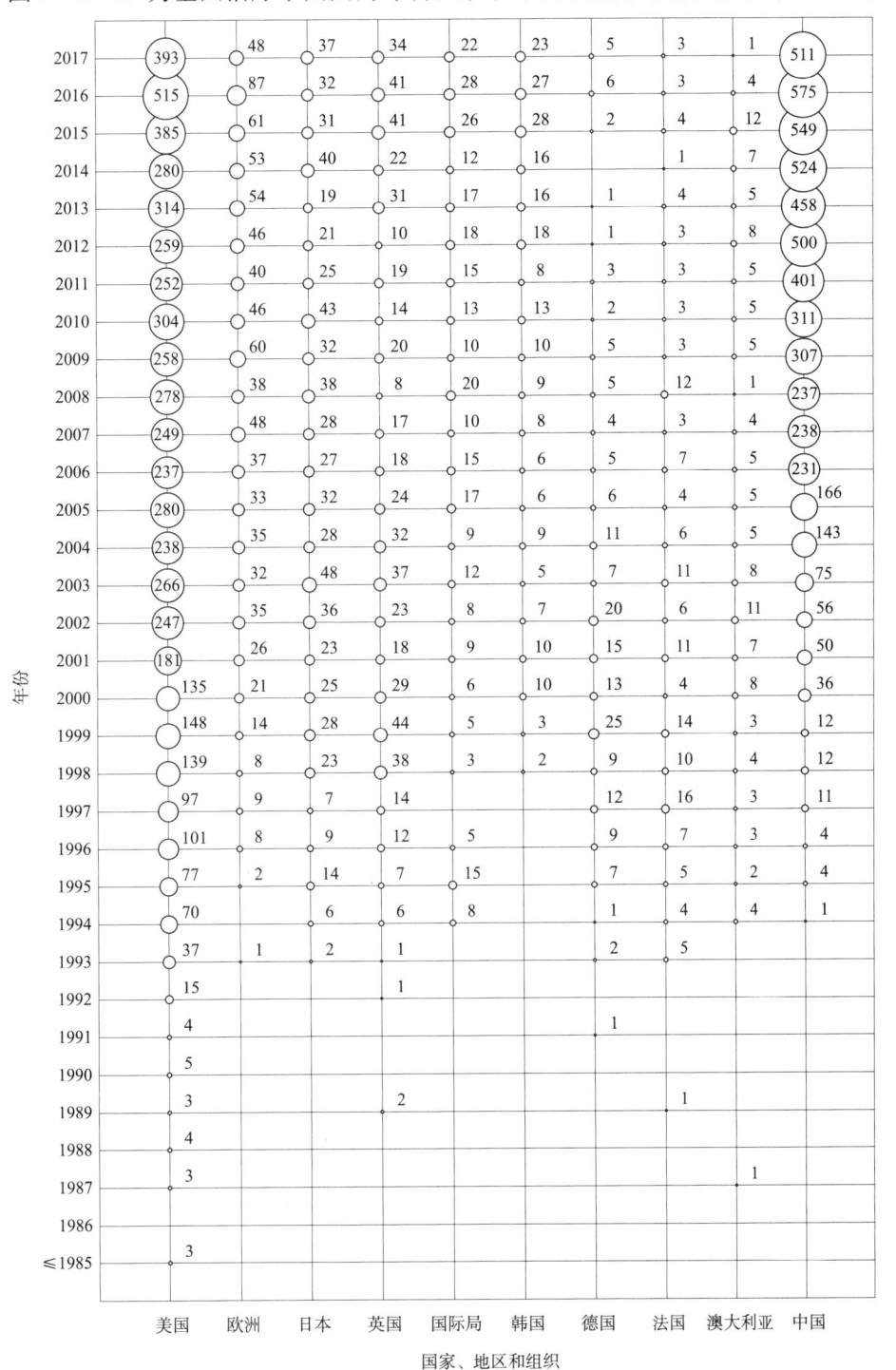

年份	美国	欧洲	日本	英国	国际局	韩国	德国	法国	澳大利亚	中国
2017	393	48	37	34	22	23	5	3	1	511
2016	515	87	32	41	28	27	6	3	4	575
2015	385	61	31	41	26	28	2	4	12	549
2014	280	53	40	22	12	16		1	7	524
2013	314	54	19	31	17	16	1	4	5	458
2012	259	46	21	10	18	18	1	3	8	500
2011	252	40	25	19	15	8	3	3	5	401
2010	304	46	43	14	13	13	2	3	3	311
2009	258	60	32	20	10	10	5	3		307
2008	278	38	38	8	20		5	12	1	237
2007	249	48	28	17	10	8	4	3	2	238
2006	237	37	27	18	15	5	6	7	5	231
2005	280	33	32	24	17	6	6	4	5	166
2004	238	35	28	32	9	9	11	6	5	143
2003	266	32	48	37	12	5	7	11	8	75
2002	247	35	36	23	8	7	20	6	11	56
2001	181	26	23	17	9		15	11	5	50
2000	135	21	25	29	6	10	13	4	8	36
1999	148	14	28	44	5		25	14	3	12
1998	139	8	23	38	3	2	9	10	4	12
1997	97	9	7	14			12	16		11
1996	101	8	9	12	5		9	7	3	4
1995	77	2	14	7	15		7	5	2	4
1994	70		6	6	8		1	4	4	
1993	37	1		2	1			2	5	
1992	15				1					
1991	4						1			
1990	5									
1989	3			2				1		
1988	4									
1987	3								1	
1986										
≤1985	3									

国家、地区和组织

图 3-4-19 基因治疗中国国内和来华专利年度申请对比

注：图中数字表示申请量，单位为项。

专利申请在1985年就开始进入中国，是所有国家中最早的，也可以说中国在基因治疗领域的萌芽是从美国专利开始的。从1987年开始，美国每年都有专利进入中国，并且基本保持逐年递增的趋势。与其他国家的对比可以发现，美国不仅在专利申请时间上领先于其他国家，在专利布局数量也远远超越其他国家。

除了韩国，其他国家专利进入中国的时间基本上在1993～1994年，落后美国近10年。恰巧的是，这个时间点也正是中国本国专利申请出现的时间，因此这些国家专利在中国的布局与中国本身的技术萌芽同时起步，这些国家专利在中国的布局也基本上没有中断，欧洲、日本每年都有几十件专利申请进入中国。

韩国在基因治疗领域的起步本身较晚，其专利进入中国的时间也是主要国家中最晚的，直至1997年才有专利进入中国，且后期没有较大增长。因此，韩国在进入中国的专利数量也处于弱势。

中国从1993年在基因治疗领域实现自主专利技术的萌芽后，发展势头相对于美国较为迅猛，并于2009年中国的专利数量超越美国，后续一直成为中国最大的专利来源国。这表明，至少在数量上，中国在基因治疗领域已经取得了比较大的成绩。

3.4.3 日本专利分析

日本作为亚洲最发达的国家之一，截至2020年8月31日，日本拥有4332项基因治疗专利，其中，近5年的专利数量为775项，代表了日本近期的研发实力。通过分析日本近5年的专利情况，可以了解日本近期在基因治疗领域的参与者的变化、新兴的研究方向等。

图3-4-20示出了日本基因治疗专利申请趋势分析情况，日本在基因治疗领域的起步基本与全球保持同步，但专利申请量与美国存在巨大差距，一直处于比较落后的

图3-4-20 日本基因治疗专利申请趋势

地位。专利整体分布也呈现出了先增长后下降的趋势,但与美国不同的是,日本并没有在2011年之后出现稳定的回升;由于2018年和2019年有些专利没公开,预计这两年会出现增长,因此判断日本在基因治疗领域投资的回暖相对滞后。

图3-4-21为日本基因治疗专利总量排名前25位的申请人申请量分布情况,可以发现其中有武田制药、住友制药、罗氏等知名企业,也不乏高校和科研机构的身影,从申请人类型来看,前25位的主要申请人中,日本企业与高校及科研机构各占一半。

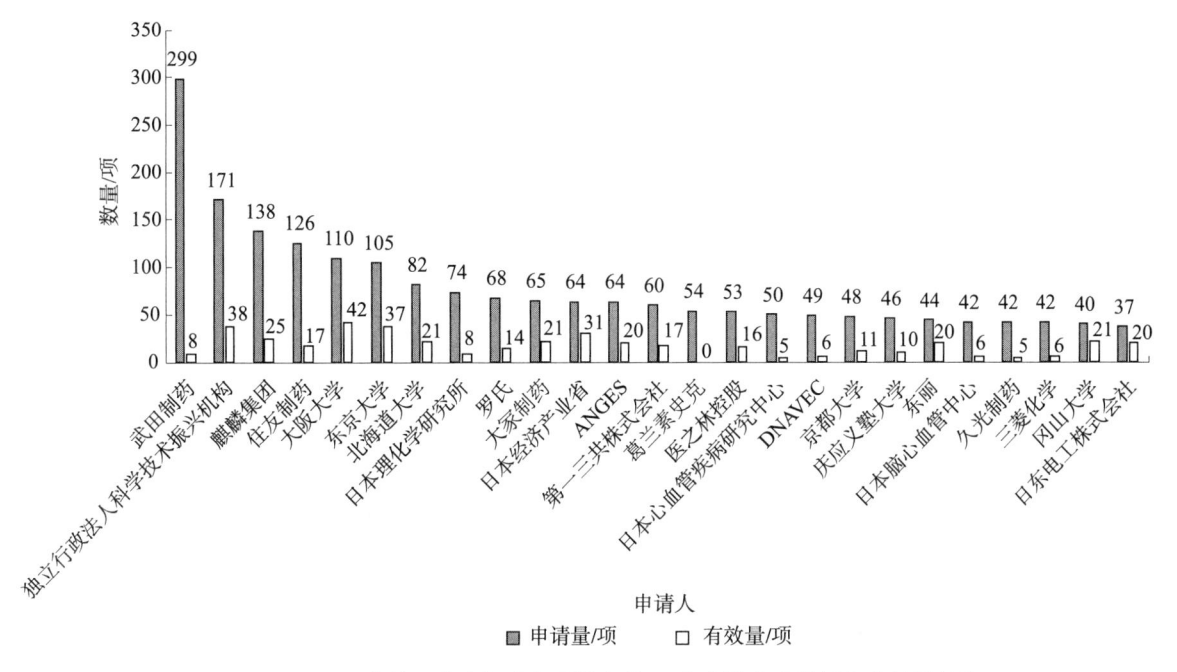

图3-4-21 日本基因治疗领域专利排名前25位申请人申请量和有效量分布

图3-4-21还显示出日本基因治疗专利总量排名前25位的申请人专利有效量,从中能够看出申请人获得的专利权,也基本代表了日本在这一领域的专利权情况。

值得注意的是,日本专利申请量最多的公司是武田制药,其专利有效量非常低,只有8件,占比不到2.70%。通过Questel Orbit数据库检索武田制药的专利后,不难发现,以武田制药为专利权人共检索到2654项专利,其中837项处于有效状态(包括授权和申请中),1817项处于无效状态(包括撤销、到期和无效)。武田制药第1件专利申请始于1951年,由于其基因治疗技术研发起步较早,很多专利已经届满到期,或是随着时代发展和科学技术进步,一部分技术过时的专利失去了继续保护的意义,就选择了放弃。而近年来武田制药没有重大的研究进展,专利申请数量也逐年下降,因此可以解释,武田制药是拥有日本专利申请量最多的公司,其专利有效量却很少。

图3-4-22为日本基因治疗专利近5年排名前25位的申请人申请量分布情况,可以发现在近5年,从申请人类型来看,前25位主要申请人中,日本企业、高校及科研机构各占一半,仍处于一个平衡状态。

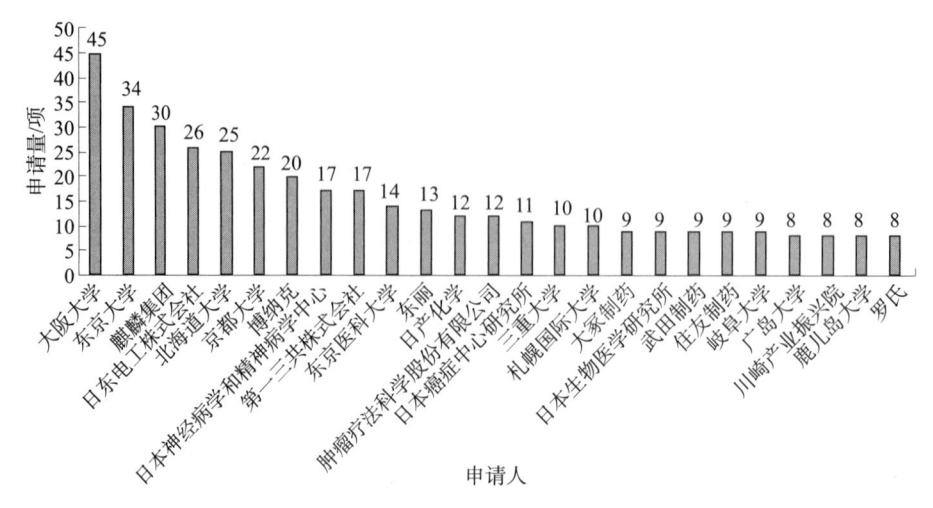

图3-4-22 日本基因治疗专利近5年排名前25位申请人申请量分布

通过对比分析图3-4-21和图3-4-22可以发现,日本基因治疗技术发展迅速的是以大阪大学和东京大学为首的高校和科研机构,大阪大学、东京大学、北海道大学以及京都大学等高水平院校始终保持着强劲的研发能力,持续产出研究成果和专利。

而像武田制药这样的老牌企业,如上文分析,其研究起步较早,早期拥有较多的专利数量,但近年来没有取得重大的研究进展,专利申请量也逐年下降,近5年武田制药的专利申请量也排名靠后。同为老牌企业的住友集团,与武田制药面临相似的情况。

图3-4-23为日本专利总量在全球范围内的布局情况,其中大部分专利进行了PCT申请,PCT占比55.70%,并且进入了美国、欧洲的比例也有40%左右,进入澳大利亚、加拿大、中国和日本等主要经济体的比例也比中国高出不少。可见日本的专利布局比较广泛,日本作为主要发达国家,专利布局的意识还是比较强的。

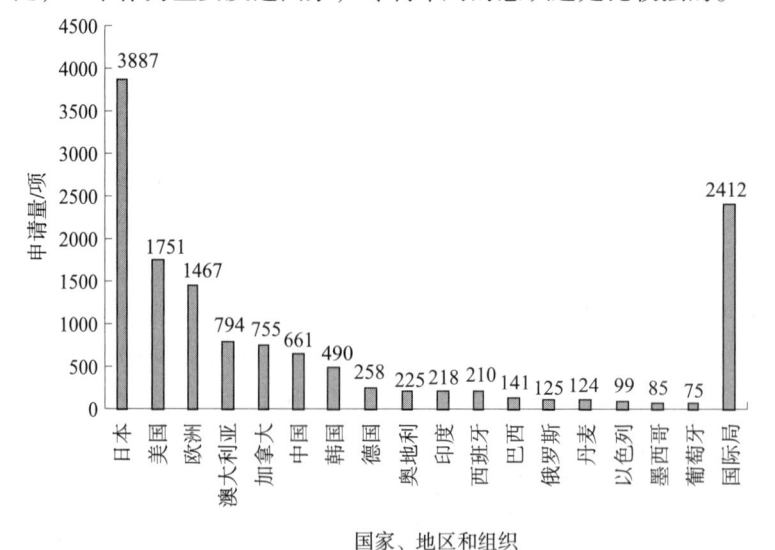

图3-4-23 日本基因治疗专利总量全球布局

日本基因治疗专利近5年在全球范围内的布局情况如图3-4-24所示。通过对比分析图3-4-23和图3-4-24，日本基因治疗专利全球布局情况整体变化不大，PCT申请占比为73.5%，相比于总体有较大幅度的提高；并且进入了美国、欧洲、澳大利亚、加拿大、中国和日本等主要经济体的比例明显增加，可见日本近5年的专利布局策略更加偏向于全球化。

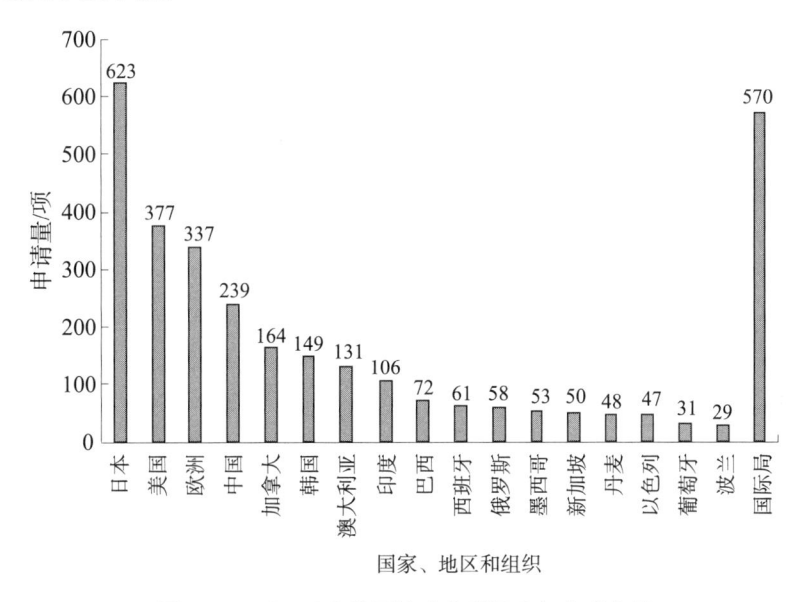

图3-4-24 日本基因治疗专利近5年全球布局

此外，比较明显的是，日本增加了在中国的布局权重。这可能也是近5年中国申请人在基因治疗领域加大投入所致，国外申请人为了应对竞争而加大在中国的布局。

图3-4-25示出了日本基因治疗专利总量法律状态分布情况。具体而言，日本专利有26%为授权状态，有13%为申请状态，总体有效专利数量占比39%，与美国总体情况相当。

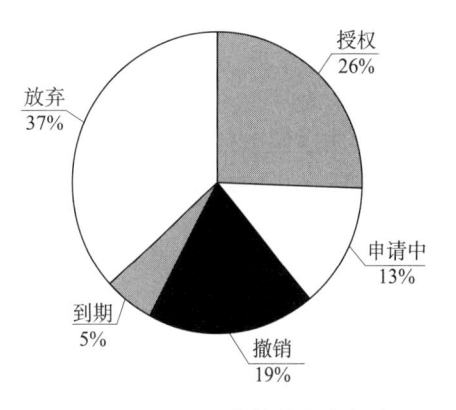

图3-4-25 日本基因治疗专利总量法律状态分布

3.4.4 欧洲专利分析

截至2020年8月31日，欧洲和英国、德国、法国、丹麦、西班牙、瑞典等主要国家和地区拥有7278项基因治疗专利，总体上代表了欧洲的研发实力；其中，近5年的专利数量为1395项，占总体的19.20%，代表了欧洲近期的研发实力。

图3-4-26示出了欧洲基因治疗专利申请趋势分析情况，欧洲在基因治疗领域的起步基本与全球保持同步，虽然欧洲具有比较多的制药巨头，但在基因治疗领域专利申请量与美国存在很大差距。欧洲的专利分布总体上也呈现出了先增长后下降的趋势，

与美国类似,欧洲在 2011 年之后出现稳定的回升;由于 2018 年和 2019 年有些专利没公开,预计这两年增长会更加明显,因此判断欧洲在基因治疗领域申请已经回暖,并且进入稳健发展的时期。

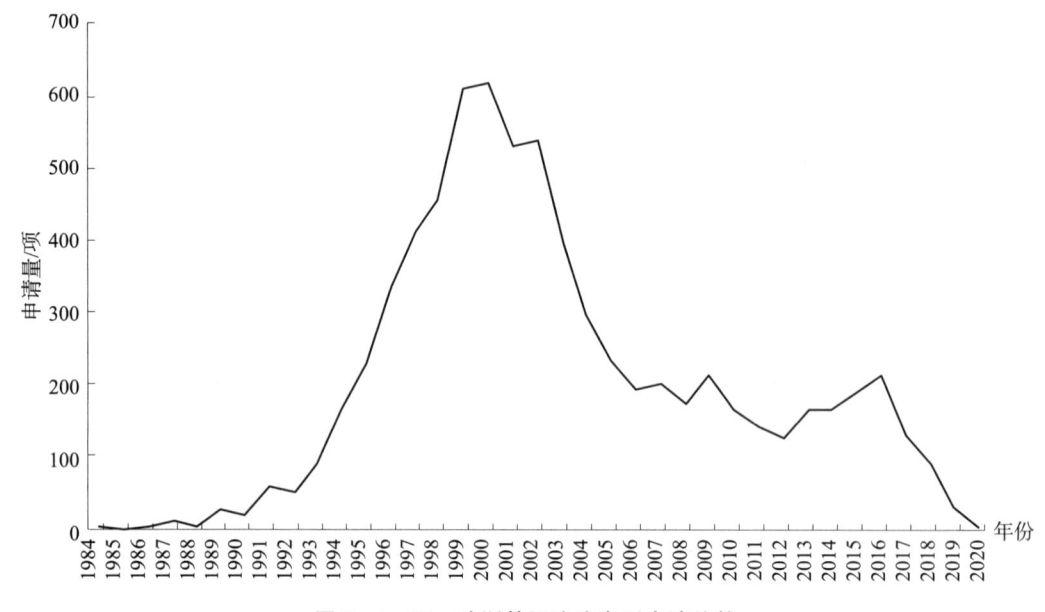

图 3-4-26 欧洲基因治疗专利申请趋势

图 3-4-27 为欧洲基因治疗专利排名前 25 位申请人申请量和有效量分布情况。从申请人类型情况来看,高校与科研机构占了 13 位,企业占了 12 位。其中,著名的制药企业有赛诺菲、拜耳、罗氏、诺华等,排名前列的研究机构有 INSERM 和 CNRS,在专利申请量和专利有效量上分别居第一位和第二位,尤其是专利有效量遥遥领先其他申请人,说明这两个科研机构不仅研究起步早,而且研究成果具有价值。相比之下,企业的专利有效量相对较少。

图 3-4-28 为欧洲基因治疗专利近 5 年排名前 25 位的申请人及申请量分布情况,我们可以发现,从申请人类型来看,高校和科研机构占据 14 位,占比略微上升,INSERM 和 CNRS 依然位居前列,而学院派的代表伦敦大学和索邦大学也上升至前五名,这些都说明了高校和科研机构的研究能力是处于欧洲先进水平的,在基因治疗技术研究方面保持着积极前进的态势。

此外,通过对比分析图 3-4-27 和图 3-4-28 可以发现,像拜耳、强生和默沙东这样的制药巨头退出了近 5 年专利排名榜单,而杨森制药、拜恩泰科、阿斯利康和马林制药这些公司出现在前 25 位申请人中,说明了欧洲市场企业的竞争环境十分激烈,技术研发你追我赶。

值得注意的是,除了 INSERM 和 CNRS 始终高居榜首之外,法国医疗保健研究所、巴黎第五大学和法国巴斯德研究所也出现在近 5 年专利数量排名前 25 位申请人中,反映出法国在基因治疗领域的研发能力不容小觑。

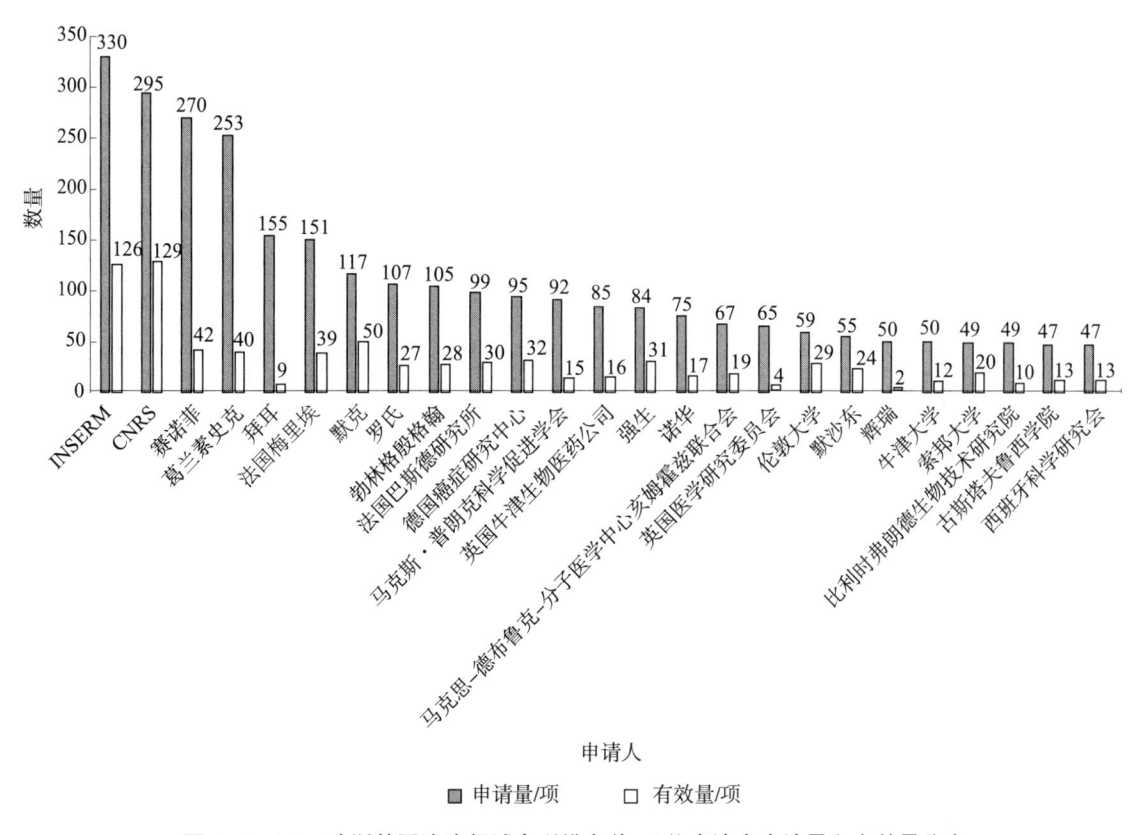

图 3-4-27 欧洲基因治疗领域专利排名前 25 位申请人申请量和有效量分布

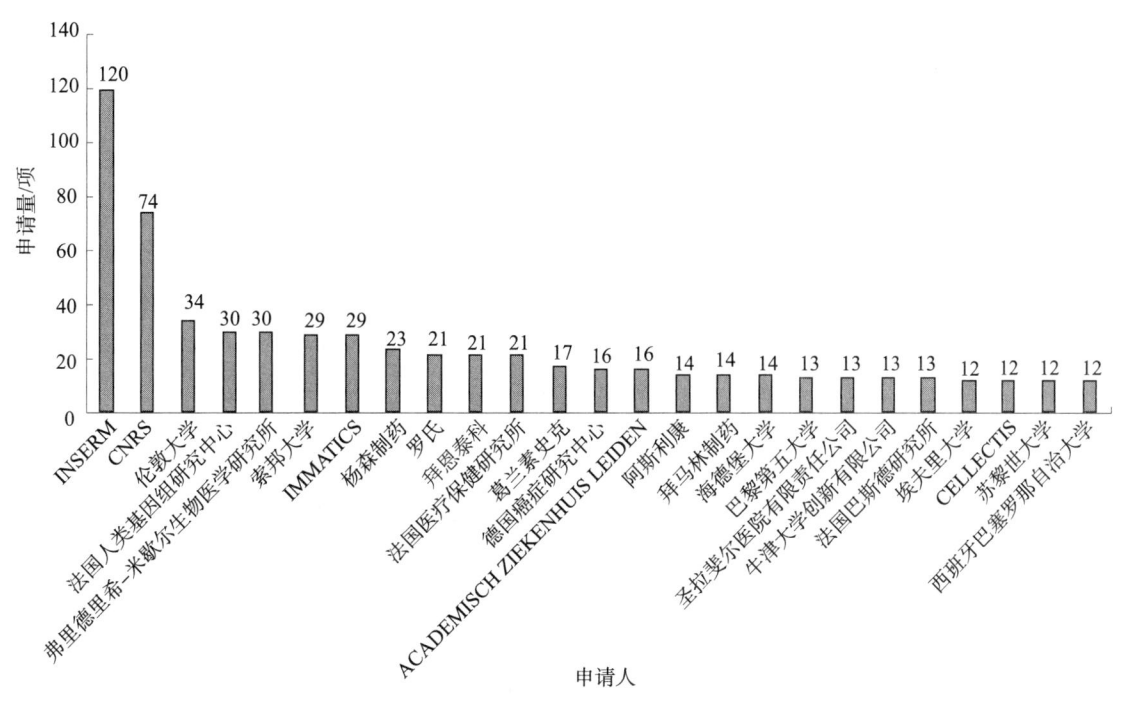

图 3-4-28 欧洲基因治疗领域专利近 5 年排名前 25 位申请人申请量分布

图 3-4-29 为欧洲基因治疗专利总量在全球范围内的布局情况,其中大部分专利进行了 PCT 申请,PCT 占比 79.40%,进入美国、韩国、澳大利亚、加拿大、中国和韩国等主要经济体的比例也很高。可见欧洲的专利布局比较广泛,这一特点与美国较为相似。

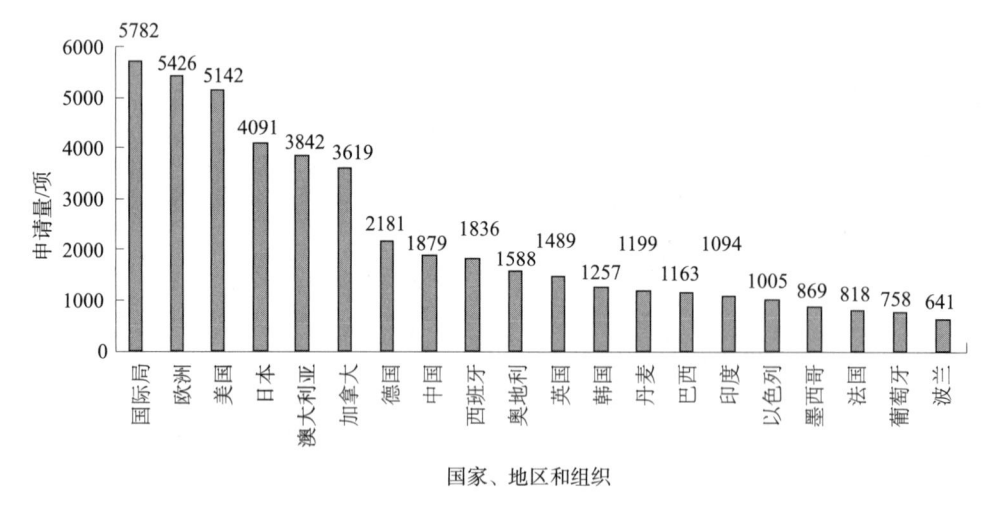

图 3-4-29 欧洲基因治疗专利总量全球布局情况

欧洲基因治疗专利近 5 年在全球范围内的布局情况如图 3-4-30 所示。通过对比分析图 3-4-29 和图 3-4-30 可知,欧洲基因治疗专利近 5 年全球布局情况整体变化比较大,PCT 申请占比为 91.20%,相对总量有较大幅度的提高,进入美国、欧洲、澳大利亚、加拿大、中国和韩国等主要经济体的比例也有所增加。可见欧洲近些年的专利布局策略进一步偏向于全球化,此外,欧洲增加了在中国的布局权重。

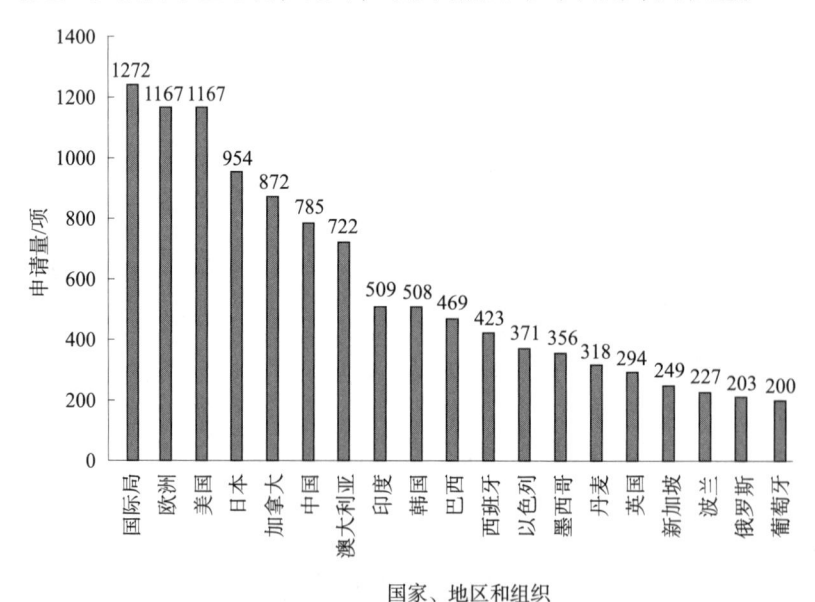

图 3-4-30 欧洲基因治疗专利近 5 年全球布局情况

图 3-4-31 示出了欧洲基因治疗专利总量的法律状态分布情况。就总量而言，欧洲专利有 31% 为授权状态，有 10% 为申请状态，总体有效专利数量占比 41%。

3.4.5 韩国专利分析

图 3-4-32 示出了韩国基因治疗专利申请趋势分析，韩国在基因治疗领域的起步落后美国约 10 年，并且目前的发展趋势也不如中国。韩国专利申请量在 2005 年前与全球主要国家和地区存在巨大差距，2005 年后差距略有缩小。

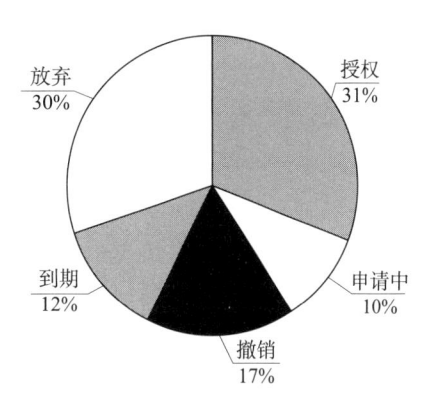

图 3-4-31 欧洲基因治疗专利总量法律状态分布

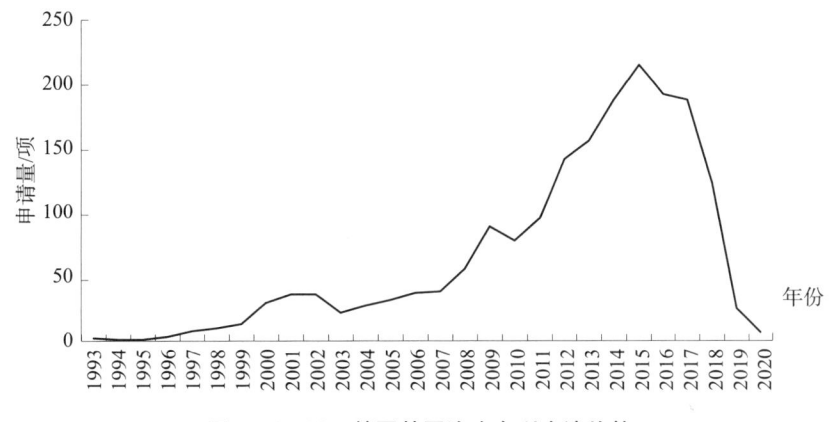

图 3-4-32 韩国基因治疗专利申请趋势

截至 2020 年 8 月 31 日，韩国拥有 1837 项基因治疗专利，其中，近 5 年的专利数量为 860 项，占总体的 46.80%，代表了韩国近期的研发实力。也就是说，韩国在基因治疗领域近一半的研究成果是在近 5 年取得的，这与中国的情况也非常类似。

图 3-4-33 为韩国基因治疗专利总量排名前 25 位的申请人申请量分布情况，从申请人类型来看，主要申请人多为高校、科研机构、产业合作团和基金会，纯粹的企业申请人仅有 3 位，分别是韩国斗山集团、爱茉莉太平洋集团和三洋控股，其中，韩国斗山集团的专利申请量和专利有效量遥遥领先其他申请人。韩国首尔大学在专利申请量和专利有效量上均位列第二位，排名前 25 位中存在大量的高校、科研机构、产业合作团和基金会，说明了韩国的产学研发展情况良好，不同的高校、科研机构和企业之间存在较多的合作关系，联系密切，侧面反映了韩国的研发能力主要来自高校和科研机构。

图 3-4-33 还示出了韩国基因治疗专利总量排名前 25 位的申请人专利有效量，通过专利有效量，能够看出这些公司获得的专利权。韩国主要申请人的专利申请量和专利有效量差距不大，这一情况与欧洲、美国、日本的情况不同，说明了韩国在基因治疗领域起步较晚，发展平稳上升，因此没有很多专利届满到期。

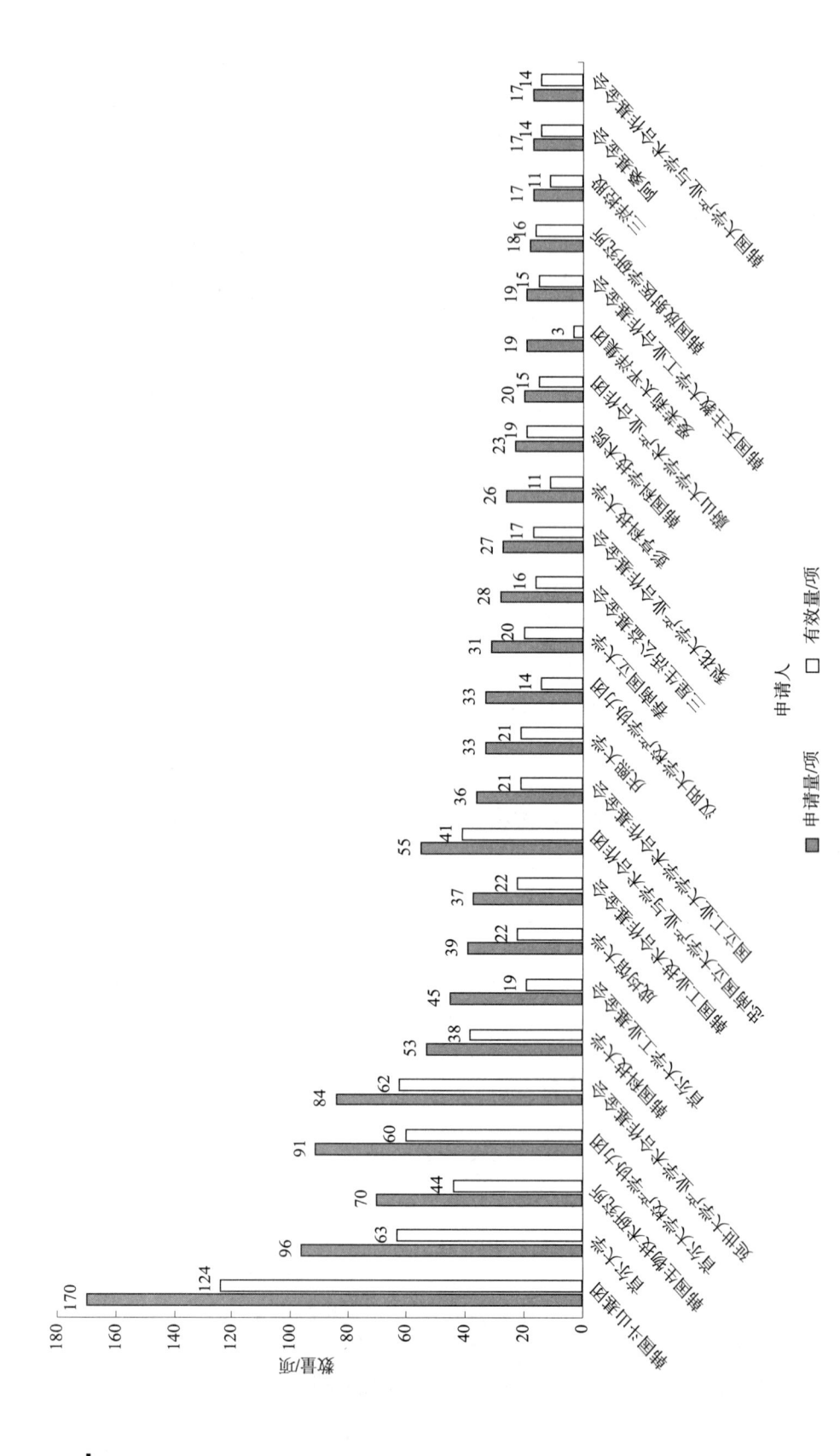

图 3-4-33 韩国基因治疗领域专利排名前 25 位申请人申请量和有效量分布

图3-4-34为韩国基因治疗专利近5年排名前25位的申请人申请量分布情况，可以看到近5年的排名情况与总量排名情况基本上没有变化，排名前两位的依然是韩国斗山集团和首尔大学。从申请人类型来看，仍然是高校、研究机构、产业合作团和基金会占据较大比例。

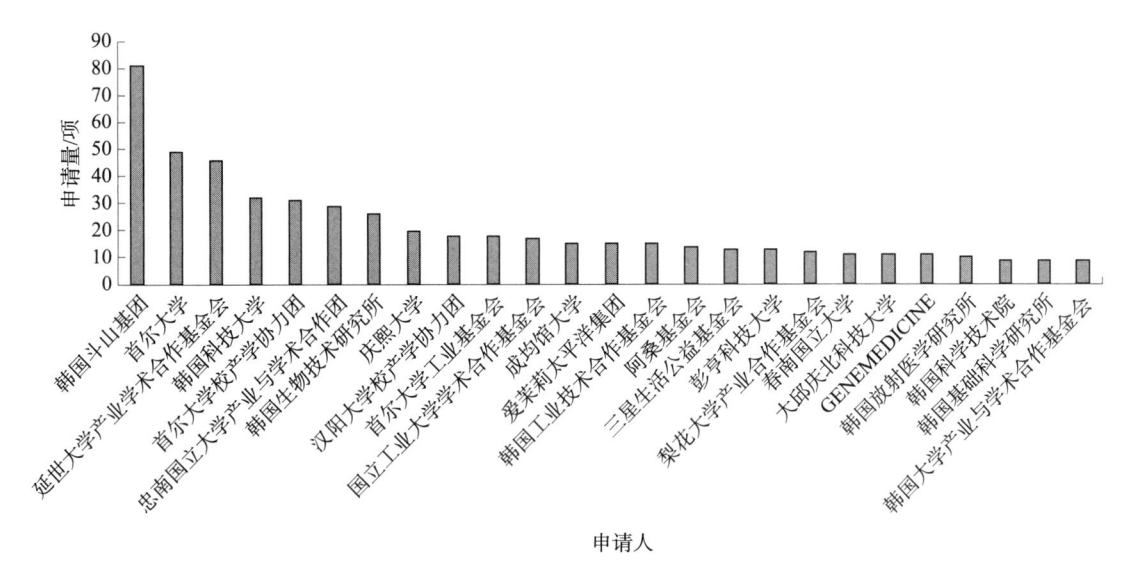

图3-4-34 韩国基因治疗专利近5年排名前25位申请人申请量分布

图3-4-35为韩国基因治疗专利总量在全球范围内的布局情况，其中小部分专利进行了PCT申请，PCT占比32.9%；进入美国、欧洲、日本、澳大利亚、加拿大、中国等主要经济体的比例也不高，但是比中国的情况会好一些。由此可见，虽然韩国总体上专利申请量及专利发展趋势不及中国，但是从专利布局广度来看，韩国做得比较好。

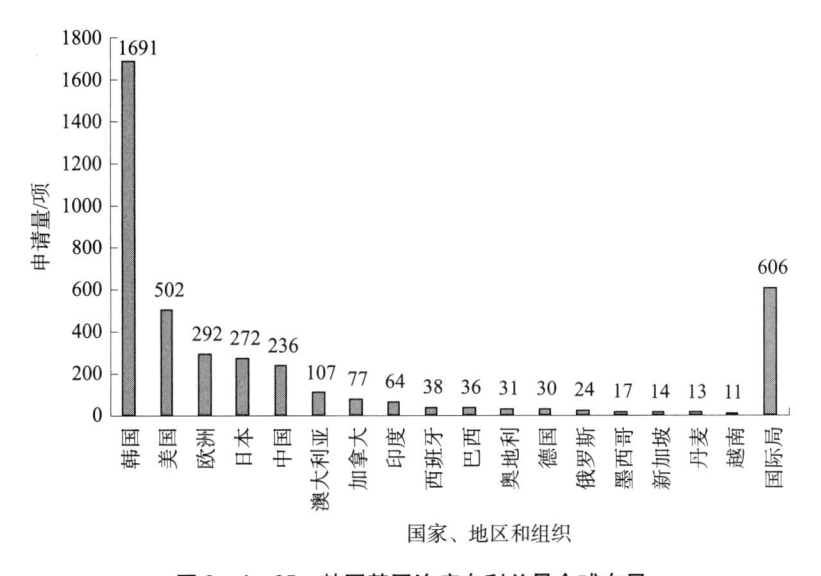

图3-4-35 韩国基因治疗专利总量全球布局

韩国基因治疗专利近5年在全球范围内的布局情况如图3-4-36所示。通过对比分析图3-4-35和图3-4-36，近5年韩国基因治疗专利全球布局情况整体变化不大，PCT申请占比为35.80%，相比总量略有提高，进入美国、欧洲、澳大利亚、加拿大、中国和日本等主要经济体的比例变化也不大。可预见韩国在基因治疗领域的发展势头并不是非常火热。

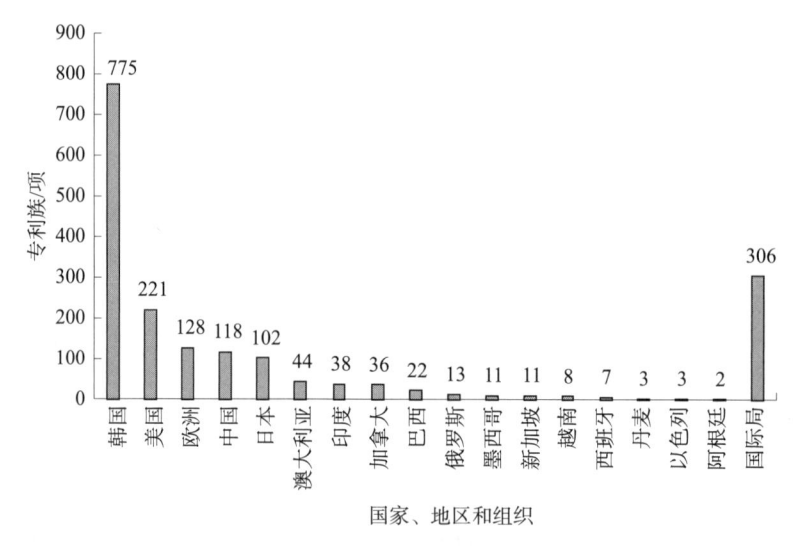

图3-4-36 韩国基因治疗专利近5年全球布局

图3-4-37示出了韩国基因治疗专利总量的法律状态分布。具体而言，韩国专利有62%为授权状态，有13%为申请状态，总体有效专利数量占比75%。这个比例在世界范围内都很高，可见韩国专利的数量不是很多，但是推测其质量和价值会比较高，值得对韩国的申请人及其专利进一步分析。

3.4.6 其他国家专利分析

除了美国、欧洲、中国、日本和韩国这5个国家/地区在基因治疗领域具备比较强劲的研发

图3-4-37 韩国基因治疗专利总量法律状态分布

实力和潜力以外，其余国家/地区的研发实力相对较弱。例如，澳大利亚和加拿大是基因治疗专利布局的重点国家，但是研发实力有待提升。

图3-4-38为澳大利亚基因治疗专利历年申请趋势和最早优先权分布的对比图。澳大利亚的专利布局也比较早，基本上与全球同步，申请量的趋势也符合全球整体的变化趋势，近期的申请量在缓慢回升。但是与申请量形成鲜明对比的是，澳大利亚最早优先权的变化趋势显得非常平淡，起步较晚，在1990年才出现首个最早优先权，且历年的最早优先权量都低于100项，目前拥有最早优先权数量为937项。因此澳大利亚

是基因治疗领域值得重点布局的国家，但不是技术来源国，在基因治疗领域研究能力一般。

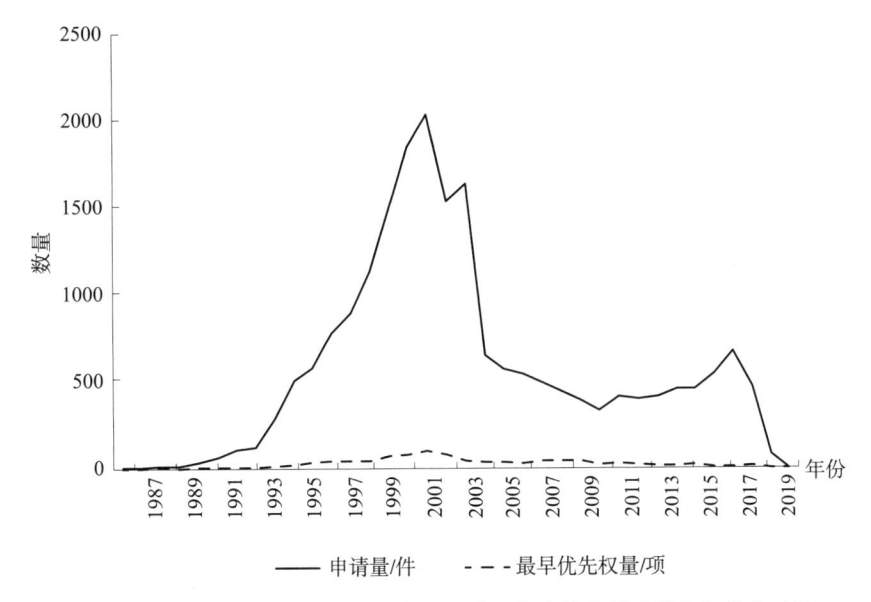

图 3-4-38　澳大利亚基因治疗专利申请历年趋势和最早优先权分布对比

图 3-4-39 示出了加拿大基因治疗专利历年申请趋势和最早优先权分布的对比。可以发现与澳大利亚非常相似，加拿大的专利布局也比较早，基本上与全球同步，并且申请量的趋势也符合全球整体的变化趋势，特别是近期的申请量的回升趋势非常明显。但是与申请量形成鲜明对比的是，加拿大最早优先权的变化趋势显得更加平淡，目前拥有最早优先权数量仅有 227 项。因此，加拿大在基因治疗领域研究能力一般，是我国申请人值得重点布局的国家。

图 3-4-39　加拿大基因治疗专利申请历年趋势和最早优先权分布对比

3.5 基因治疗技术分支分布

全球基因治疗专利技术分支分布如图3-5-1所示。除了基因编辑的基础研究，全球对基因治疗领域的研究，主要集中在载体和药物设计方面，其中，载体以AAV和ADV居多，药物类型以核酸药物以及修饰的细胞药物为主。关于适应证的研究大多集中在针对癌症的治疗。专利分析的结论与第1章行业调研的结论基本一致。

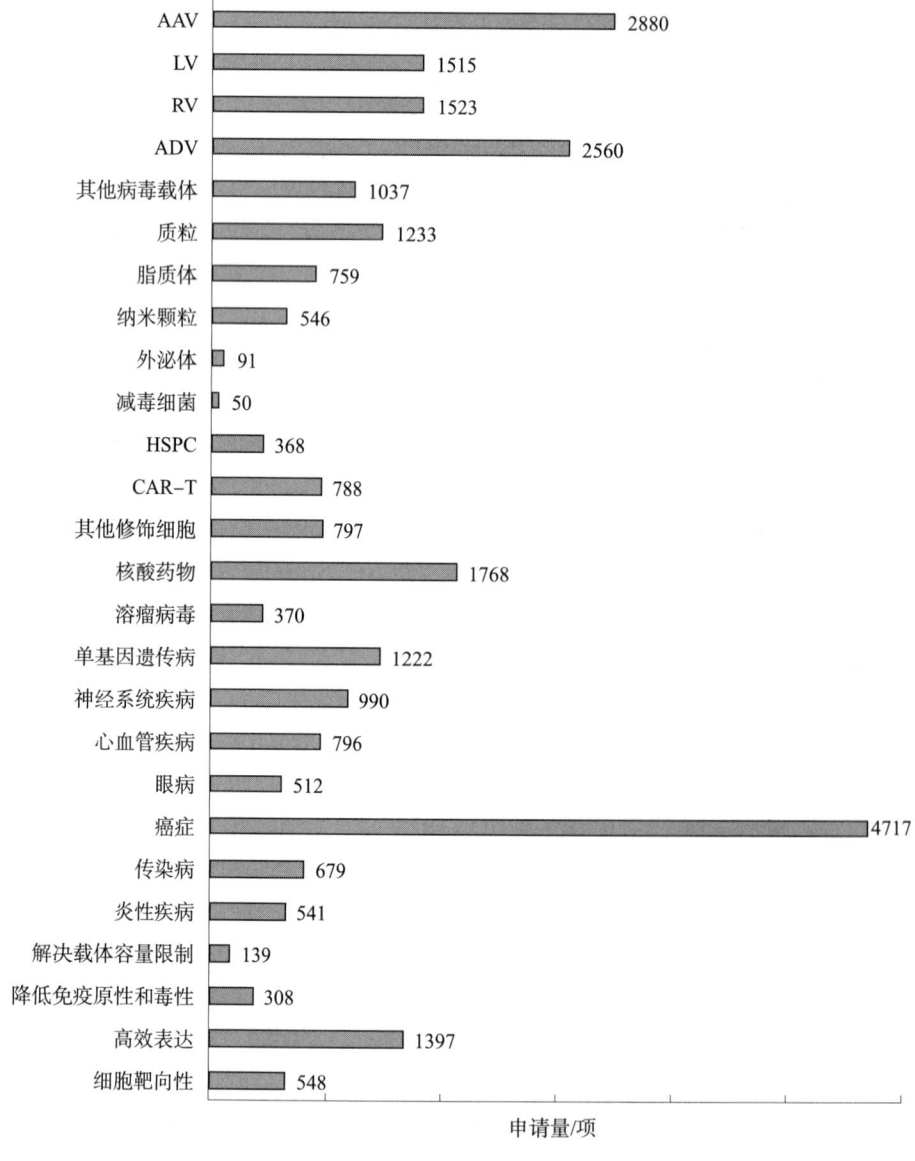

技术分支	申请量/项
AAV	2880
LV	1515
RV	1523
ADV	2560
其他病毒载体	1037
质粒	1233
脂质体	759
纳米颗粒	546
外泌体	91
减毒细菌	50
HSPC	368
CAR-T	788
其他修饰细胞	797
核酸药物	1768
溶瘤病毒	370
单基因遗传病	1222
神经系统疾病	990
心血管疾病	796
眼病	512
癌症	4717
传染病	679
炎性疾病	541
解决载体容量限制	139
降低免疫原性和毒性	308
高效表达	1397
细胞靶向性	548

图3-5-1 基因治疗专利技术分支、适应证、技术效果专利分布

针对载体、药物设计及其技术效果的分析请参见第5章和第6章。

3.6 本章小结

本章以 Questel Orbit 数据库为基础，从全球专利申请数据出发，以专利和最早优先权为基础展示了专利申请趋势和地域分布，分析全球主要经济体的专利申请情况和专利优先权情况及变化趋势。

（1）基因治疗技术起源于1980年，在1990年之前全球范围内的总申请量都很少，尚处于萌芽阶段。1990年之后，FDA批准了首例基因疗法的临床试验，该试验的成功让业内外对基因治疗技术的前景非常乐观，基因治疗领域全球申请总量经历了一个快速上升期，于2001年到达申请量顶峰，而后随着安全性问题受到广泛重视，基因治疗行业收缩，申请量出现明显下滑。2011年以后，在科技进步和创新氛围浓厚的时代背景，基因治疗领域进入稳健发展阶段，发展覆盖范围更广，申请量逐年上升。

（2）欧洲、美国和日本等发达国家在基因治疗领域起步较早，发展历程同基因治疗专利申请量趋势相似，呈现出快速起步、明显下滑、稳健发展的大体趋势。中国、韩国和其他国家发展较晚，发展趋势不同，1995年之后开始逐渐稳步发展，没有经历明显下滑的时期，其中，中国发展态势良好，逐年稳步上升，韩国研发能力相对一般，专利申请数量长期处于平稳阶段，技术发展与美国、欧洲、日本和中国有一定差距。

（3）最早优先权代表着技术来源，能反映一个国家的先进技术研发能力。美国在最早优先权数量上有着绝对的领先优势，是最大的技术原研国，也是最大的布局国，而中国作为最大的发展中国家，近年来在鼓励创新的大环境下，专利申请量突飞猛进，但就专利最早优先权数量和布局国家/地区数量而言，与美国仍然存在较大差距。

第4章 基因治疗全球主要申请人分析

由于生物医药行业的发展已经跨越了两个世纪，诸多企业之间存在错综复杂的合作和并购关系，在发展中逐渐形成了巨头公司，各自在某个领域内具有比较明显的优势和市场占有率。作为未来生物医药领域的重点发展方向，基因治疗成为各制药巨头积极布局的领域，也有一些新兴的医药公司在基因治疗这一具有前景的领域中寻求突破。因此非常有必要同时考虑制药巨头和作为新生力量的医药公司的专利布局情况，从而全面地了解基因治疗领域各个梯队的参与者的情况。

4.1 主要申请人

4.1.1 全球专利布局的主要申请人

在图4-1-1中，我们得到了全球基因治疗领域主要申请人的排名，排名领先的主要是欧美的制药企业和高校，其中，葛兰素史克、伊奥尼斯、加州大学、赛诺菲、诺华、罗氏、辉瑞在全球范围内布局的基因治疗相关的专利族都超过了500项，特别是葛兰素史克专利高达1552项，在全球范围内处于明显的领先地位，而在亚洲地区，只有日本的武田制药进入排名前30位。

结合图4-1-1，选择图3-3-1中排名前15位的申请人进行了专利价值分析。图4-1-1中的纵轴代表专利的平均寿命，横轴代表专利被引用的次数，气泡的大小代表申请人拥有的授权专利数量，从上述三个维度可以得出申请人的专利价值。

由图4-1-1可知，全球基因治疗专利最早优先权数量排名前15位申请人的专利被引用次数都超过2000，其中大部分申请人集中在8000~16000次，伊奥尼斯和葛兰素史克的专利被引用次数最高，分别达到31735次和18402次，特别是葛兰素史克具有非常大的领先优势。从专利平均寿命看，全球基因治疗专利总量排名前15位申请人的专利平均寿命都在11年以上，大部分集中在15~18年，其中，赛诺菲的专利平均最高，达到19.5年。气泡的大小为授权专利的数量，在图3-3-1中也有所体现。

综合上述的分析，选择葛兰素史克、伊奥尼斯、加州大学、赛诺菲、诺华、罗氏、辉瑞这7位专利申请人作为全球专利布局的主要申请人进行分析。

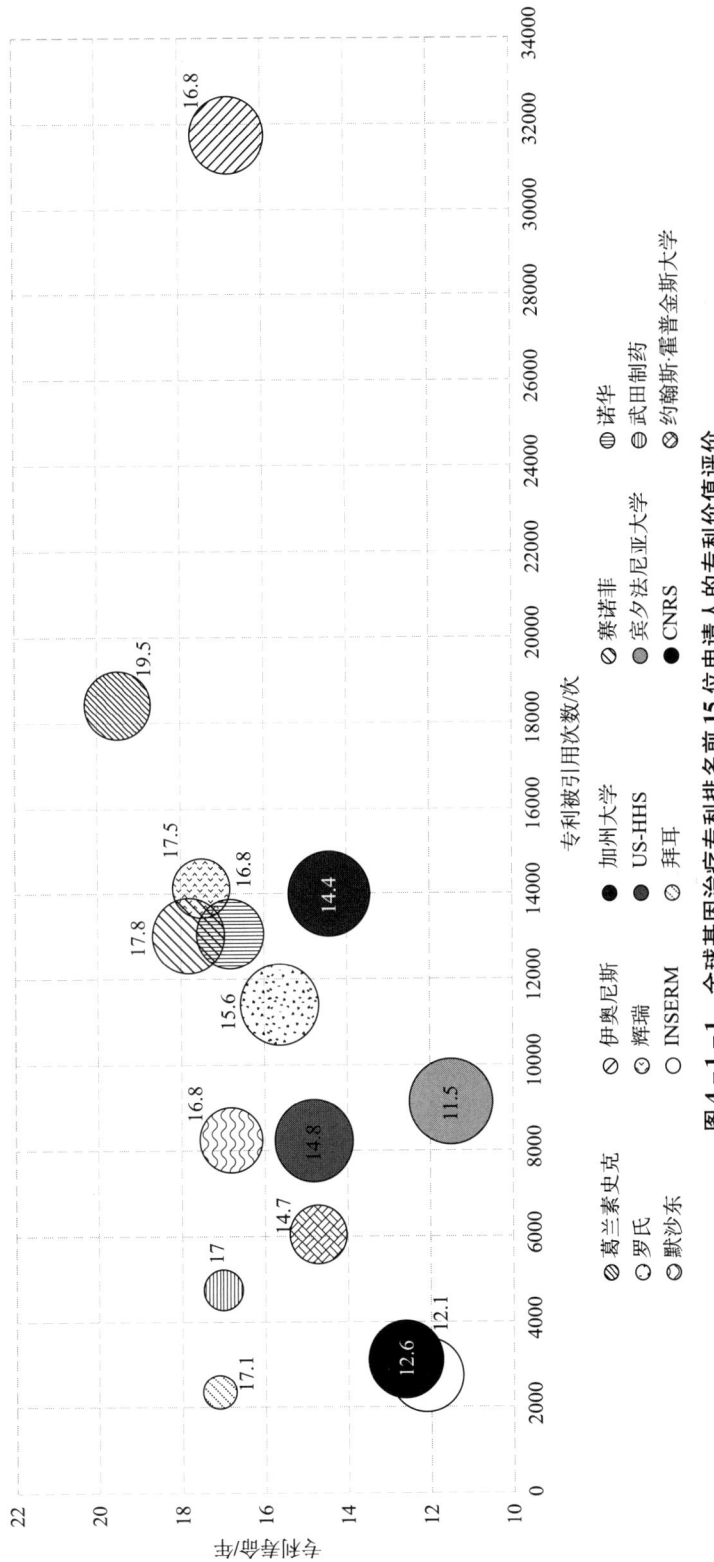

第4章 基因治疗全球主要申请人分析

图4-1-1 全球基因治疗专利排名前15位申请人的专利价值评价

注：图中圆圈大小表示申请量多少，数字表示专利寿命，单位为年。

4.1.2　全球近5年活跃的申请人

图4-1-2为全球基因治疗近5年专利排名前十位的申请人申请量分布情况。近5年排名靠前的申请人代表着近期在基因治疗领域投入较大且有较多研发成果的申请人，也是近期比较活跃的申请人。

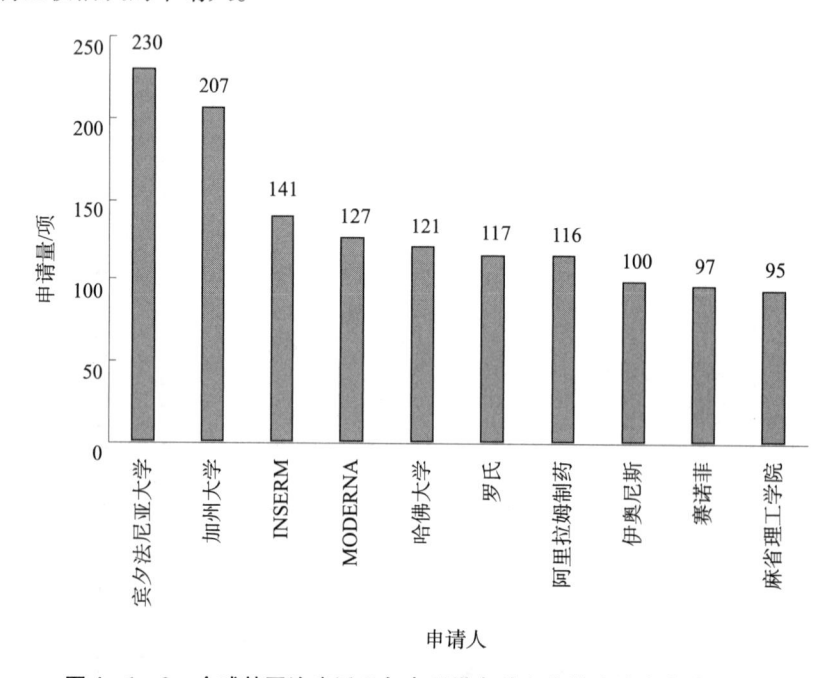

图4-1-2　全球基因治疗近5年专利排名前十位的申请人申请量分布

与图3-3-1有所区别的是，全球基因治疗专利数量排名第一位的葛兰素史克在近5年的排名中已经跌出前十位了，可以推测葛兰素史克在基因治疗领域可能放缓了投入或者遇到了一定的瓶颈。INSERM、MODERNA和宾夕法尼亚大学进入了近5年排名的前五位，可见这3位申请人近期发展较为迅猛。此外，加州大学、伊奥尼斯、赛诺菲、罗氏仍然在近5年的排名的前十位。

结合图4-1-2和图3-3-1，对全球专利主要申请人进行筛选，得出了葛兰素史克、伊奥尼斯、加州大学、赛诺菲、诺华、罗氏、辉瑞、INSERM、MODERNA和宾夕法尼亚大学10位主要的全球专利布局申请人。为了体现亚洲地区的基因治疗研究情况，在后续分析中有必要将武田制药也作为主要申请人。

全球基因治疗专利布局的10位主要专利申请人的申请趋势和法律状态情况如图4-1-3和图4-1-4（见文前彩色插图第1页）所示。

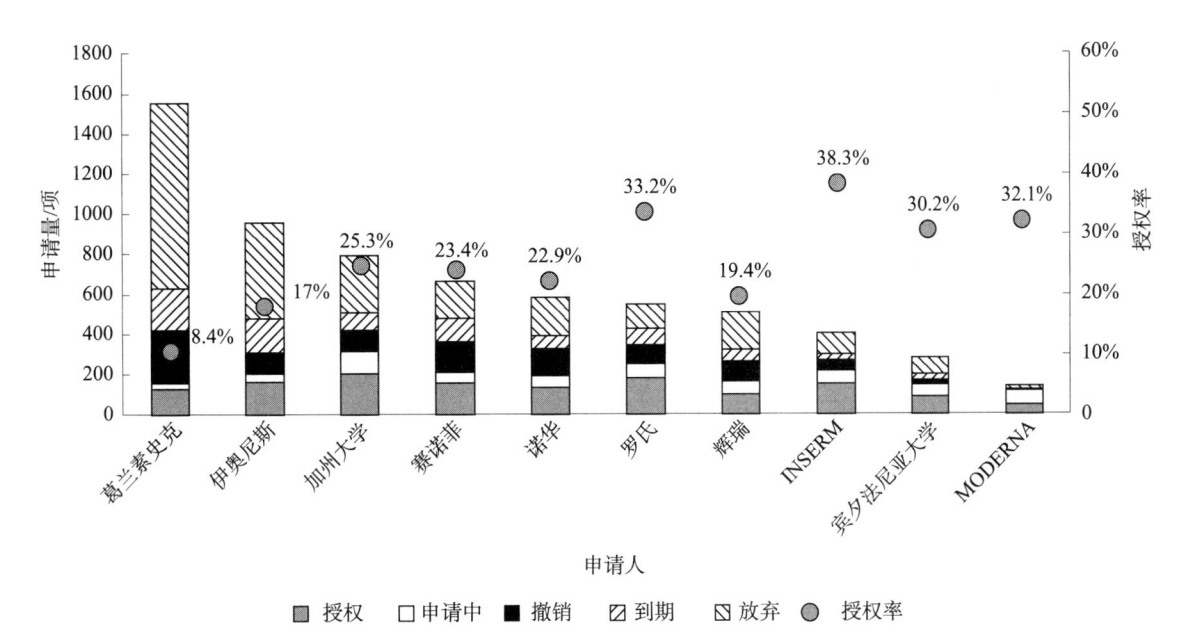

图 4-1-3　全球基因治疗专利布局主要申请人的专利法律状态对比

4.1.3　主要国家/地区的申请人

4.1.3.1　美国和欧洲

在全球范围内，美国和欧洲的大型制药企业最多，每年投入的研发也最多。在基因治疗领域，通过参考美国和欧洲的专利数量分析以及申请人排名情况发现，其主要申请人与全球的情况高度相似，可以说美国和欧洲申请人基本上能够代表全球的情况，因此不再从美国和欧洲单独筛选主要申请人进行分析，而是选取比较典型的3位申请人葛兰素史克、加州大学、MODERNA 进行分析。

4.1.3.2　中国

首先将中国基因治疗专利总量排名前15位的中国申请人进行了专利价值分析，具体如表4-1-1所示。可以发现，中国申请人的被引用次数、专利平均寿命和已授权的专利数量与全球主要申请人的差距非常大。全球主要申请人的专利寿命普遍比中国主要申请人的专利寿命长将近10年，全球主要申请人的被引用次数比中国主要申请人的被引用次数大两个数量级。如表4-1-2所示，中国申请人与葛兰素史克、伊奥尼斯的差距非常巨大。

表 4-1-1　中国基因治疗专利排名前 15 位申请人的专利价值评价

申请人	被引用量/次	平均年龄/年	已授权专利/项	专利总数/项
中国科学院	389	9	91	239
复旦大学	150	9.6	17	169
第二军医大学	136	8.2	41	132

续表

申请人	被引用量/次	平均年龄/年	已授权专利/项	专利总数/项
浙江大学	177	8.3	38	114
军事医学科学院放射与辐射医学研究所	125	10.5	23	110
上海交通大学	97	6.5	29	106
四川大学	131	8.4	30	104
南京医科大学	142	6	34	98
中国农业科学院	131	8.1	50	96
北京大学	110	9.3	30	93
中山大学	124	8.5	24	88
国家人类基因组中心	41	10.9	0	82
军事科学院军事医学研究院	126	8.5	29	75
暨南大学	55	8.4	20	70
武汉大学	81	8.9	15	67

表4-1-2 中国基因治疗专利排名前15位申请人与国外制药企业专利价值评价比较

申请人	被引用量/次	平均年龄/年	已授权专利/项	专利总数/项
中国科学院	389	9	91	239
复旦大学	150	9.6	17	169
第二军医大学	136	8.2	41	132
浙江大学	177	8.3	38	114
军事医学科学院放射与辐射医学研究所	125	10.5	23	110
上海交通大学	97	6.5	29	106
四川大学	131	8.4	30	104
南京医科大学	142	6	34	98
中国农业科学院	131	8.1	50	96
北京大学	110	9.3	30	93
中山大学	124	8.5	24	88
国家人类基因组中心	41	10.9	0	82

续表

申请人	被引用量/次	平均年龄/年	已授权专利/项	专利总数/项
军事科学院军事医学研究院	126	8.5	29	75
暨南大学	55	8.4	20	70
武汉大学	81	8.9	15	67
葛兰素史克	18402	19.5	131	1552
伊奥尼斯	31735	16.8	166	958

由此可知，中国申请人与国外申请人在基因治疗这一领域的差距悬殊，中国排名靠前的申请人全是高校和科研机构，源于它们的专利价值与市场导向的偏差较大，因此不能单纯从这一角度分析中国的主要申请人。

结合图3-4-8和图3-4-9，排名靠前的申请人中出现了一些公司，例如，泱深生物、科济生物、瑞博生物、北京吉因加、吉玛基因等企业申请人。另外，结合图3-4-15中国基因治疗全球专利布局的申请人分布中，企业申请人的比例明显增加，除了上述的企业，还有百奥迈科、命码生物、万泰沧海、同仁药业、纽福斯生物、恒瑞医药、尤迪卡生物等。

综上对中国专利申请人的筛选，得出了复旦大学、武汉大学、中国科学院、万泰沧海、吉玛基因、恒瑞医药、命码生物、瑞博生物、科济生物、百奥迈科10位主要中国申请人进行分析。中国的基因治疗主要专利申请人专利申请法律状态和趋势如图4-1-5和图4-1-6所示。

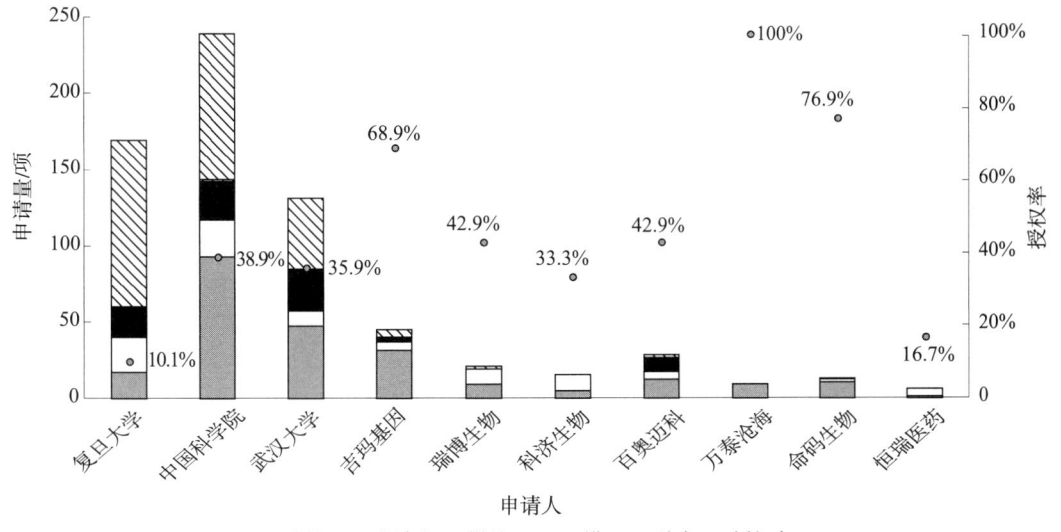

图4-1-5 中国基因治疗主要专利申请人专利申请法律状态分布

图 4-1-6 中国基因治疗主要申请人专利申请趋势

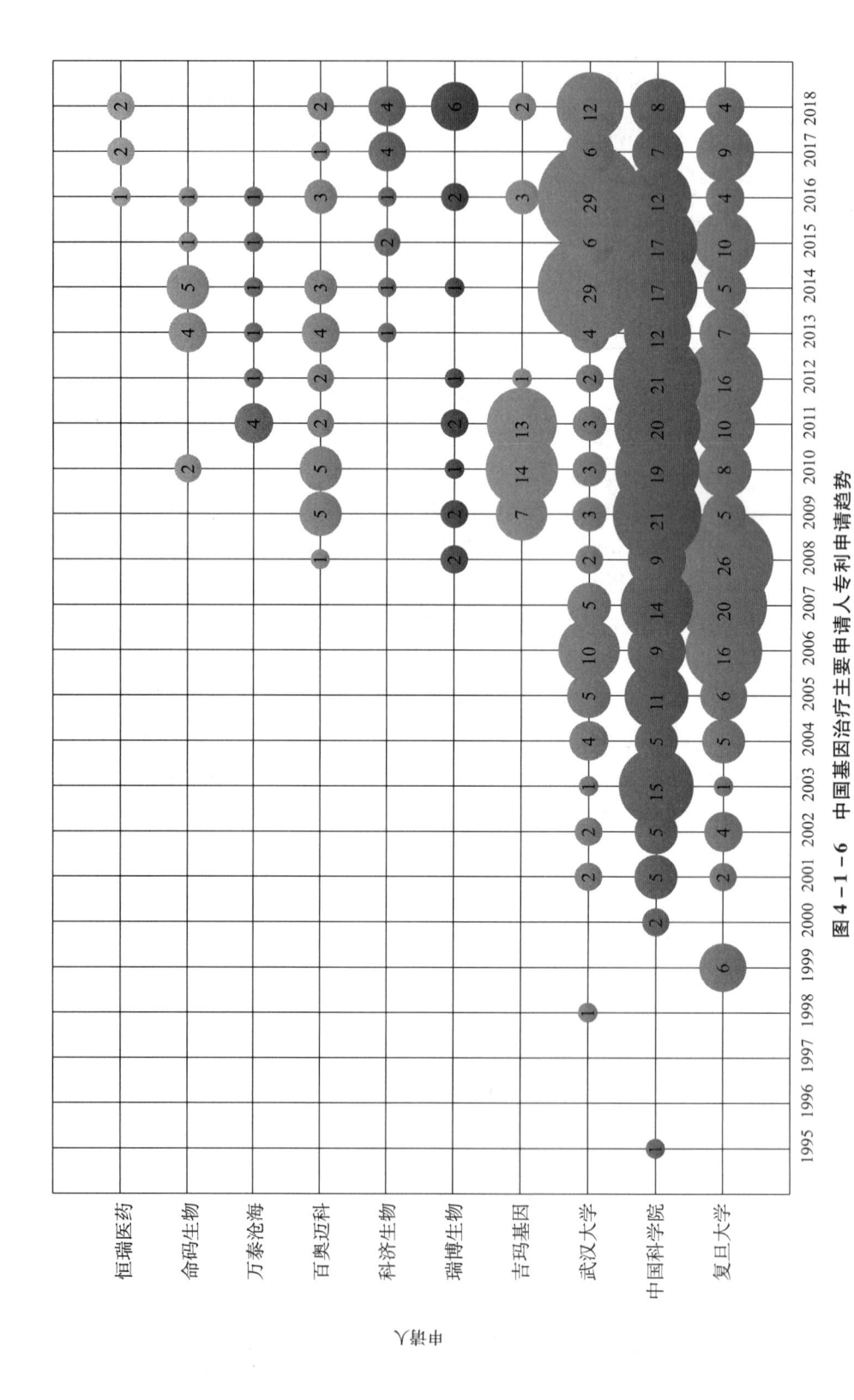

注：图中数字表示专利数量，单位为项。

4.2 葛兰素史克

英国葛兰素史克（GlaxoSmithKline，GSK）由葛兰素威康公司和史克必成公司强强联合而成。2000年12月，葛兰素威康公司和史克必成公司完成全球性合并，葛兰素史克正式成立，一跃成为世界最大的制药公司之一。之后通过一系列的合作与并购，葛兰素史克成为众多制药公司中开发基因治疗的先驱。

图4-2-1示出了葛兰素史克关联公司合作图谱，葛兰素史克在基因治疗领域与许多公司有着密切的合作关系。其中，葛兰素史克与史克必成公司有3件合作申请的专利；史克必成公司与美国人类基因组科学公司有21件合作申请的专利；史克必成公司与布列根和妇女医院有5件合作申请的专利；葛兰素史克与葛兰素史克生物制品股份有限公司有6件合作申请的专利；葛兰素史克与匈牙利科学院生物化学研究所有5件合作申请的专利；葛兰素史克生物制品股份有限公司与美国科雷莎公司有2件合作申请的专利；美国科雷莎公司与史克必成生物制品有限公司有2件合作申请的专利。由此可知，葛兰素史克与其他公司的直接或者间接合作，尤其是与其集团旗下子公司的合作十分紧密。

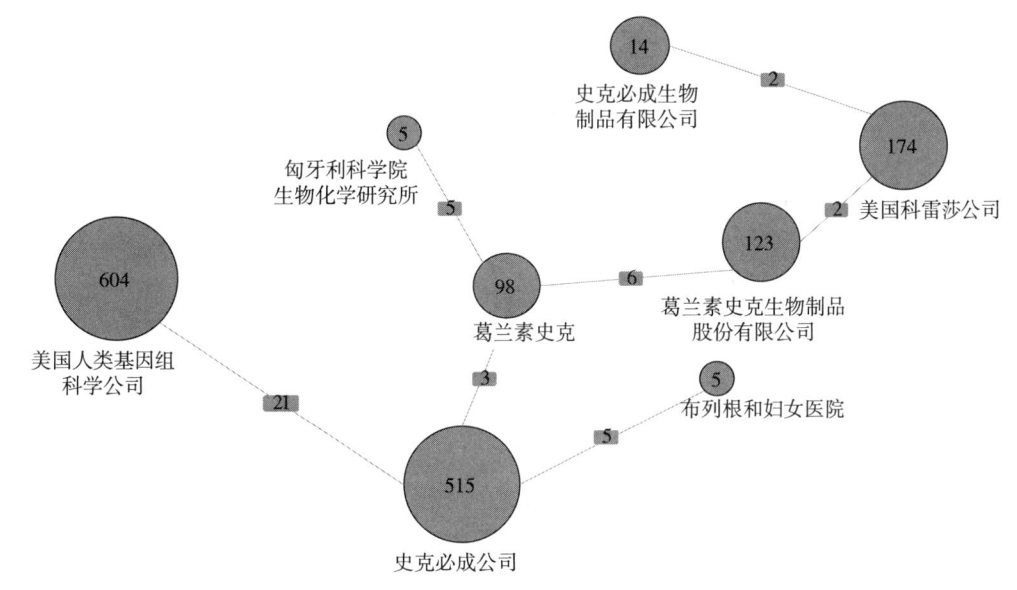

图4-2-1 葛兰素史克关联公司合作图谱

注：图中数字表示申请量，单位为项，其中，各圈内数字为各申请人申请量，连线上数字表示合作申请量。

如图4-2-2所示，与葛兰素史克在基因治疗上相关联的公司中，美国人类基因组科学公司所拥有的专利是最多的，其专利达到了604项，表明其在全球主要国家/地区的专利布局十分广泛，但是其有效专利仅有8项，表明其专利大部分已经失效。史克必成公司的专利数量排名第二位，但是其有效专利和专利总量都很少，尤其是专利族大小为1，表明史克必成公司仅在一个国家申请过专利。美国科雷莎公司拥有174项专利,虽然有效专利数量相对于前两个较高,但是专利族大小仅为3.5,处于偏低状态。其他的关联公司中,葛兰素史克生物制药公司有着最多的有效专利数量,以及专利诉讼案件最高的专利族大小。其余的公司无论是拥有专利总量还是有效专利数量都很少,诉讼与许可更是处于零的状态。

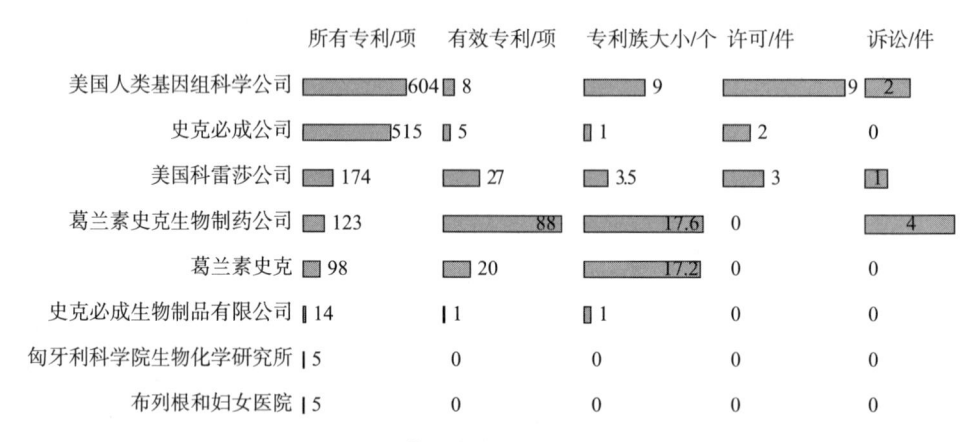

公司	所有专利/项	有效专利/项	专利族大小/个	许可/件	诉讼/件
美国人类基因组科学公司	604	8	9	9	2
史克必成公司	515	5	1	2	0
美国科雷莎公司	174	27	3.5	3	1
葛兰素史克生物制药公司	123	88	17.6	0	4
葛兰素史克	98	20	17.2	0	0
史克必成生物制品有限公司	14	1	1	0	0
匈牙利科学院生物化学研究所	5	0	0	0	0
布列根和妇女医院	5	0	0	0	0

图4-2-2 葛兰素史克关联公司专利对比

4.2.1 申请量与法律状态分析

图4-2-3示出了葛兰素史克基因治疗专利申请趋势及法律状态分布情况。从申请量年份分布来看,1994年之前葛兰素史克的申请量很少,这是因为那个时期的基因治疗的发展还处于探索阶段,基因治疗的高门槛和复杂的伦理问题使这一技术发展十分艰难。从1994年开始,葛兰素史克的专利申请迅速增长,在2000年到达顶峰。特别是在1997~2002年,葛兰素史克申请专利较多,这一方面源于NIH利用ADA来治疗SCID取得了阶段性的成功,吸引了大量的公司和研究机构纷纷涌入基因治疗领域,使该行业迅速发展;另一方面源于葛兰素史克对美国人类基因组科学公司的收购。随后葛兰素史克的专利申请量逐渐降低,最近7年的年申请量均小于10项,处于申请量的低谷,其中除了与基因治疗的技术发展进入稳定期有关,更重要的是由于基因治疗的安全性问题。从专利申请的情况可以反映出,基因治疗技术研发的井喷期(1994~2002年)已经过去很久了,近年来葛兰素史克的专利申请量趋于萎靡。

上述观点通过图4-1-2全球基因治疗近5年专利排名前十位的申请人申请量分布情况也可以佐证,葛兰素史克近5年专利排名未进入前十位,与总体申请量排名第一位形成鲜明对比。

从专利的法律状态来看,葛兰素史克所有的专利中,8.4%的专利处于授权有效的状态,1.6%的专利处于申请中,撤销的专利占据16.9%,到期的专利占比13.6%,59.5%的专利被放弃。葛兰素史克的有效专利占比仅为10%,其原因一方面在于葛兰素史克很早便布局了基因治疗领域,很多专利都是在2000年前申请的,已经过了专利的保护期限,导致现在处于授权状态下的专利占比偏低;另一方面在于即便是在2001~2010年,申请的专利其授权率仍然偏低,并且放弃的专利申请比例较高。

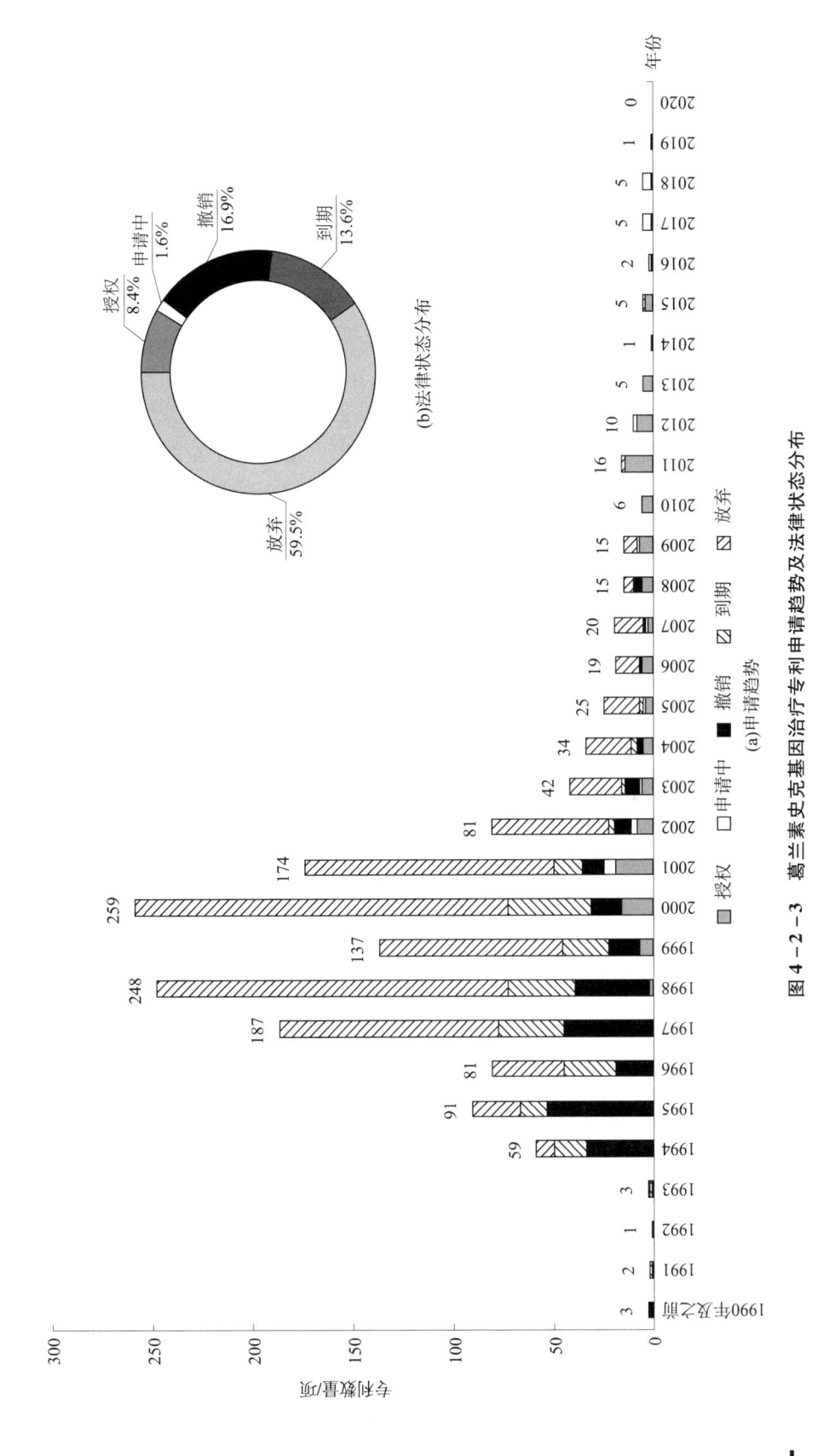

第4章 基因治疗全球主要申请人分析

图4-2-3 葛兰素史克基因治疗专利申请趋势及法律状态分布

2009年之后,虽然葛兰素史克的专利申请量很低,但是仍保持着很高的授权率以及整体的有效率。受审查时限的影响,其专利的法律状态并不能完全表现出这些专利申请的质量以及后续的授权前景。2010~2015年葛兰素史克的专利申请基本处于授权状态,所以葛兰素史克可能在基因治疗领域的投资、研发、专利申请策略都相对保守,更加谨慎和注重质量。

4.2.2 地域分布分析

图4-2-4示出了葛兰素史克基因治疗专利地域分布情况,从专利地域分布情况来看,葛兰素史克的专利布局范围很广,着重于美国、欧洲、日本、加拿大和澳大利亚等发达国家/地区。1996年,葛兰素史克进入中国市场,至此葛兰素史克在世界主要经济体都有了专利布局,同期葛兰素史克的专利申请量猛增,进入技术研发产出最丰硕的时期。但是相比于在其他国家的布局专利数量,葛兰素史克在中国布局的专利数量极少,尤其是在其专利申请的井喷期,这表明当时的中国并不是葛兰素史克的主要目标市场。然而在近几年,虽然葛兰素史克的专利申请量很少,但是其在中国布局的专利数量已经与在美国和欧洲等发达国家/地区布局的专利数量相差不多,表明中国在未来有可能成为极具潜力的市场。

4.2.3 主要技术发展分析

图4-2-5显示的是葛兰素史克基因治疗专利技术发展概况,表4-2-1显示的是葛兰素史克基因治疗技术相关专利汇总。在2014年之前申请的专利主要采用病毒载体技术,2014年之后申请的专利主要采用CAR-T技术来治疗癌症或增殖性疾病。可见,细胞基因治疗是葛兰素史克的主要研发方向。

4.2.4 上市基因治疗产品分析

2016年,葛兰素史克的体外干细胞基因疗法Strimvelis,获得EMA批准上市,是第一个获批用于治疗因ADA缺乏引起的SCID症(ADA-SCID)的疗法。可利用复制缺陷逆转录病毒载体(莫洛尼鼠白血病病毒)将正常人的ADA基因转染入患者自体CD34+骨髓衍生干细胞中,再将转染成功的干细胞回输进入患者体内,表达ADA,从而达到治疗疾病的目的。2018年4月,该疗法作为罕见病基因疗法组合打包出售给Orchard Therapeutics。由于罕见病发病率极低,多年来Strimvelis的销量并不理想。2020年,因再现诱发白血病病例,Orchard Therapeutics宣布暂时下架Strimvelis,并调查Strimvelis与T淋巴细胞白血病之间的联系。基因疗法用于治疗罕见遗传病的潜力巨大,但其安全性也令人担忧,这也是基因治疗产品上市较少的原因。

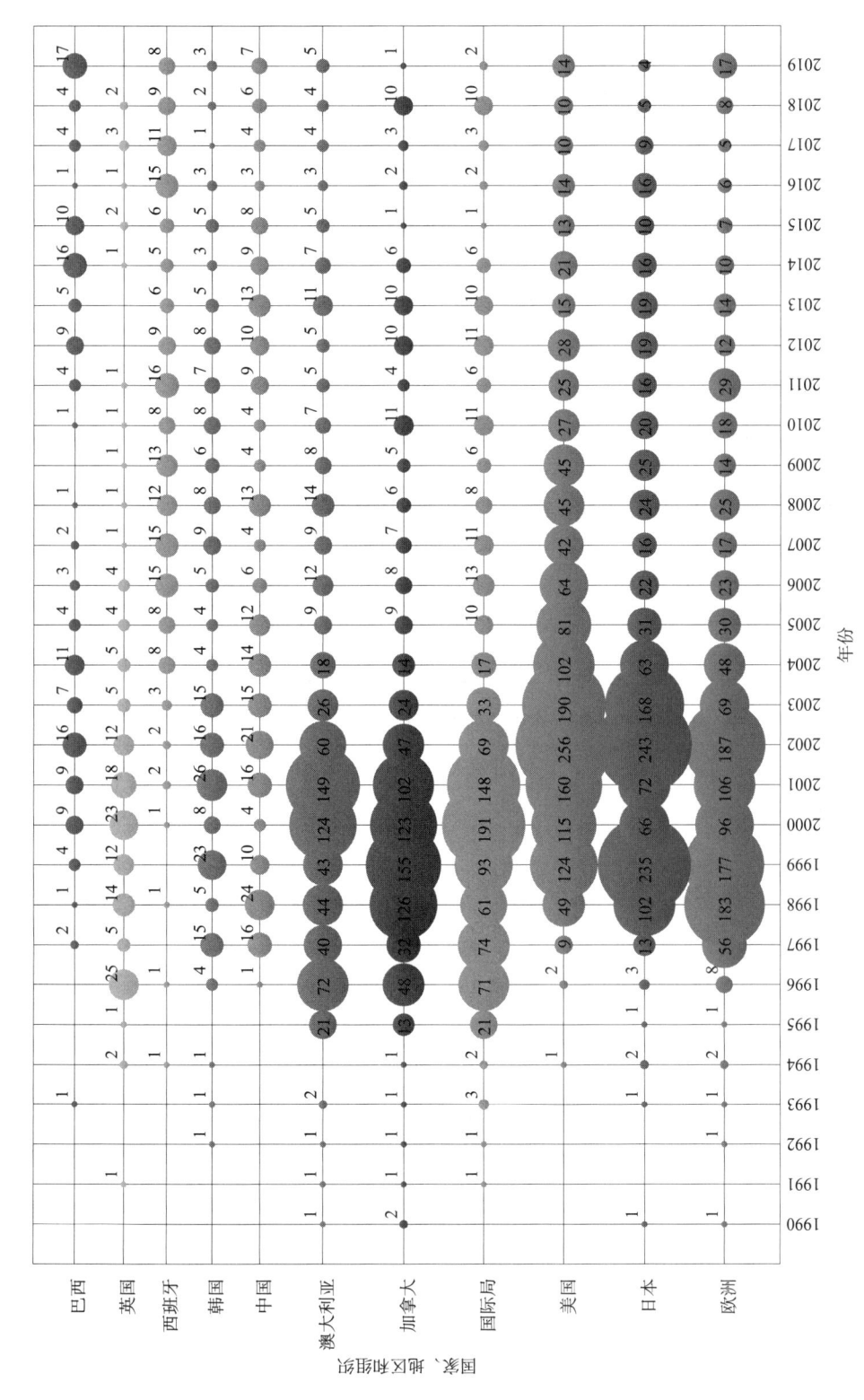

第4章 基因治疗全球主要申请人分析

图4-2-4 葛兰素史克基因治疗专利地域分布

注：图中数字表示专利数量，单位为项。

```
1994年              1995年                1996年                2001年
US5681746A         WO9719183A2          CA2413012A1          US20060052328A1
逆转录病毒表达  →   病毒载体治疗肺癌  →   反义寡核苷酸+腺病  →  肽+腺病毒表达CTGF-2
因子Ⅷ              的具有前药的分子      毒+逆转录病毒抑制
                   嵌合体                VEGF2的表达
                                                                    ↓
2014年              2013年                2009年                2003年
CN105980402A       CN104284669A         WO2009134681A2       US7132262B2
CAR-T疗法工程改造  ← 病毒载体+基因编辑治  ← 腺相关病毒特异性靶  ← 质粒+腺病毒治疗乳头
的嵌合效应分子及    疗血红蛋白病          向视网膜色素上皮细胞   瘤病毒感染
其受体分子
    ↓
                    2017年                2018年
                    CN108883181A         CN110461335A
                    CAR-T疗法抑制转化      CAR-T疗法+γ-分泌酶抑制
                    生长因子-β(TGF-β)     剂联用治疗B细胞相关的
2016年                                    增殖性疾病              2019年
CN107531805A        2017年                                        CN111629715A
病毒载体+CAR-       CN110997710A         2018年                   纳米颗粒调节体内免
T疗法 表达免疫      CAR-T疗法工程改造免疫   CN111065409A            疫细胞的活化状态的
调节融合蛋白        节性细胞              CAR-T疗法                系统

                    2017年                2018年
                    CN109996868A         CN111328344A
                    CAR-T疗法治疗过渡增    腺病毒载体
                    殖性疾病
```

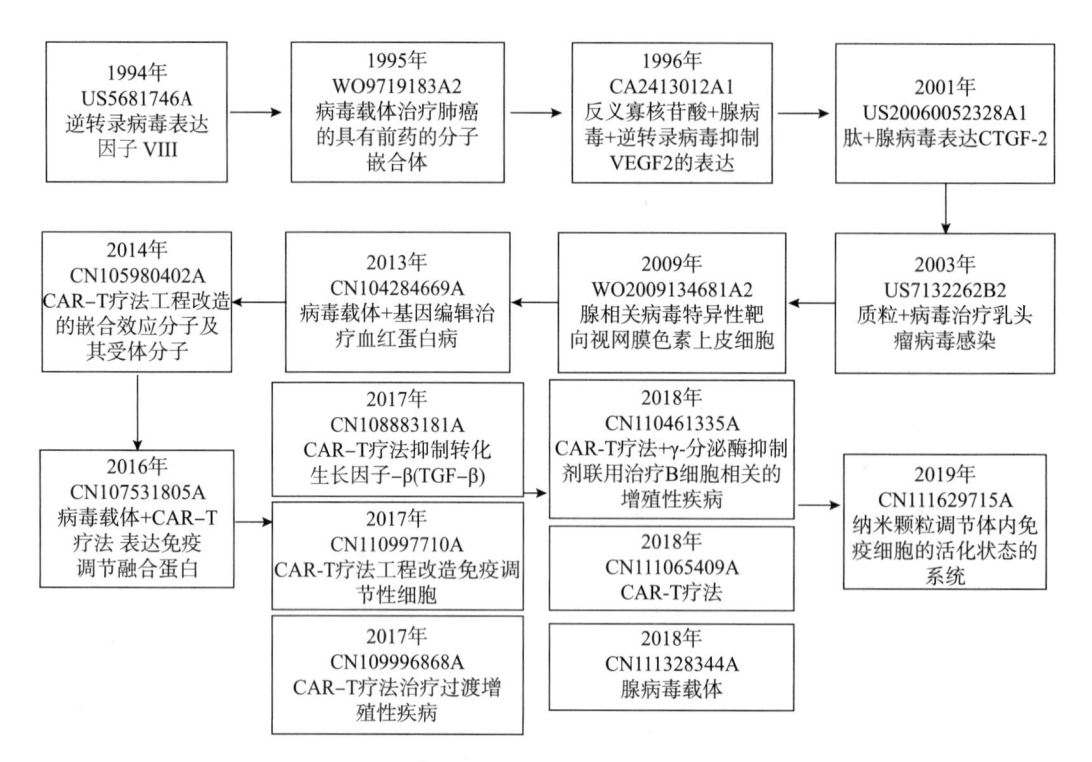

图4-2-5 葛兰素史克基因治疗专利技术发展路线

表4-2-1 葛兰素史克基因治疗技术相关专利

公开号/公告号	发明名称	申请日
US5681746A	Retroviral delivery of full length factor Ⅷ	1994-12-30
WO9719183A2	Tissue-specific transcription of DNA sequence encoding a heterologous enzyme for use in prodrug therapy to lung cancer	1995-11-20
CA2413012A1	Human vascular endothelial growth factor 2	1996-06-06
US20060052328	Connective tissue growth factor-2	2001-07-11
US7132262B2	Papilloma virus sequences	2003-07-30
WO2009134681A2	Adeno associated viral vectors for targeted transduction of retinal pigment epithetial cells	2009-04-24
CN104284669A	治疗血红蛋白病的组合物和方法	2013-02-22
CN105980402A	带标签的嵌合效应分子及其受体	2014-12-22
CN107531805A	免疫调节融合蛋白及其用途	2016-03-04
CN108883181A	在免疫疗法中抑制TGF-β	2017-04-05
CN110997710A	靶向的蛋白降解	2017-07-03

续表

公开号/公告号	发明名称	申请日
CN109996868A	特异性用于次要组织相容性 H 抗原 HA-1 的 TCR 及其用途	2017-09-22
CN110461335A	用于治疗 BCMA 相关癌症和自身免疫性失调的联合疗法	2018-02-16
CN111065409A	STREP-TAG 特异性结合蛋白及其用途	2018-09-06
CN111328344A	增强的启动子	2018-10-16
CN111629715A	通过调节细胞活化状态改变体内免疫细胞的炎症状态	2019-01-18

4.3 加州大学

加州大学，全称为加利福尼亚大学，位于美国加利福尼亚州。加州大学起源于1853年建立的加利福尼亚学院（College of California），1868 年 3 月正式更名为加州大学。如今，加州大学拥有 10 个相互独立的校区（大学），还管理 3 个国家实验室——劳伦斯伯克利国家实验室、劳伦斯利弗莫尔国家实验室、洛斯阿拉莫斯国家实验室。加州大学在美国多地的校区均是世界级的教育和科研机构，无论是人才力量还是科研力量都具有强大实力。

图 4-3-1 示出了加州大学关联公司合作图谱，加州大学在基因治疗领域与许多公司有着紧密的合作关系。其中，加州大学与匹兹堡大学有 4 件合作申请的专利；与美国退伍军人事务部有 15 件合作申请的专利；与 CHIRON 公司有 4 件合作申请的专利；与千禧制药公司有 8 件合作申请的专利；与杜克大学有 4 件合作申请的专利；与斯坦福大学有 4 件合作申请的专利；与麻省理工学院有 3 件合作申请的专利。通过上述分析可以发现，加州大学有关基因治疗的研究大部分是直接与一些高校和科研机构合作进行，这些合作方的共同点是都带有公共性质。

如图 4-3-2 所示的加州大学关联公司专利族概览，加州大学在基因治疗拥有最多的专利，高达 767 项，其中有效专利为 308 项，专利族大小达到了 7.7，表明其基因治疗相关专利的布局十分广泛。而在其拥有的专利中，涉及许可与诉讼的专利数量分别为 33 项和 4 项，反映出其拥有的专利质量很高。其他大多与加州大学在基因治疗上有合作关系的公司专利数量相对较少，美国退伍军人事务部、斯坦福大学和麻省理工学院的专利数量表明它们都比较重视基因治疗领域的专利布局。

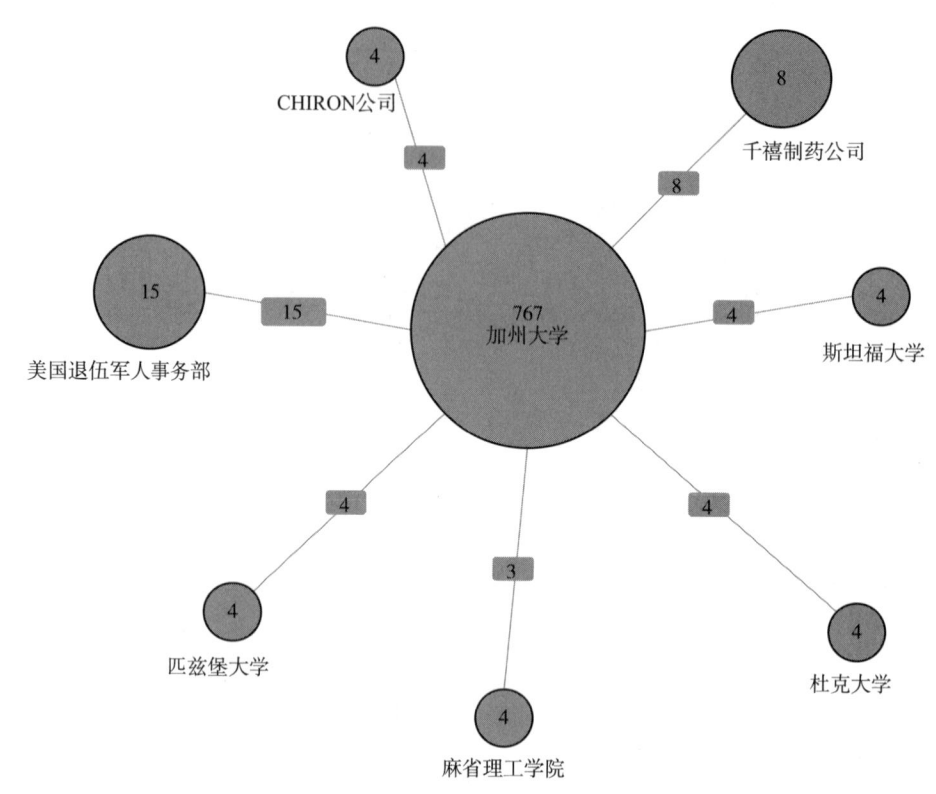

图 4-3-1　加州大学关联公司和大学合作图谱

注：图中数字表示申请量，单位为项，各圈内数字表示各申请人申请量，连线上数字表示合作申请量。

	所有专利/项	有效专利/项	专利族大小/个	许可/件	诉讼/件
加州大学	767	308	7.7	33	4
美国退伍军人事务部	15	9	7.8	0	0
斯坦福大学	4	3	5.7	0	0
麻省理工学院	4	2	6	0	0
杜克大学	4	0	0	0	0
CHIRON公司	4	1	1	0	0
千禧制药公司	8	0	0	0	0

图 4-3-2　加州大学关联公司和大学专利族概览

4.3.1　申请量与法律状态分析

图 4-3-3 示出了加州大学基因治疗专利申请趋势及法律状态分布情况，从1990年基因治疗发展开始，1990~1992年加州大学的年申请量还很少，处于初期的研究阶段。1993年加州大学的专利年申请量便开始增长，在1997年达到了一个高峰，随后在

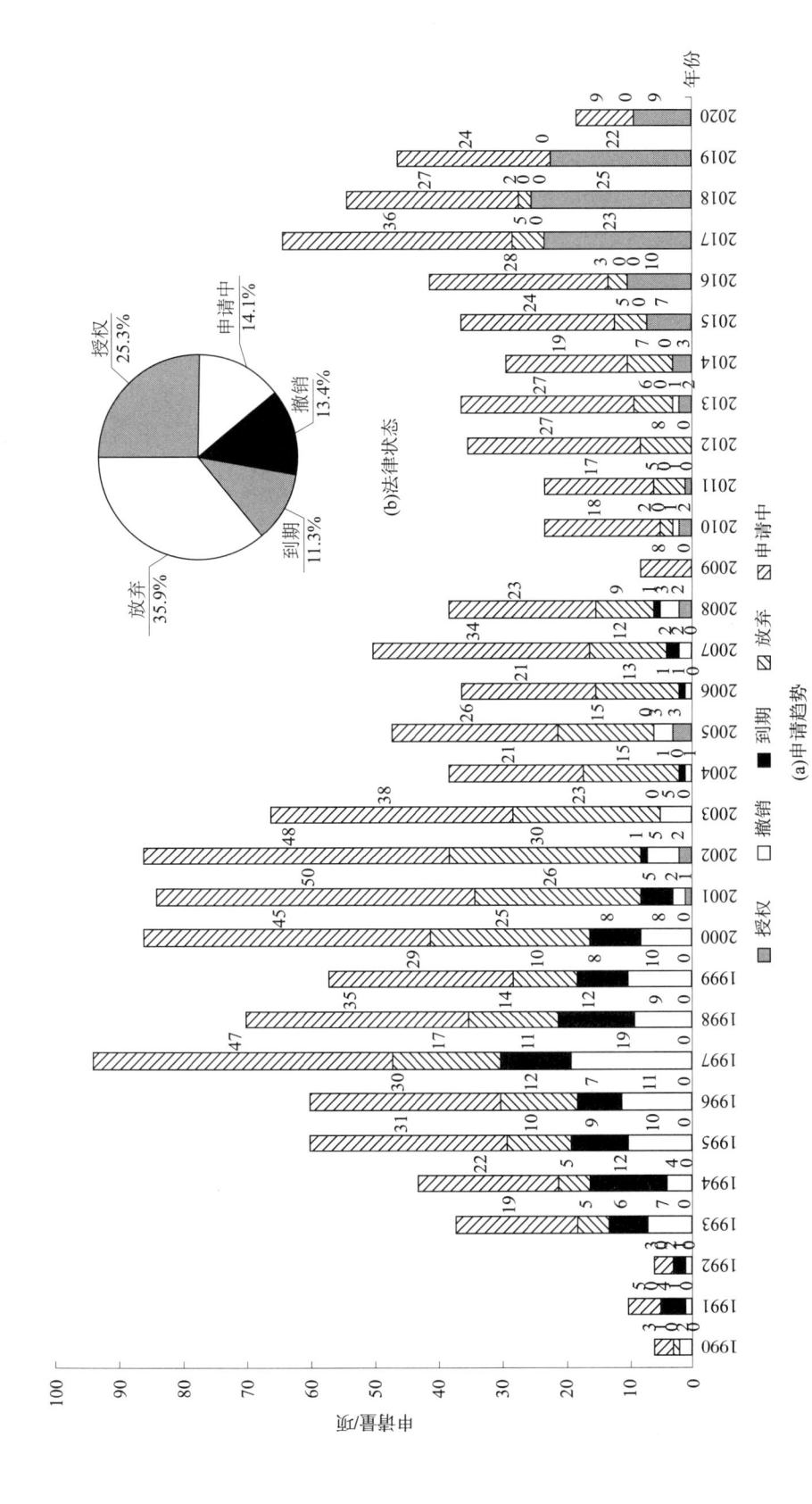

图 4-3-3 加州大学基因治疗专利申请趋势及法律状态分布情况

1998年和1999年略有下降，结合前述分析，应该是受到了基因治疗死亡病例的影响。之后加州大学的申请量再次上升并在2000~2002年再次达到了一个高峰，而结合葛兰素史克以及伊奥尼斯的申请趋势来看，这也正是基因技术发展巅峰的3年。而随着2003年基因治疗恶性事件的产生，加州大学的申请量略有下降，但是并未出现葛兰素史克以及伊奥尼斯那样的"滑铁卢式"的下降，而是逐步下降并在随后的几年处于一种稳定状态。直到近几年，加州大学有关基因治疗的专利申请量有了小幅度的上涨，表明基因治疗的发展可能要迎来一个比较好的环境与机遇。

总的来看，加州大学的年申请量无论是在基因治疗的快速发展期还是在遭受打击的2003年之后的寒冬期，以及现在的再次发展期，都处于一种相对稳定的状态。综合分析来看，葛兰素史克以及伊奥尼斯属于商业性质的企业，其主要目的是商业利益，在基因治疗的快速发展期，为了抢占市场份额，它们进行了大量的专利申请，而并没有考虑专利的质量以及基因治疗可能带来的各种诸如伦理问题和技术问题等障碍与风险。因此在遭遇两次基因治疗恶性事件后，基因治疗遭到了大众的抗拒与质疑，而它们也因商业利益受到了巨大的损失而导致申请量呈现"滑铁卢式"的下跌。而加州大学属于公立大学，其基本性质决定了它的主要目的不是商业利益，而是更加注重深入了解疾病的机理，寻找更为高效的基因递送系统，针对性地设计基因治疗策略，更加重视安全性评估。因此，加州大学对基因治疗的研究一直保持着审慎的态度，使其技术研发能力一直处于较高的水准。

上述观点通过图4-1-2全球基因治疗专利近5年排名前十位申请人申请量分布情况也可以佐证，加州大学的申请虽然在总量上排第三位，但是在近5年排名第二位，表明其研发积极性与活跃度很高。

从专利的法律状态来看，加州大学的专利中，有25.3%专利处于授权有效的状态，14.1%专利处于申请中，撤销专利占13.4%，到期专利占比11.3%，35.9%专利被放弃。加州大学的有效专利占比达到了39.4%，远远高出葛兰素史克以及伊奥尼斯的有效专利占比。由图4-3-3可知，失效专利主要集中在2001年之前，其中因到期而失效的专利占较大比例。而在2001年之后，无论是授权专利还是申请中的专利，占比都很高。而且随着时间的推移，加州大学的有效专利占比逐年上升。

通过上述分析可以看出，加州大学因为其自身公立大学的性质，没有以商业利益为主要目的，专注于基因治疗的技术研究，凭借着高校财政上的支持与人才的优势，所以没有受到恶性医疗事件的影响，一直保持着在基因治疗领域领先的技术研发水平，所申请的专利质量相较于商业性质的制药企业，要高出很多。

4.3.2 地域分布分析

图4-3-4示出了加州大学基因治疗专利地域分布情况，从专利地域分布情况来看，加州大学的专利布局范围很广，与葛兰素史克与伊奥尼斯一样，着重于美国、欧洲、日本、加拿大和澳大利亚等发达国家/地区。1995年加州大学进入中国市场，至此加州大学在世界主要经济体都有了专利布局。相比于在其他国家的布局专利数量，

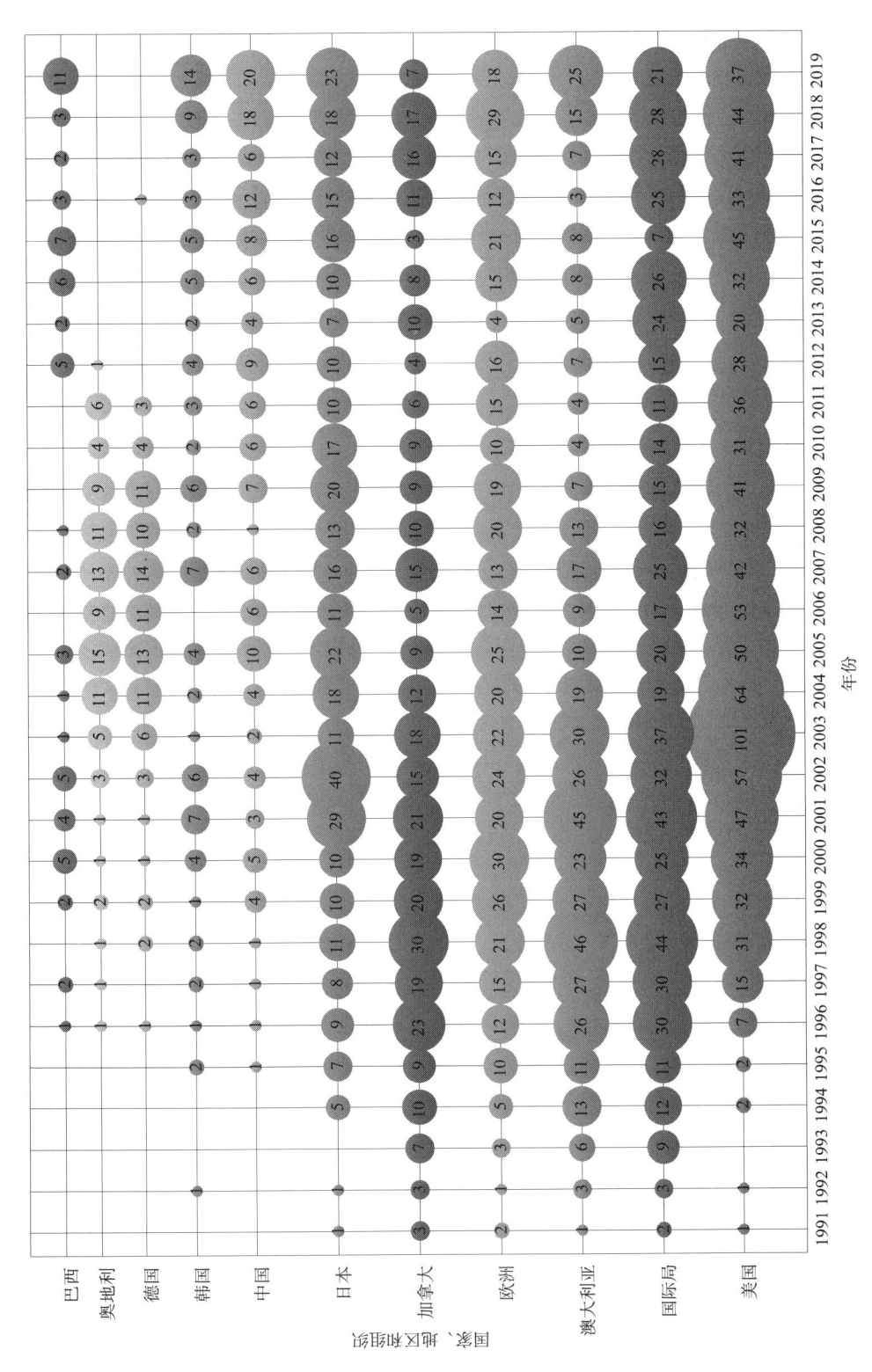

第 4 章　基因治疗全球主要申请人分析

图 4-3-4　加州大学基因治疗专利地域分布

注：图中数字表示申请数量，单位为项。

加州大学在中国布局的专利数量较少,但是与上述两家制药企业不同的是,加州大学自1995年开始,在中国的专利布局虽然数量上有波动但是没有间断过,尤其是近几年在中国的布局专利数量更是稳定上升。

4.4 MODERNA

2000年,匈牙利生物化学家卡塔琳·卡里科正在宾夕法尼亚大学的实验室里对mRNA进行研究,偶然之下,她和同事德鲁·韦斯曼有了重大发现,改变mRNA的一种基本成分尿嘧啶核糖核苷酸(以下简称"尿苷酸"),可以用于抑制细胞典型炎症。从这之后mRNA技术引起了不少科学家的兴趣,麻省理工学院的连续创业者罗伯特·兰格和医疗风险投资机构Flagship Pioneering的首席执行官努巴·阿费彦意识到了这项技术具有无限的潜力,于是,MODERNA成立。到2012年底,MODERNA就已经围绕mRNA技术提交了80多项专利申请,涉及4000多项权利要求,包括化学修饰、RNA工程、配方、物质组成、路线管理和给药等,并在肿瘤、遗传性遗传疾病、血友病和糖尿病4个领域建立了临床前计划。

目前,MODERNA的mRNA疗法研发管线中有21个研发项目,编码24种不同的蛋白。其中包括10种不同抗原可用于开发传染病疫苗。其中进展最快的一款在研疗法是mRNA-1647,针对的是巨细胞病毒(CMV)感染。MODERNA目前有19款在研药物,其中10种已经进入临床试验,而适应证包括癌症、罕见病、心血管疾病、传染病等多个领域。

图4-4-1示出了MODERNA关联公司合作图谱,MODERNA在基因治疗领域与许多公司有极为紧密且复杂的合作关系。其中,MODERNA与MODERNA THERAPEUTICS有3件合作申请的专利;与应用医学研究基金会有1件合作申请的专利;与美国俄勒冈州立大学有1件合作申请的专利;与旗舰风险投资公司有1件合作申请的专利。通过上述分析可以发现,MODERNA在有关基因治疗方面很少与其他公司进行合作,这主要是因为MODERNA属于mRNA分子药物研发的初创公司,其实力却不容小觑。

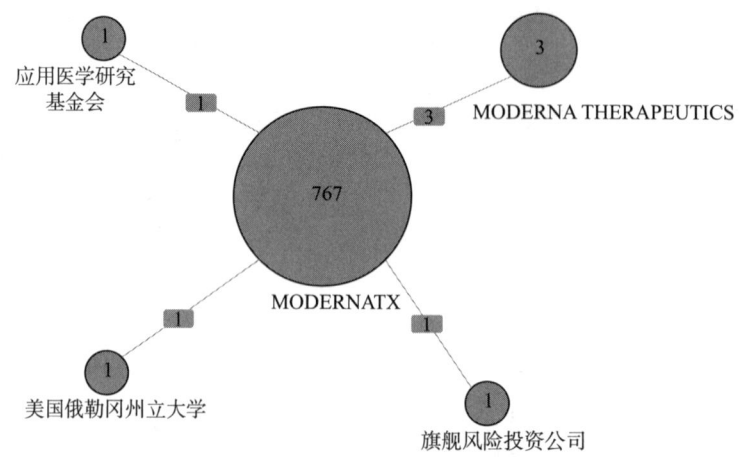

图4-4-1 MODERNA关联公司和大学合作图谱

注:图中数字表示申请量,单位为项,各圈内数字表示各申请人申请量,连线上数字表示合作申请量。

4.4.1 申请量与法律状态分析

图4-4-2示出了MODERNA基因治疗专利申请趋势及法律状态分布情况,从申请量年份分布来看,MODERNA从2011年才开始出现基因治疗相关的专利,属于该领域的后起之秀。MODERNA没有如上述其他制药企业、高校和科研机构一样,从1990年基因治疗兴起的初期便开始进行研发,也没有经历基因治疗发展的大起大落。相比于其他行业巨头,MODERNA的研发积累相对薄弱了许多。其申请量也是在2012~2015年稳定在每年10项左右。

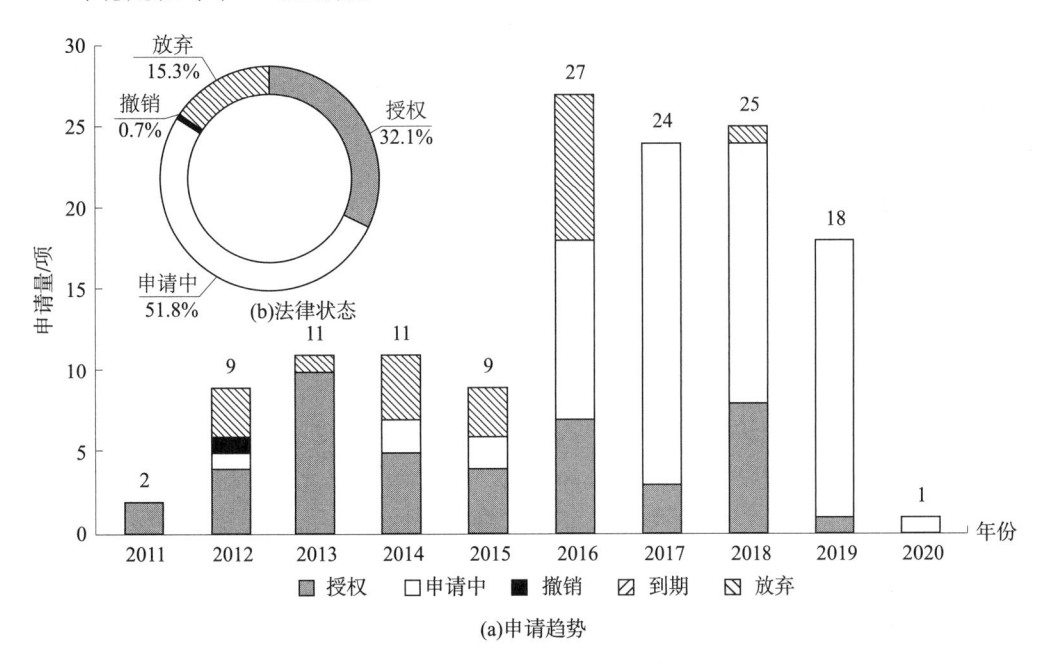

图4-4-2 MODERNA基因治疗专利申请趋势及法律状态分布

但是MODERNA的优势在于,它迎来了基因治疗发展的第二个春天,而且由于专利的时效性以及长时间的技术沉淀,MODERNA在基因治疗上的研究无疑比20世纪90年代容易许多。在2016~2019年,MODERNA的专利申请量迅速增长,达到了每年25项,这表明MODERNA近年来正在积极进行基因治疗方面的研究。据了解,MODERNA目前尚没有任何一种药物进入市场,但许多候选药物已经抵达临床试验阶段,其中最出名的便是其研发的新冠肺炎疫苗。因此该公司被诸多投资者青睐,显示出巨大的价值潜力。

通过图4-1-2全球基因治疗专利近5年排名前十位申请人申请量分布情况也可以佐证,MODERNA的申请在近5年排名第四位,作为后起之秀,这样的表现表明其在基因治疗领域具有一定实力。

从专利的法律状态来看,MODERNA的专利中,32.1%专利处于授权有效的状态,51.8%专利处于申请中,撤销专利占0.7%,15.3%专利被放弃。因为MODERNA是2011年才开始申请基因治疗相关的专利,没有到期的专利,所以其有效专利占比高达

83.9%，这主要得益于占比高达 51.8% 的申请中专利。MODERNA 近几年的活跃使其申请了大量的基因治疗相关的专利，但是大部分还在审查中。不过单看授权有效的专利，占比也高达 32.1%，足以证明 MODERNA 的专利是比较有质量的。MODERNA 作为基因治疗领域的黑马，尤其是在新冠肺炎肆虐的当下，具有无穷的价值潜力，值得后续的重点关注。

4.4.2 地域分布分析

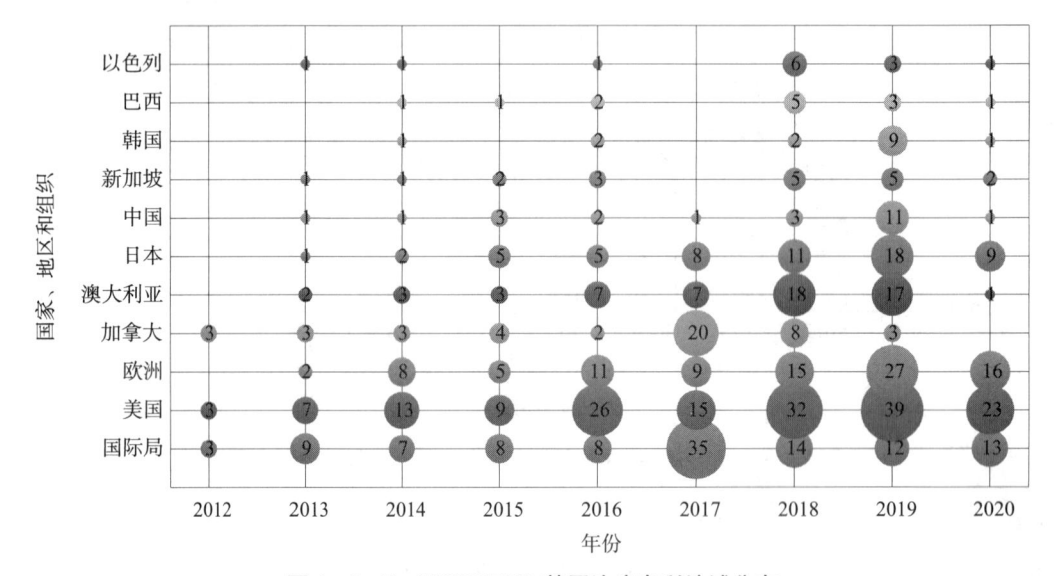

图 4-4-3 示出了 MODERNA 基因治疗专利地域分布情况，从专利地域分布情况来看，虽然 MODERNA 的专利总量不算多，但是其布局范围依然很广，与其他老牌申请人一样注重于美国、欧洲、日本、加拿大和澳大利亚等发达经济体的市场。2013 年 MODERNA 进入中国市场，至此 MODERNA 在世界主要经济体都有了专利布局。MODERNA 作为行业新秀，2016 年开始是其发展的快速期，虽然专利数量还未积累到很多，但是专利布局已然十分广泛，是基因治疗领域很有潜力的专利权人。

图 4-4-3 MODERNA 基因治疗专利地域分布

注：图中数字表示专利数量，单位为项。

4.5 中国企业申请人

由于中国在基因治疗领域起步较晚，在该领域积累的技术以及专利还较少，本课题组挑选了 3 家中国的制药企业，对其基因治疗相关的专利进行简单分析。

4.5.1 瑞博生物

瑞博生物是致力于开发 RNA 干扰技术的创新型药物研发企业，是中国小核酸技术和小核酸制药的主要开拓者。公司自成立以来，围绕小核酸药物开发的特点在小核酸靶点序列设计、候选药物筛选和评价、递药载体、药效药理评价、安全性评价、临床研究等多方面建立起完善的小核酸创新药物研究体系。围绕中国人群的重大医药需求开展了小核酸抗乙肝、抗高脂、抗肝癌、抗视神经损伤等多个候选药物的研究；同时瑞博生物拥有从小核酸原料药、制剂生产以及 CMC 研究的设施和平台，为瑞博生物小核酸药物品种开发提供有力保障。其基因治疗相关专利汇总如表 4-5-1 所示。

表 4-5-1 瑞博生物基因治疗相关专利

公开号/公告号	申请日	发明名称
CN101820921B	2008-08-26	一种抑制酪氨酸酶基因表达的 siRNA 及组合物和应用
CN101889087B	2008-11-28	一种干扰靶基因表达的复合分子及其制备方法
CN102083983B	2009-08-03	乙型肝炎病毒基因的 siRNA 靶位点序列和小干扰核酸及组合物和应用
CN102028947B	2009-09-29	FAM3B 基因的抑制剂和组合物及抑制方法以及脂肪肝的疗法和抑制剂的制药用途
CN102477439B	2010-11-22	三元复合物和含有三元复合物的液体及制备方法与应用
CN102727907B	2011-04-13	一种 sRNA 药物的给药系统和制剂
CN103073726B	2011-10-26	嵌段共聚物与液体组合物和核酸制剂及其制备方法和应用
CN104024413B	2012-10-19	sRNA 及其应用和抑制 plk1 基因表达的方法
CN105473164A	2014-08-26	一种核酸和药物组合物及其应用
CN107849567A	2016-06-24	一种 siRNA、含有该 siRNA 的药物组合物和缀合物及它们的应用
CN108431224B	2016-08-31	一种 siRNA 和药物组合物及其用途
CN111050807A	2018-11-29	一种核酸、含有该核酸的组合物与缀合物及制备方法和用途
CN110997917A	2018-11-29	一种核酸、含有该核酸的组合物与缀合物及制备方法和用途
CN110997919A	2018-11-29	双链寡核苷酸、含双链寡核苷酸的组合物与缀合物及制备方法和用途
CN110944675A	2018-11-29	一种核酸、含有该核酸的组合物与缀合物及制备方法和用途
CN110945131A	2018-11-29	一种核酸、含有该核酸的组合物与缀合物及制备方法和用途
CN110945132A	2018-11-29	一种核酸、含有该核酸的组合物与缀合物及制备方法和用途
CN111655297A	2019-08-20	一种 siRNA 缀合物及其制备方法和用途
WO2020135581A1	2019-12-26	一种核酸、含有该核酸的组合物与缀合物及制备方法和用途
WO2020135673A1	2019-12-27	一种核酸、含有该核酸的组合物与缀合物及制备方法和用途
WO2020147847A1	2020-01-17	一种核酸、含有该核酸的组合物与缀合物及制备方法和用途

4.5.2 百奥迈科

百奥迈科是领先的 RNAi 药物研发公司,也是集小核酸文库合成、药物靶点筛选、小核酸结构修饰、药物传输系统四大技术平台于一体的小核酸产业化基地之一。公司建有核酸药物研发、生命科学及化学合成三大研发/生产中心,并在美国西雅图和硅谷设立了平台对接的小核酸药物研发中心和销售平台。其基因治疗相关专利如表 4-5-2 所示。

表 4-5-2 百奥迈科基因治疗相关专利

公开号/公告号	申请日	发明名称
CN101851619B	2009-04-03	一种修饰的小干扰核酸及其制备方法
CN101851618B	2009-04-03	一种修饰的小干扰核酸及其制备方法
CN101935650B	2009-07-03	一种干扰 Survivin 表达的 siRNA 分子及其应用
CN101935649B	2009-07-03	一种抑制 Survivin 表达的 siRNA 分子及其应用
CN101935651B	2009-07-03	一种靶向 Survivin 基因的 siRNA 分子及其应用
WO2010111891A8	2010-03-30	Modified oligo-nucleic acid molecule, preparation method and uses thereof
WO2010111891A1	2010-03-30	Modified oligo-nucleic acid molecule, preparation method and uses thereof
CN102206642A	2010-08-16	具有哺乳动物体液稳定性的双链 RNA 分子及其制备和应用
CN101974533B	2010-10-28	一种抑制 Bcl-2 基因表达的 siRNA 分子及其应用
CN102191246B	2010-10-28	多靶向干扰核酸分子及其应用
CN101974532A	2010-10-28	一种干扰 Bcl-2 基因表达的 siRNA 分子及其应用
CN102719434A	2011-03-31	抑制 RNA 干扰脱靶效应的特异性修饰
CN102727436A	2011-04-15	核酸脂质体药物制剂
CN102895190A	2012-10-16	脂质体制剂、制备方法及其应用
CN103993002A	2013-02-19	一种大规模合成长链 RNA 药物的生产新工艺
CN103352036A	2013-05-29	靶向肿瘤相关基因的 siRNA 分子及其应用
CN103266111A	2013-05-29	一种双靶 siRNA 分子及其用途
CN103243100A	2013-05-29	一种 siRNA 分子及其抗肿瘤应用
CN104877028A	2014-02-28	抗 DOTA 嵌合抗原受体修饰的 T 细胞及其抗肿瘤的应用
CN103937800A	2014-05-13	靶向多基因的 siRNA 分子及其抑制肿瘤的应用

续表

公开号/公告号	申请日	发明名称
CN103937801A	2014-05-13	多靶向 siRNA 分子及其抗肿瘤的应用
CN107281103A	2016-04-11	具有高含量阳性脂质化合物的脂质体制剂及其应用
CN106086012A	2016-06-23	一种线性双链腺相关病毒基因组的体外制备方法
CN106420792A	2016-09-21	小核酸祛痘组合物
CN108929870B	2017-05-19	抑制 HBV 的 siRNA 分子及其应用
CN110499313A	2018-05-16	抑制 MITF 的 siRNA 分子及其应用
CN111004800A	2018-10-08	靶向 HPV 亚型 16/18 癌基因 E6/E7 的 CRISPR/Cas9 系统

4.5.3 科济生物

科济生物是聚焦于 CAR-T 细胞、抗体等肿瘤免疫治疗药物的创新型生物医药企业。该公司已建立了广泛的 CAR-T 候选产品研发管线，开发了能够覆盖大部分实体瘤及血液肿瘤的高效特异性 CAR-T 及抗体药物候选产品，以满足日益增长的医疗需求。该公司已经获得多项国内外的 CAR-T 细胞新药临床试验许可，其中，BCMA CAR-T 细胞药物还分别获得美国和欧盟的"再生医学先进疗法"（RMAT）和"优先药物"（PRIME）资格。此外，科济生物还拥有治疗性抗体药物的研发平台，其针对 Claudin18.2 的人源化单克隆抗体已获得 NMPA 的新药研究申请（IND）批准。其基因治疗相关专利如表 4-5-3 所示。

表 4-5-3 科济生物基因治疗相关专利

公开号/公告号	申请日	发明名称
CN104140974B	2013-05-08	编码 GPC-3 嵌合抗原受体蛋白的核酸及表达 GPC-3 嵌合抗原受体蛋白的 T 淋巴细胞
CN105315375A	2014-07-17	靶向 CLD18A2 的 T 淋巴细胞及其制备方法和应用
CN106349389B	2015-07-21	肿瘤特异性抗 EGFR 抗体及其应用
CN105331585A	2015-11-13	携带 PD-L1 阻断剂的嵌合抗原受体修饰的免疫效应细胞
CN106397593B	2016-08-02	抗磷脂酰肌醇蛋白多糖-3 的抗体及其应用
CN109414512A	2017-04-21	用于细胞免疫疗法的组合物和方法
CN108884459A	2017-04-26	一种改善免疫应答细胞功能的方法
CN108866003A	2017-12-07	基因工程化的细胞及应用
CN108610420A	2017-12-13	抗 CD19 的人源化抗体以及靶向 CD19 的免疫效应细胞
CN108341872B	2018-01-23	靶向 BCMA 的抗体及其应用

续表

公开号/公告号	申请日	发明名称
WO2018149358A1	2018-02-08	靶向 IL-13RA2 的抗体及其应用
CN109468278A	2018-09-07	基因工程化的 T 细胞及应用
CN109503715A	2018-09-17	IL-4R 的融合蛋白及其应用
WO2019170147A1	2019-03-08	免疫效应细胞治疗肿瘤的方法
WO2020020210A1	2019-07-24	免疫效应细胞治疗肿瘤的方法

4.6 本章小结

通过对主要申请人的专利分析可以发现，1990 年之前，基因治疗一直处于探索阶段。直到 1990 年 NIH 的威廉·弗伦奇·安德森开展了世界上首例正式批准的人体临床试验，利用 ADA 来治疗 SCID 并取得了成功，使大量公司和研究机构纷纷涌入基因治疗领域。

1990 年之后，基因治疗进入了蓬勃发展期，葛兰素史克、伊奥尼斯、辉瑞等制药企业以及宾夕法尼亚大学、INSERM 等科研机构纷纷投入大量人力和物力进行基因治疗的研发，这一时期（尤其是 2000 年）产生了大量的研究论文和专利申请，其中以葛兰素史克与伊奥尼斯申请的专利最多。然而 1999~2000 年的两起恶性医疗事件使基因治疗进入了最黑暗的时期，众多投资者撤回对该领域的资金投入，很多企业接连倒闭，即便是很多大型的制药企业也受到了严重的影响。例如，葛兰素史克、伊奥尼斯以及武田制药，我们通过专利申请量的趋势可以看到，它们在基因治疗发展最繁荣的时期，为了抢占市场而申请了大量的专利，但是这些专利中很大一部分被放弃了，其专利质量值得考察。在遭遇基因治疗两次恶性事件后，人们对基因治疗产生了恐惧和排斥，直接导致基因治疗的商业前景渺茫，而这几家公司在随后的几年里有关基因治疗的专利申请产生了断崖式的下跌，尤其是武田制药，在随后的时间内逐渐放弃了对基因治疗的研发。

与之不同的是，赛诺菲、诺华、罗氏等企业，虽然也受到了两起恶性事件的冲击和影响，导致有关基因治疗的专利申请量下跌，但是在随后的时间内，依然能够保持着稳定的专利年申请量，而且专利有效率也是随着时间的推移不断升高，表明它们虽然遭遇了挫折但是一直没有放弃对基因治疗技术的研究，而是更加理性、更深入地了解疾病的机理，寻找更为高效的基因递送系统，针对性地设计基因治疗策略，更加重视安全性的评估。而加州大学、宾夕法尼亚大学、INSERM 等研究机构，因其自身的特殊性，作为公立的高校和科研机构，它们首要考虑的并不是商业利益而是科学研究，因此它们的专利年申请量在整个基因治疗的发展时期都处于一种相对稳定的状态，而且专利的有效占比很高，表明这些机构一直在投入大量的精力进行基因治疗的研究，与葛兰素史克、伊奥尼斯等形成了鲜明的对比。值得一提的是，无论是制药企业还是高校和科研机构，其专利布局都很广泛，而且集中于美国、欧洲、日本、加拿大和澳大利亚，中国作为基因治疗领域的新兴市场，也越来越被各大企业所重视。

如今，在经历了最黑暗的时期后，基因治疗缓慢地走出了困境，以更加成熟的姿态重回大众的视野。而无论是各大老牌制药企业还是高校和科研机构都动作频频，开始了对基因治疗的重新布局，准备迎接基因治疗的第二个繁荣期的到来。例如，葛兰素史克收购美国人类基因组科学公司，伊奥尼斯与 Regulus Therapeutics 公司组成一家合资企业，赛诺菲收购健赞集团，诺华收购 AveXis 公司，罗氏收购 Spark Therapeutics，辉瑞收购惠氏等，当然还有如 MODERNA 这样的后起之秀，表明了基因治疗又一次的黄金时代的到来。

第5章 全球基因治疗药物专利技术分析

5.1 病毒载体药物专利分析

病毒载体是基因治疗中外源基因导入靶细胞并有效表达从而实现治疗疾病的一种非常有效的工具。随着基础医学和分子病毒学的发展，人们对病毒载体的进一步改造完善，其在基因治疗中发挥着越来越重要的作用。世界各地的实验室里不间断对病毒载体进行优化和改良。去除载体中不必要的病毒基因可明显减轻细胞毒性和免疫原性，还可避免产生可复制的病毒颗粒和人体感染病毒。

5.1.1 病毒载体药物全球专利分析

截至 2020 年 8 月 31 日，检索到的病毒载体药物的全球专利申请共计 5353 项，在此基础上利用专利分析系统从专利整体发展趋势、专利申请国家/地区分布、主要申请人分析等对病毒载体药物全球专利申请进行分析。

5.1.1.1 全球专利申请趋势

图 5-1-1 显示了病毒载体药物专利在全球的申请趋势。病毒载体药物全球专利申请大致经历了以下 4 个主要发展阶段。

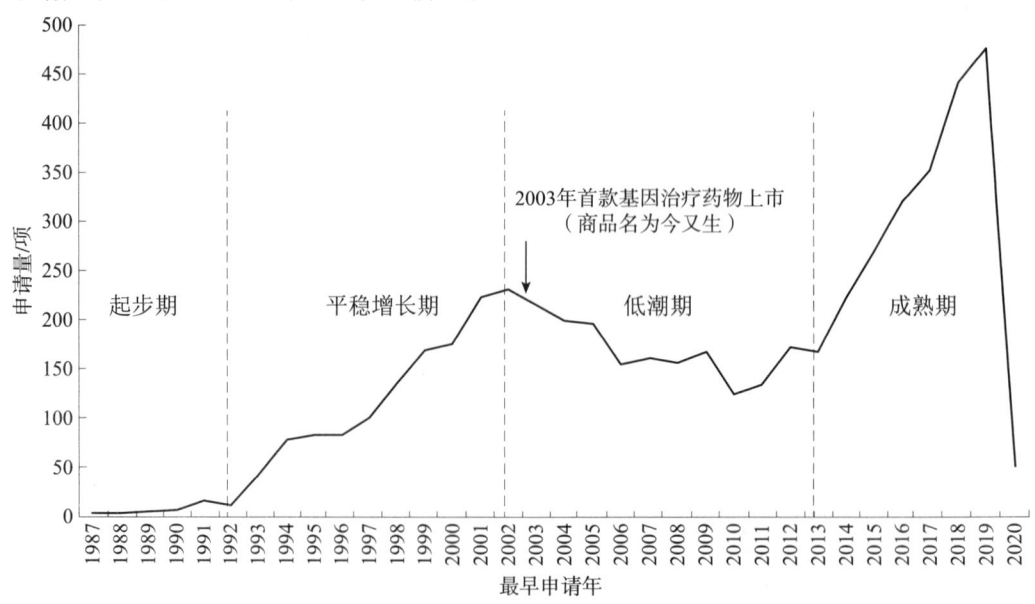

图 5-1-1 病毒载体药物全球专利申请趋势

(1) 第一阶段：起步期（1987~1992年）

1987年，首次出现涉及病毒载体药物专利申请，公开号为EP0293193A2，申请人为研究发展基金会、克莱顿基金会等的联合申请。该申请公开使哺乳动物肿瘤细胞致敏的方法，提升肿瘤细胞的药物敏感性，而不是直接用来治疗肿瘤。当时的研究水平并没有认识到病毒载体药物在基因治疗领域的广泛应用，因此该期间全球专利申请量较小，发展速度维持在较低水平，属于病毒载体药物专利技术发展的起步期。

(2) 第二阶段：平稳增长期（1993~2002年）

1993~2002年，病毒载体药物的专利申请量平稳增长，2002年的年申请量达到200项。1993年，健赞集团申请了囊性纤维化基因治疗专利EP0673431A1，其中公开基于腺病毒的基因治疗载体以及含有插入基因的缺陷重组腺病毒在制备可用于治疗眼疾病的药物中的用途。1993年，法国安万特制药公司先后申请了7件病毒载体药物专利。此外，高校和研究机构如宾夕法尼亚大学、加州大学等也申请了很多相关专利。这一时期，医药领域研究人员逐步认识到病毒载体药物在单基因遗传病领域的应用潜力，医药企业也开始着手加紧在病毒载体药物领域的研究工作。

(3) 第三阶段：低潮期（2003~2013年）

2003~2013年，病毒载体药物的专利申请量不升反降，这主要是受2003年初基因治疗药物临床试验出现的不良反应的影响。此阶段的申请量呈现低谷的态势，但仍有病毒载体药物上市。中国早在1991年就对B型血友病患者展开了世界上第二次的基因治疗临床试验，于2003年批准获得了世界上第一个基因治疗产品今又生。2012年，EMA批准UniQure的基因治疗药物Glybera，尽管该药在2014年正式上市后，商业化道路并不成功，于2017年退出市场，但它作为西方国家第一个基因治疗产品，彻底打开了基因疗法的大门。

(4) 第四阶段：成熟期（2014年至今）

自2014年起，全球病毒载体药物专利量又开始回升，且增长较快。在此期间，安进、葛兰素史克、诺华、罗氏等大型原研药企业的病毒载体药物产品陆续完成临床实验，并陆续获批上市。2019~2020年的申请量呈下降趋势，主要与2019年之后的申请尚未公开有关。

5.1.1.2 全球专利申请优先权国家/地区分布

对检索得到的病毒载体药物专利申请按照优先权国家/地区分别统计申请量。专利申请优先权国家/地区一般是该专利技术的研发产地，统计这项数据可以看出其国家/地区的科研实力与专利保护意识。欧洲数据是指首次申请通过欧洲专利局递交，这部分申请主要来自欧盟国家。

如图5-1-2所示，美国、中国、欧洲、英国、日本的专利申请量居于全球排名前五位，这5个国家和地区的专利申请量之和占全球总申请量的87%。这说明病毒载体药物技术主要集中在这5个国家和地区。美国在病毒载体药物的申请量全球排名第一位，占全球申请量的54%，是病毒载体药物主要的技术来源地。

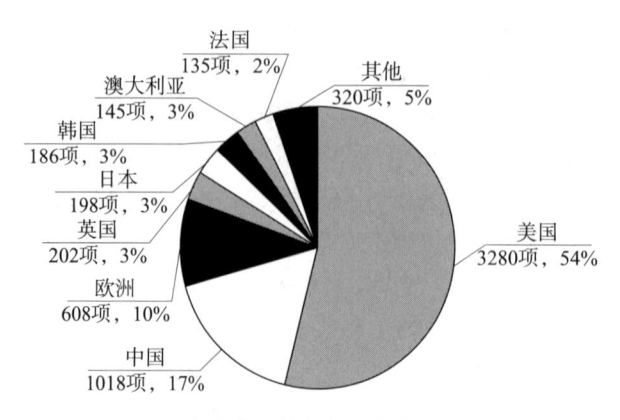

图 5-1-2 病毒载体药物专利申请国家/地区分布

其他 320项, 5%
法国 135项, 2%
澳大利亚 145项, 3%
韩国 186项, 3%
日本 198项, 3%
英国 202项, 3%
欧洲 608项, 10%
中国 1018项, 17%
美国 3280项, 54%

5.1.1.3 全球专利目标市场分析

专利申请目标市场的排名高低体现了专利申请人对该国家/地区的重视程度。一方面，目标市场存在专利申请人的竞争对手或者潜在的竞争对手，在该地区公开专利是对地区内可能的竞争对手技术研发的限制和干扰。另一方面，专利公开地是该专利技术的重要市场或者潜在重要市场，专利申请的进入可以为未来产品或者服务的竞争力提供保障。

图 5-1-3 显示了病毒载体药物专利全球排名前 15 位的目标市场分布情况。前五位目标市场为美国、欧洲、中国、澳大利亚和加拿大。结合图 5-1-2 可以看出，中国不仅是病毒载体药物的第二大技术来源地，也是第三大技术目标市场，说明随着中国技术研发水平的提升，中国市场越来越受到国内外申请人的重视。欧洲虽然专利输出量排在第三位，但是，因其消费需求或者潜在的竞争对手的存在使其成为病毒载体药物专利的主要输入地。此外，澳大利亚和加拿大分别居第四位和第五位，也反映了国外申请人的全球专利布局意识。

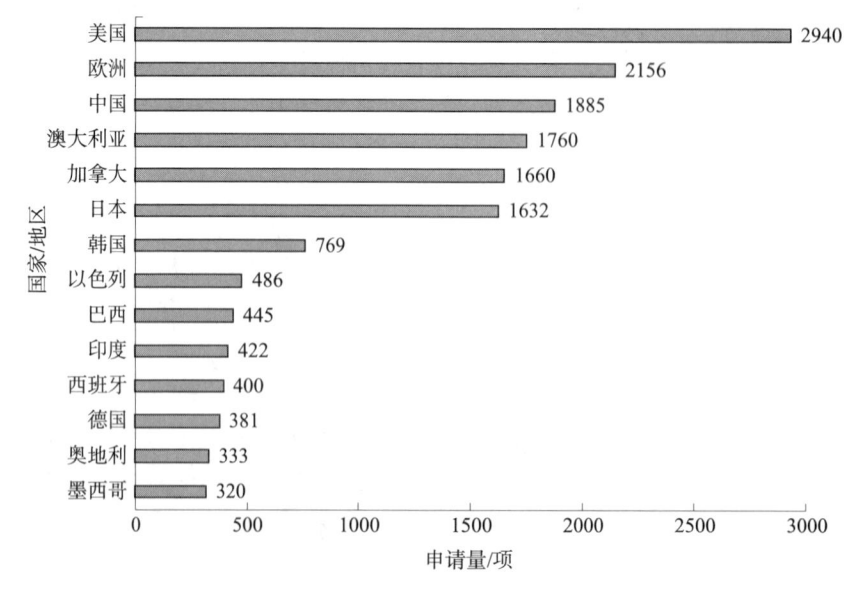

国家/地区	申请量/项
美国	2940
欧洲	2156
中国	1885
澳大利亚	1760
加拿大	1660
日本	1632
韩国	769
以色列	486
巴西	445
印度	422
西班牙	400
德国	381
奥地利	333
墨西哥	320

图 5-1-3 病毒载体药物专利全球排名前 15 位的目标市场分布

5.1.1.4 全球专利主要申请人分析

图5-1-4显示了病毒载体药物专利全球申请量排名前十位的申请人，可见排名前十位的申请人均是国外申请人，既有赛诺菲、默克这样的制药巨头，也有宾夕法尼亚大学、法国国家卫生及研究医学协会这样的高校/科研机构。由此可见，虽然中国在病毒载体药物领域的专利申请量排名第二，但是并没有实力雄厚的企业与国外制药巨头抗衡，专利申请权利人数多、专利申请相对分散导致排名靠前，实际研发实力与国外医药巨头有一定的差距。

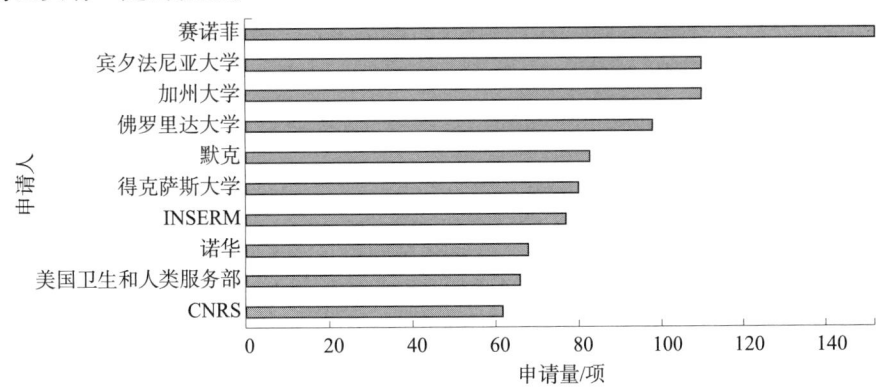

图5-1-4 病毒载体药物专利全球排名前十位申请人

5.1.2 病毒载体药物中国专利分析

截至2020年8月31日，检索到的病毒载体药物中国专利申请共计1885项，在此基础上利用专利分析系统从专利整体发展趋势、专利申请国家/地区分布、主要申请人等对病毒载体药物中国专利申请进行分析。

5.1.2.1 中国专利申请趋势

图5-1-5显示了病毒载体药物中国专利的申请趋势。与图5-1-1的病毒载体药物全球专利申请趋势相比，中国专利申请没有出现低潮期，大致经历了以下3个主要发展阶段。

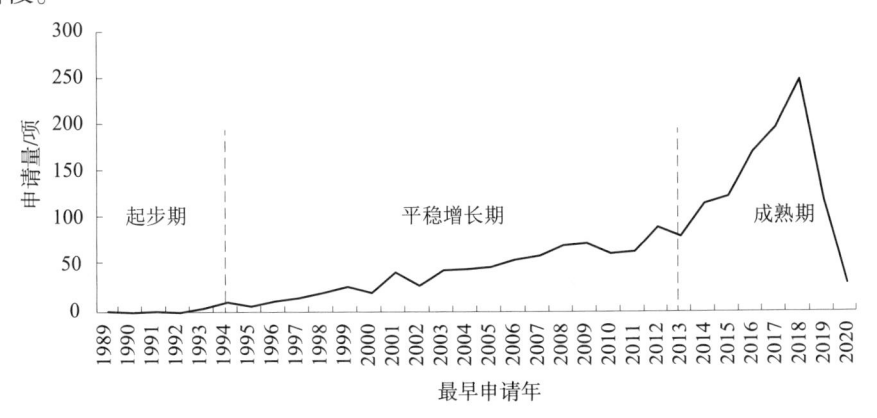

图5-1-5 病毒载体药物中国专利申请趋势

(1) 第一阶段：起步期（1989~1994 年）

1989~1994 年，病毒载体药物的专利申请量较少，只有个位数。首项进入中国的专利申请为 WO8909271A1，其中国专利公开号为 CN1038306A，申请日为 1989 年 3 月 20 日，申请人为维吉恩公司（VIAGENE）。该申请公开了携带能预防、抑制、稳定或逆转感染性、癌变或自身免疫性之载体构建物的重组逆转录病毒，该专利目前已经失效。

(2) 第二阶段：平稳增长期（1995~2013 年）

1995~2013 年，病毒载体药物的中国专利申请量平稳增长，并没有出现全球专利申请的低潮期。究其原因，1995~2002 年，中国专利申请增长幅度明显小于全球专利申请增长幅度，年专利申请量只有同期全球的一半，受到负面影响较小，总体呈现出平稳增长趋势。

(3) 第三阶段：成熟期（2014 年至今）

自 2014 年起，与同时期全球病毒载体药物专利申请趋势相同，中国病毒载体药物专利申请一直持续增长。在此期间，除了国外病毒载体药物产品陆续获批上市以外，中国也有诸多产品进入临床试验或上市，中国专利申请人在基因疗法领域方面做出了不断的努力。2018 年之后的申请量呈下降趋势，主要与 2018 年之后的申请尚未全部公开有关。

5.1.2.2 中国专利申请区域分布

图 5-1-6 显示病毒载体药物中国专利申请区域分布情况。上海、北京、广东、江苏等经济发达地区的申请量排名前列，上海提出了 210 项相关专利申请，北京提出了 162 项相关专利申请，广东提出了 157 项相关专利申请，江苏提出了 94 项相关专利申请，说明国内病毒载体药物的主要科研团队集中在上海、北京、广东、江苏这样的经济发达地区，这与制药公司大都落户在这些区域有关。

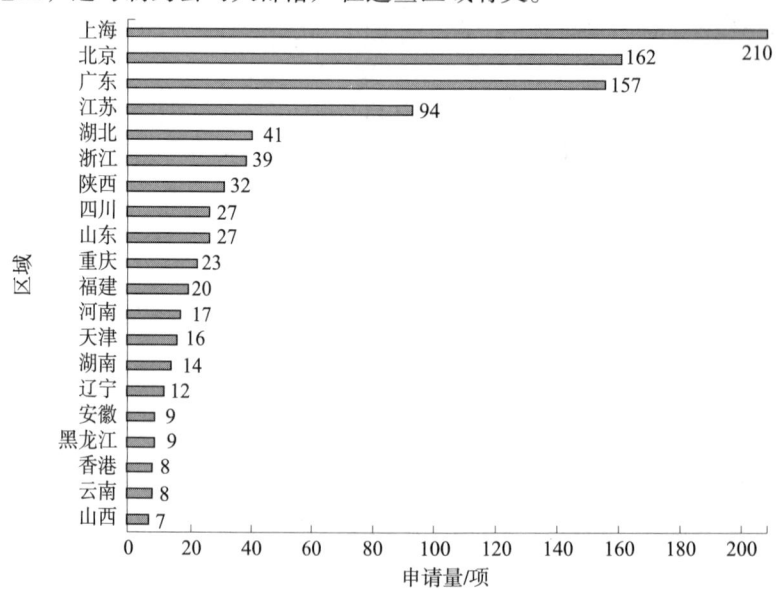

区域	申请量/项
上海	210
北京	162
广东	157
江苏	94
湖北	41
浙江	39
陕西	32
四川	27
山东	27
重庆	23
福建	20
河南	17
天津	16
湖南	14
辽宁	12
安徽	9
黑龙江	9
香港	8
云南	8
山西	7

图 5-1-6 病毒载体药物中国专利申请区域分布情况

5.1.2.3 中国专利主要申请人分析

图 5-1-7 显示了病毒载体药物中国专利申请量排名前十位的申请人,可见排名前十位的申请人中 7 位为国外申请人,说明国外申请人非常重视中国市场。其他 3 位为中国申请人,分别是吉凯基因(27 项)、第二军医大学(25 项)、第四军医大学(15 项)。

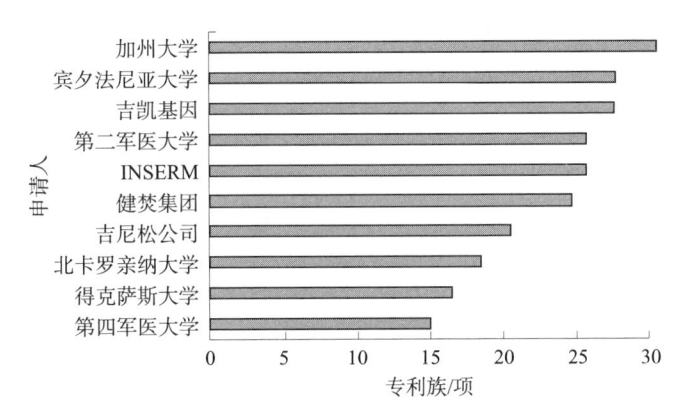

图 5-1-7 病毒载体药物中国专利排名前十位申请人

5.1.2.4 中国专利申请人类型分析

图 5-1-8 显示了病毒载体药物中国专利申请人类型分布情况。企业申请人有 882 项相关专利申请,占到了总量的 42%;大专院校申请人有 528 项相关专利申请,占到了总量 25%,两者占总申请人的 67%。说明在病毒载体药物领域,科研团队主要集中于企业以及大专院校,国内企业可以与大专院校发明人合作,将专利技术转化为临床产品服务患者,提升企业的市场竞争力。

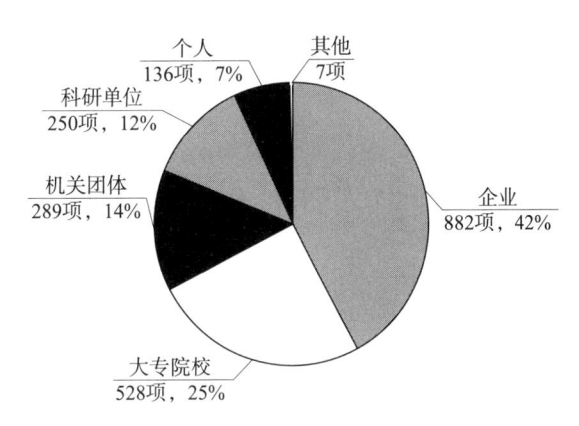

图 5-1-8 病毒载体药物中国专利申请人类型分布情况

5.2 基因治疗药物专利适应证分布分析

由于各种疾病发病率、发病机理、研究透彻度均存在差异,相应的基因治疗药物的研究情况有所区别,在专利方面表现为申请数量的不同。通过分析专利申请在不同疾病类型中的分布,能够发现基因治疗药物的研发热点并预测未来的研发方向,可为相关企业及科研机构的研发提供参考。

本课题组将基因治疗药物的适应证分为:癌症、单基因遗传病、传染性疾病、心血管疾病、神经系统疾病、眼科疾病、炎性疾病以及其他八大类。同一项专利申请可能涉及多种适应证,以及属于多个技术分支,因此各大类适应证的专利申请量之和大于基因治疗药物专利申请的总量,各大类适应证包含的细分种类参见表5-2-1。

表5-2-1 基因治疗药物适应证分类

大类	英文名称	中文名称
单基因疾病 (Monogenic disorders)	Adrenoleukodystrophy	肾上腺脑白质营养不良症
	Alpha-1 antitrypsin deficiency	α-1抗胰蛋白酶缺乏
	Aromatic L-amino acid decarboxylase deficiency	芳香族L-氨基酸脱羧酶缺乏症
	Batten disease	巴顿病
	Becker muscular dystrophy	贝克型肌肉萎缩症
	Beta thalassemia	β-地中海贫血
	Canavan disease	卡纳万病
	Chronic granulomatous disease	慢性肉芽肿病
	Crigler-Najjar syndrome	克里格勒-纳贾尔综合征
	Cystic fibrosis	囊肿性纤维化
	Duchenne muscular dystrophy	杜氏肌营养不良症
	Fabry disease	法布里病
	Familial adenomatous polyposis	家族性腺瘤性息肉病
	Familial hypercholesterolaemia	家族性高胆固醇血症
	Familial lecithin-cholesterol acyltransferase deficiency	家族性卵磷脂胆固醇酰基转移酶缺乏症
	Fanconi anaemia	范可尼贫血
	Galactosialidosis	半乳糖唾液酸沉积症
	Gaucher's disease	戈谢病
	Gyrate atrophy	回旋状脉络膜视网膜萎缩
	Haemophilia A and B	A型、B型血友病
	Hurler syndrome (mucopolysaccharidosis type Ⅰ)	Hurler综合征(Ⅰ型黏多糖贮积症)
	Hunter syndrome (mucopolysaccharidosis type Ⅱ)	Hurler综合征(Ⅱ型黏多糖贮积症)
	Huntington's disease	亨廷顿代病
	Junctional epidermolysis bullosa	交界性大疱性表皮松解症

续表

大类	英文名称	中文名称
单基因疾病 (Monogenic disorders)	Late infantile neuronal ceroid lipofuscinosis	晚期婴儿型神经元蜡样质脂褐质沉积症
	Leukocyte adherence deficiency	白细胞黏附障碍
	Limb girdle muscular dystrophy	肢带型肌营养不良症
	Lipoprotein lipase deficiency	脂蛋白脂肪酶缺乏症 LPLD
	Metachromatic leukodystrophy	异染性脑白质营养不良症
	Sly syndrome (mucopolysaccharidosis type VII)	Sly 综合征（VII型黏多糖贮积症）
	Netherton syndrome	内瑟顿综合征
	Ornithine transcarbamylase deficiency	鸟氨酸氨甲酰基转移酶缺乏症
	Pompe disease	庞贝氏症
	Purine nucleoside phosphorylase deficiency	嘌呤核苷磷酸化酶缺乏症
	Recessive dystrophic epidermolysis bullosa	隐性遗传性营养不良型大疱性表皮松解
	Sanfilippo A (mucopolysaccharidosis type IIIA)	Sanfilippo A（IIIA 型黏多糖贮积病）
	Sanfilippo B (mucopolysaccharidosis type IIIB)	Sanfilippo B（IIIB 型黏多糖贮积病）
	Sickle cell disease	镰刀型红血球病
	Severe combined immunodeficiency	严重复合型免疫缺乏症
	Spinal muscular atrophy	脊髓性肌萎缩症
	Tay Sachs disease	家族黑矇性痴呆
	Wiskott-Aldrich syndrome	Wiskott-Aldrich 综合征
	von Gierke disease (glycogen storage disease type Ia)	von Gierke 病（Ia 型糖原贮积病）
	X-linked myotubular myopathy	X 连锁肌小管性肌病
心血管疾病 (Cardiovascular disease)	Anaemia of end stage renal disease	终末期肾病贫血
	Angina pectoris (stable, unstable, refractory)	心绞痛（稳定，不稳定，难治性）
	Coronary artery stenosis	冠状动脉狭窄

续表

大类	英文名称	中文名称
心血管疾病 (Cardiovascular disease)	Critical limb ischaemia	严重肢体缺血
	Heart failure	心力衰竭
	Intermittent claudication	间歇性跛行
	Myocardial ischaemia	心肌缺血
	Peripheral vascular disease	周边血管疾病
	Pulmonary hypertension	肺动脉高压
	Venous ulcer	静脉溃疡
传染性疾病 (Infectious disease)	Adenovirus infection	腺病毒感染
	Cytomegalovirus infection	巨细胞病毒感染
	Epstein–Barr virus	爱泼斯坦巴尔病毒
	Hepatitis B and C	乙型和丙型肝炎
	HIV/AIDS	HIV/艾滋病
	Influenza	流感
	Japanese encephalitis	日本脑炎
	Malaria	疟疾
	Paediatric respiratory disease	儿科呼吸道疾病
	Respiratory syncytial virus	呼吸道合胞病毒
	Tetanus	破伤风
	Tuberculosis	结核病
癌症（Cancer）	Gynaecological：breast Cancer, ovary Cancer, cervix Cancer, vulva Cancer	妇科：乳腺，卵巢，宫颈，外阴
	Nervous system：glioblastoma, leptomeningeal carcinomatosis, glioma, astrocytoma, neuroblastoma, retinoblastoma	神经系统：胶质母细胞瘤，软脑膜癌，神经胶质瘤，星形细胞瘤，神经母细胞瘤，视网膜母细胞瘤
	Gastrointestinal：colon Cancer, colorectal Cancer, liver metastases Cancer, post–hepatitis liver cancer, pancreas, gall bladder, hepatocellular carcinoma	胃肠道：结肠癌，直肠癌，肝转移癌，肝炎后肝癌，胰腺癌，胆囊癌，肝细胞癌
	Genitourinary：prostate Cancer, renal Caner, bladder Cancer, ano–genital neoplasia	泌尿生殖系统：前列腺癌，肾癌，膀胱癌，生殖器肿瘤
	Skin：melanoma（malignant/metastatic）	皮肤：黑色素瘤（恶性/转移性）

续表

大类	英文名称	中文名称
癌症（Cancer）	Head and neck: nasopharyngeal carcinoma, squamous cell carcinoma, oesophaegeal cancer	头和颈：鼻咽癌，鳞状细胞癌，食管癌
	Lung: adenocarcinoma, small cell/non-small cell, mesothelioma	肺：腺癌，小细胞/非小细胞，间皮瘤
	Haematological: leukaemia, lymphoma, multiple myeloma	血液学：白血病，淋巴瘤，多发性骨髓瘤
	Sarcoma	肉瘤
	Germ cell	生殖细胞
	Li-Fraumeni syndrome	Li-Fraumeni 综合征
	Thyroid	甲状腺
神经系统疾病（Neurological diseases）	Alzheimer's disease	阿尔茨海默病
	Amyotrophic lateral sclerosis	肌萎缩侧索硬化
	Carpal tunnel syndrome	腕管综合征
	Chronic traumatic brain injury	慢性创伤性脑损伤
	Cubital tunnel syndrome	肘管综合症
	Diabetic neuropathy	糖尿病神经病变
	Epilepsy	癫痫症
	Giant axonal neuropathy	巨轴突神经病
	Multiple sclerosis	多发性硬化症
	Myasthenia gravis	重症肌无力
	Parkinson disease	帕金森病
	Peripheral neuropathy	周边神经病变
	Spinal muscular atrophy type 2	脊髓型肌萎缩症 2 型
眼科疾病（Ocular diseases）	Achromatopsia	色盲
	Age-related macular degeneration	年龄相关性黄斑变性
	Choroideraemia	无脉络膜症
	Diabetic macular oedema	糖尿病性黄斑水肿
	Glaucoma	青光眼
	Leber congenital amaurosis	Leber 先天性黑矇症
	Macular telangiectasia type 2	黄斑性毛细血管扩张 2 型
	Retinitis pigmentosa	色素性视网膜炎
	Superficial corneal opacity	浅表角膜混浊
	X-linked retinoschisis	X 连锁视网膜分裂症

续表

大类	英文名称	中文名称
炎性疾病 (Inflammatory diseases)	Arthritis (rheumatoid, inflammatory, degenerative)	关节炎（类风湿，炎性，变性）
	Degenerative joint disease	退行性关节疾病
	Severe inflammatory disease of the rectum	直肠严重炎性疾病
	Ulcerative colitis	溃疡性结肠炎
其他疾病 (Other diseases)	Chronic renal disease	慢性肾脏病
	Diabetic ulcer/foot ulcer	糖尿病溃疡/足溃疡
	Detrusor overactivity	逼尿肌过度活跃
	Erectile dysfunction	勃起功能障碍
	Fractures	骨折
	Hearing loss	听力损失
	Hereditary inclusion body myopathy	遗传性包涵体肌病
	Graft versus host disease/transplant patients	移植物抗宿主病/移植患者
	Oral mucositis	口腔黏膜炎
	Parotid salivary hypofunction	腮腺唾液功能减退
	Systemic scleoderma	系统性硬皮病
	Type I diabetes	Ⅰ型糖尿病
	Wound healing	伤口愈合

5.2.1 基因治疗药物专利适应证的技术分支分析

图 5-2-1 显示了基因治疗药物专利适应证的技术分支分布情况，是对检索的基因治疗药物专利进行标引后所作分析。由图 5-2-1 可知，在所有的适应证中，癌症的专利数量最多，其中除了减毒病毒和外泌体外，其余技术分支的癌症专利数量都在 150 项以上，分布相对比较均衡，这也说明癌症是研究最多的疾病，技术相对比较成熟。在单基因遗传病专利中，病毒载体类专利居多，其中又以 AAV 专利数量遥遥领先。神经系统疾病与单基因遗传病专利分布情况类似，只是单基因遗传病的（HSC/HSPC）专利有 128 项，远超神经系统疾病。心血管疾病中，AVV 和 ADV 专利居多，其他病毒载体专利数量居次。眼科疾病中，AVV 专利数量占绝大多数，是治疗眼科疾病主要的技术手段；传染性疾病和炎性疾病中，除了外泌体、减毒病毒和溶瘤病毒外，其余技术分支均有一定的专利数量分布，但是这两类疾病的总体专利数量相对于其他适应证而言还是偏少的。

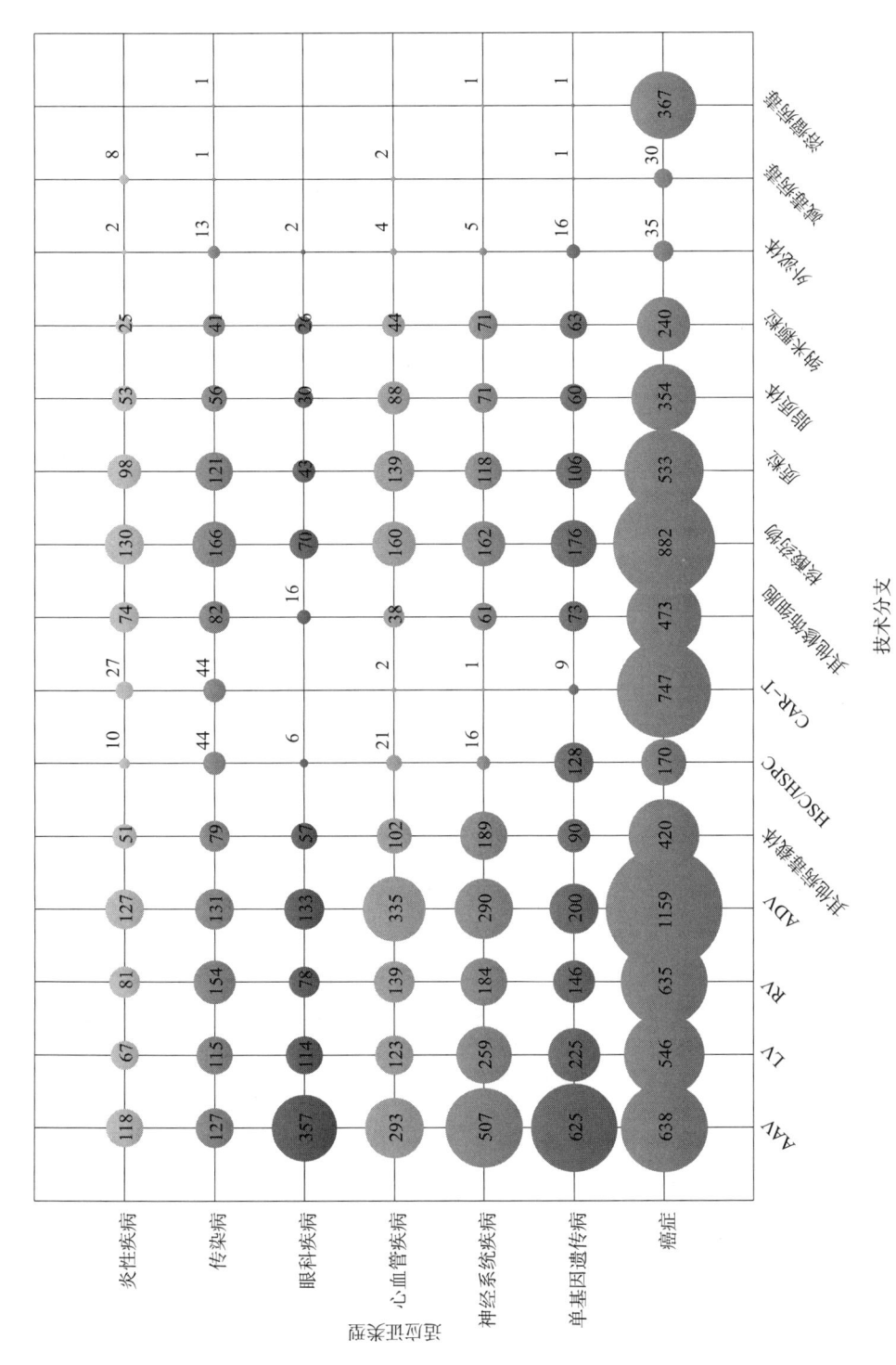

图 5-2-1 基因治疗药物专利适应证的技术分支分析

注：图中数字表示专利数量，单位为项。

从图 5-2-1 也可以看出一些技术空白点。CAR-T 的研究目前主要集中在癌症方面，传染性疾病和炎性疾病的数量分别为 27 项和 44 项，远少于癌症的 747 项专利数量，而单基因遗传病、神经系统疾病、心血管疾病专利数量只有个位数。HSC/HSPC 的总体专利数量也相对较少，尤其是神经系统疾病、心血管疾病、眼科疾病和炎性疾病的专利数量平均在 10~20 项，但是近年来基于 LV 载体的造血干细胞基因治疗逐渐进入临床试验，同时随着 CRISPR-Cas9 等基因编辑技术的不断发展，第二代造血干细胞精准基因治疗研究已经取得重要进展，该分支也可以作为国内申请人的研发方向。另外，由细胞释放的外泌体作为与其他细胞通信的一种方式的小囊泡，数量多且不会引发免疫反应，被作为治疗材料的生物学友好载体而逐渐普及，而此次检索的外泌体的总体专利数量也不多，可以作为企业研发布局的方向。溶瘤病毒疗法作为一种新型的肿瘤细胞生物疗法，联合其他肿瘤治疗手段，尽可能在保证各自疗效的前提下发挥协同抑瘤作用以提高肿瘤治疗效果，也是值得尝试的技术领域。

IncoPat 数据库支持按技术主题自动聚类，通过竞争分子图、专利地形图等可视化方式呈现专利技术布局情况。图 5-2-2 显示了 IncoPat 数据库的基因治疗药物中国近 5 年专利的 3D 沙盘，波峰代表技术密集区，波峰代表技术空白点，由图 5-2-2 可见几个明显的聚类主题峰：重组病毒载体、核酸疫苗、miRNA、mRNA、阳离子聚合物、阳离子脂质体、纳米颗粒以及抑制剂。从各峰的高度可见，重组病毒载体、miRNA、核酸疫苗以及抑制剂技术是中国近 5 年的主要技术手段，mRNA 疫苗作为核酸疫苗中的新型疫苗只是初步崭露头角，数量极少。纳米颗粒、阳离子聚合物以及阳离子脂质体专利数量相对少且技术分散。总体而言，中国近 5 年基因治疗药物规模不大且技术单一、分散。

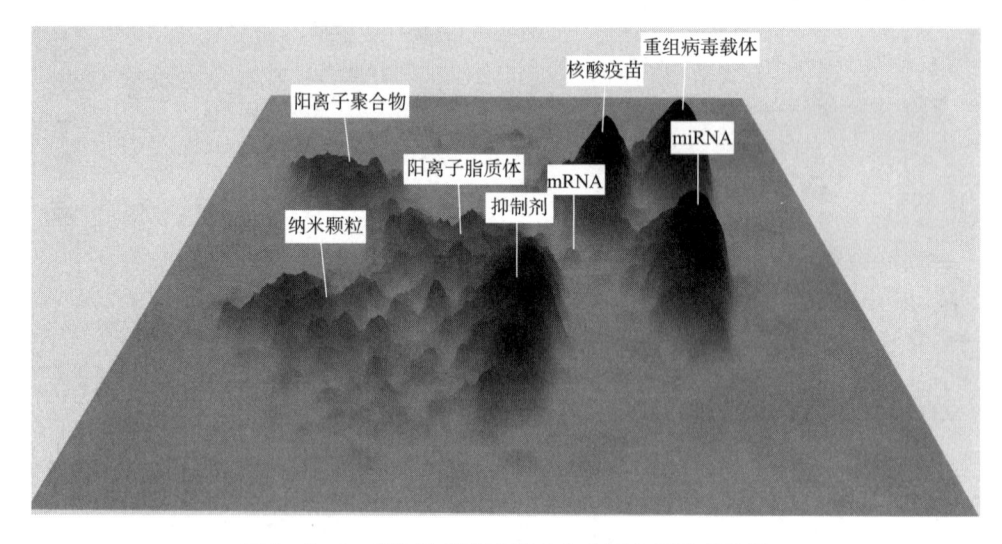

图 5-2-2 基因治疗药物近 5 年中国专利沙盘分析

图 5-2-3 显示了 IncoPat 数据库的基因治疗药物近 5 年全球专利的 3D 沙盘，由图可见几个明显的聚类主题峰：衣壳蛋白/启动子、溶瘤病毒、基因组、寡核苷酸、抑制剂、纳米颗粒/脂质体、造血干细胞/间充质干细胞、结合结构域。此聚类主题分类大

致与本课题组人工确定的技术分支彼此呼应,其中,衣壳蛋白/启动子、溶瘤病毒代表了病毒类药物的细分技术分支,体现了病毒药物的主要技术手段。寡核苷酸独立成峰,代表了核酸药物技术分支是主要的药物类别。造血干细胞/间充质干细胞也是独立的技术主题,与病毒类药物毗邻,代表基因修饰细胞主要采用病毒载体改造制成。纳米颗粒/脂质体代表了重要的非病毒载体技术分支。基因组、结合结构域、抑制剂作为基因治疗领域常用的技术关键词,显现出明显的技术分布。对比图 5-2-2 和图 5-2-3 可知,中国的基因治疗药物规模小,纳米颗粒/脂质体类的非病毒载体药物技术分散且数量较少;技术单一。核酸类药物中 miRNA 是主要技术手段,存在技术空白点。重组病毒载体药物中未出现明显的技术细分峰,技术手段分散。另外,核酸疫苗是国内申请人的主要研究方向,可以为新冠肺炎疫情期间疫苗的开发提供良好的技术储备。建议国内申请人积极布局技术空白点,扩大研究范围,提升基因治疗领域整体的竞争优势。

图 5-2-3 基因治疗药物近 5 年全球专利沙盘分析

5.3 AAV 载体药物

5.3.1 AAV 概述

AAV 最早是在 20 世纪 60 年代中期从实验室 ADV 制剂中发现的,并且很快就在人体组织中发现。AAV 属于细小病毒科,*Dependoparvovirus* 属,它的生命周期依赖于辅助病毒的存在,例如 ADV。AAV 存在于多种脊椎动物中,包括人类和非人类灵长类动物,目前的共识认为 AAV 不会引起任何人类疾病。[1] 它由直径约 26nm 的二十面体蛋白

---

[1] Nature 综述:详述基因治疗明星载体腺相关病毒(AAV)[EB/OL].(2019-02-23)[2021-01-30]. http://www.360doc.com/content119/0223/20152645714_817062849.shtml.

质衣壳和约 4.7kb 的单链 DNA 基因组组成。衣壳包含亚基 VP1、VP2 和 VP3 这 3 种类型，总共 60 种拷贝，比例为 1∶1∶10（VP1∶VP2∶VP3）。基因组的两端是两个 T 形反向末端重复序列（ITR），其末端主要用作病毒复制起点和包装信号。Rep 基因编码病毒复制所需的 4 种蛋白质，它们以其分子量命名 Rep78、Rep68、Rep52 和 Rep40，cap 基因通过来自不同起始密码子的可变剪接和翻译编码 3 个衣壳亚基。此外，编码组装活化蛋白（AAP）的第三个基因在不同阅读框中的 cap 编码序列内编码，并且已显示出促进病毒粒子组装。

　　AAV 基因组可以整合到人细胞中称为 AAVS1 的基因组基因座中以建立潜伏期。这种现象部分是由于 AAVS1 中发现的序列相似性以及 ITR 和 Rep 活性。rAAV 缺乏 rep 基因，所以 rAAV 基因组整合大大减少。与野生型 AAV 相比，rAAV 包装的基因组删除了全部 AAV 蛋白编码序列，并且添加治疗性基因表达盒。唯一的病毒来源序列是 ITR，它们是在载体生产过程中指导基因组复制和包装所必需的。病毒编码序列的完全去除使 rAAV 的包装能力最大化，并且有助于它们在体内递送时的低免疫原性和细胞毒性。rAAV 最佳地装载 5.0kb 以下的基因组，因此必须仔细设计有效负载，不仅要考虑治疗性转基因序列，还要考虑基因表达所必需的调控元件（例如，启动子和多聚腺苷酸化信号）。rAAV 的有效性在很大程度上取决于衣壳和靶细胞表面受体之间的分子相互作用，以及随后颗粒内化后的下游事件。rAAV 衣壳开发方法主要包括自然发现、合理设计、定向进化和计算机生物信息学方法，如图 5-3-1 所示。

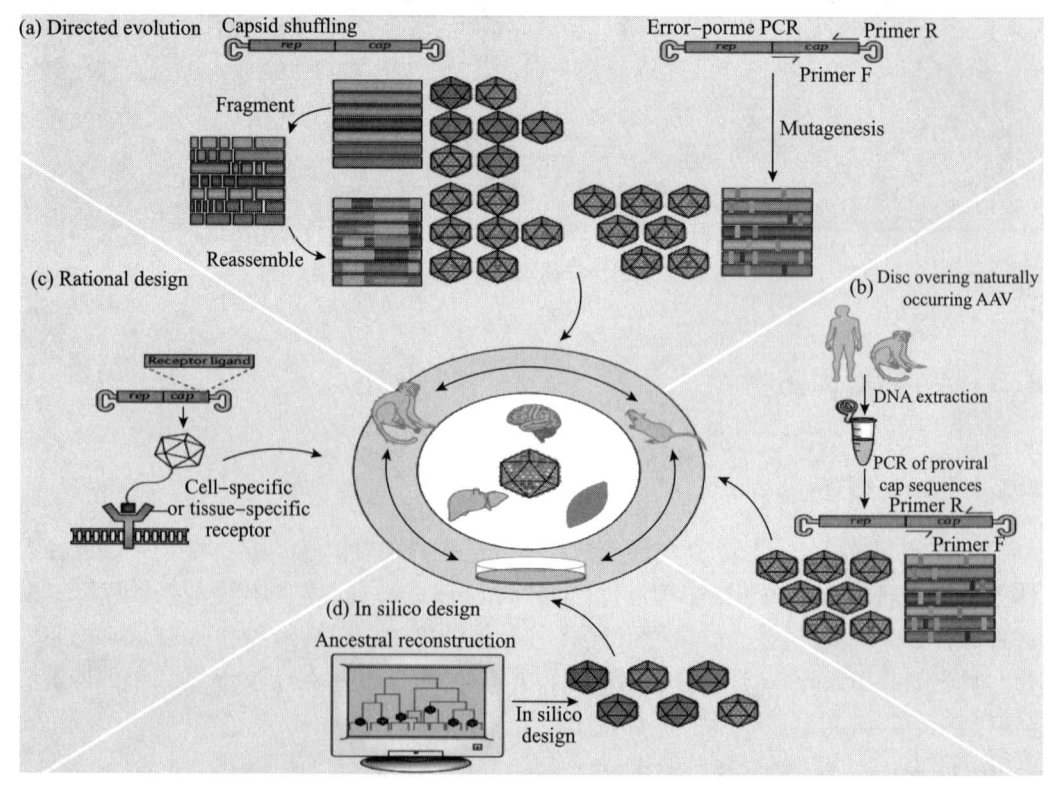

图 5-3-1　衣壳发现和工程化的 4 种方法

5.3.2 AAV 载体药物全球专利分析

截至 2020 年 8 月 31 日，检索到的 AAV 载体药物专利申请共计 2880 项，占病毒载体药物专利申请总量的 54%。在这 2880 项专利中，如图 5-3-2 所示，权利要求明确能够使用 AAV、LV、RV、ADV 或其他病毒（如疱疹病毒等）作为载体的专利有 313 项，权利要求明确能够使用 AAV、LV、RV 或 ADV 作为载体的专利有 494 项，权利要求明确能够使用 AAV、LV 或 RV 作为载体的专利有 536 项，权利要求明确能够使用 AAV 或 LV 作为载体的专利有 823 项。

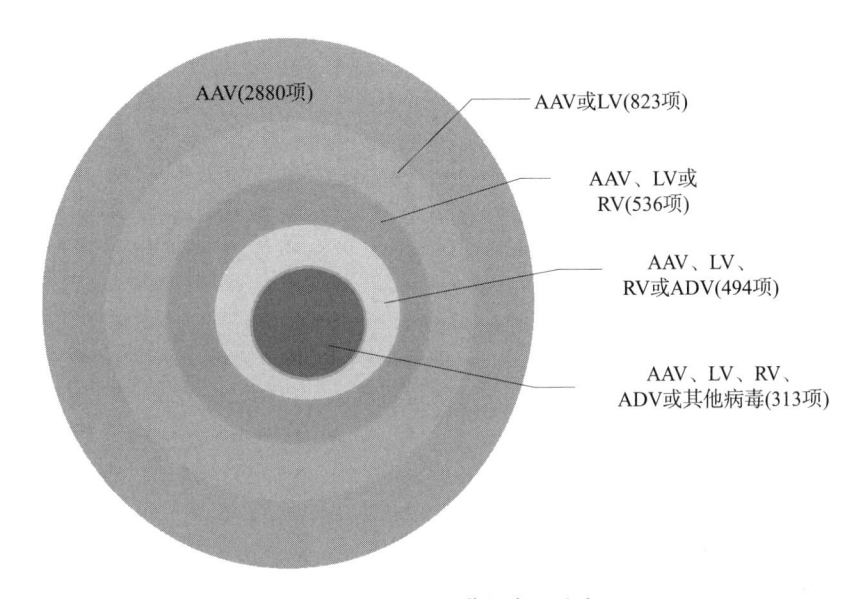

图 5-3-2 AAV 药物专利分布

在 2880 项 AAV 载体药物专利基础上利用专利分析系统从专利整体发展趋势、专利申请国家/地区分布、主要申请人分析等对 AAV 载体药物专利申请进行分析。

5.3.2.1 全球专利申请趋势

图 5-3-3 显示了 AAV 载体药物全球专利的申请趋势。与病毒载体药物全球专利申请趋势相似，AAV 载体药物全球专利申请量经历了以下 4 个主要发展阶段。

（1）第一阶段：起步期（1991~1994 年）

1991 年，US5252479A 公开了杂种细小病毒载体，其能够定点整合到哺乳动物染色体中而没有实质的细胞毒性，并且能够指导异源基因的红系细胞特异性表达。杂交载体可用于基因治疗，特别是对血红蛋白病和其他造血疾病的治疗，载体可以是 AAV-B19-GM-CSF、AAV-B19-APRT 等。此阶段年专利申请较少，医药研发人员初涉 AAV 载体药物，对基因治疗的副作用认识仍有欠缺。

（2）第二阶段：平稳增长期（1995~2005 年）

基因治疗第一个成功的临床案例为 1995 年报道的一例通过体内回输 RV 纠正自体白细胞来治疗 SCID 的临床试验，这一案例被认为是基因治疗发展史上一个重要的里程

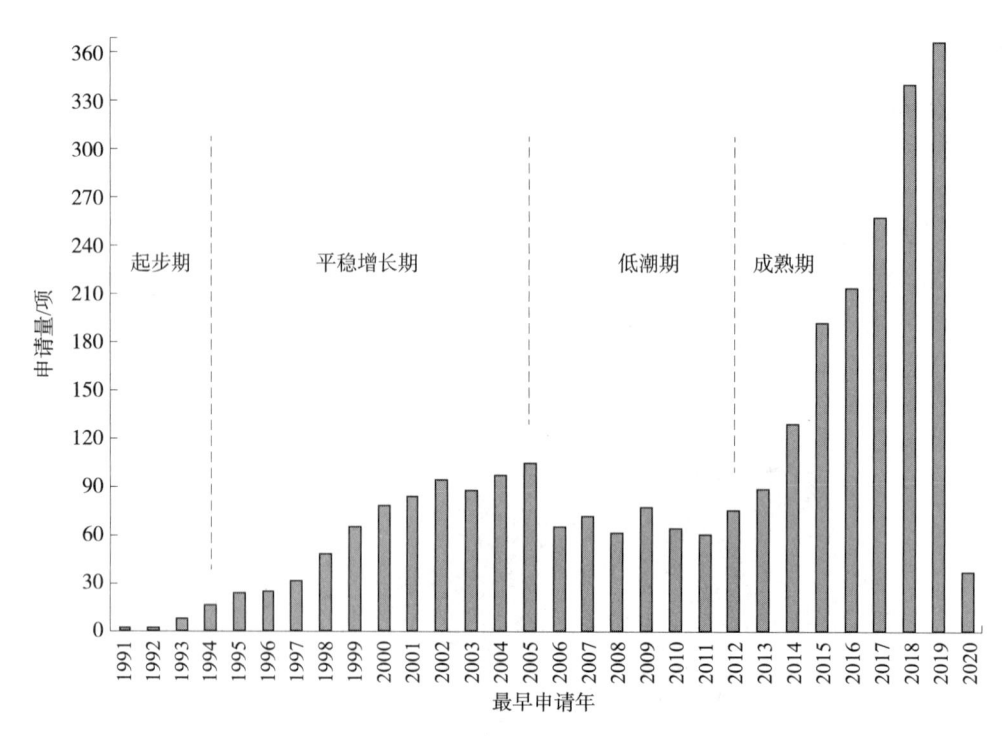

图 5-3-3　AAV 载体药物全球专利申请趋势

碑。然而，1999 年在宾夕法尼亚大学的詹姆斯·威尔逊医生开展的一项 ADV 基因治疗临床试验中，受试者由于 ADV 诱发的致命性免疫反应而致死。随后一系列的早期试验结果接连暴露基因治疗严重的副作用，包括针对载体的免疫反应以及载体介导的原癌基因插入激活引起的恶性肿瘤等，这一系列的负面报道无疑给基因治疗的发展蒙上了巨大的阴影。这些失败的案例让研究者们开始反思基因治疗的风险因素，从而陆续推动了更多基础研究的快速发展，包括病毒学、免疫学、细胞生物学、动物模型构建和疾病靶向治疗等。伴随着这些领域的快速发展，基因治疗技术于 21 世纪初开始逐渐走出困境。因此，1995～2005 年这个阶段是发展与挑战的阶段，总体的专利申请趋势还是上升的。

（3）第三阶段：低潮期（2006～2012 年）

受第二阶段的影响，2006～2012 年，专利申请步伐放缓，此阶段的申请量呈现低谷的态势，但仍有产品上市，Glybera 是 UniQure 开发的一款基于 AAV 的基因疗法，于 2012 年获 EMA 批准上市，用于治疗家族性脂蛋白脂肪酶缺乏症。

（4）第四阶段：成熟期（2013 年至今）

自 2013 年起，全球 AAV 载体药物专利申请量开始回升，增长较快。在此期间，原研药企业的 AAV 载体药物产品陆续进入临床试验。其中，Luxturna 是由罗氏旗下 Spark Therapeutics 开发的基于腺相关病毒的基因疗法，于 2017 年获 FDA 批准，用于治疗双等位基因 RPE65 突变造成的遗传性视网膜营养不良视力丧失。该药是一种携带正常 RPE65 基因的非复制型重组腺相关病毒 2 型载体（AAV2），通过视网膜下注射，让患者视网膜部位细胞表达正常的 RPE65 蛋白，从而改善患者视力。Zolgensma 是由诺华旗下 AveXis 公司开发，用于治疗 SMA，已于 2019 年获 FDA 批准上市，该药物可直接被递送至中枢神经系统（CNS）运动神经元，增加体内 SMN 蛋白表达水平，从而治疗 SMA。2019~2020 年的申请量呈下降趋势，主要与 2019 年后的申请尚未公开有关。

5.3.2.2 全球专利申请国家/地区分布

图 5-3-4 显示 AAV 载体药物的专利申请国家/地区分布情况，图 5-3-5 显示了美国、中国、欧洲、韩国专利申请趋势。美国在 1991~2020 年一直有专利申请提出，且申请量明显高于其他区域。中国、欧洲、韩国专利申请起步较晚，与美国的研发实力相差较大。

图 5-3-4 AAV 载体药物专利申请国家/地区分布

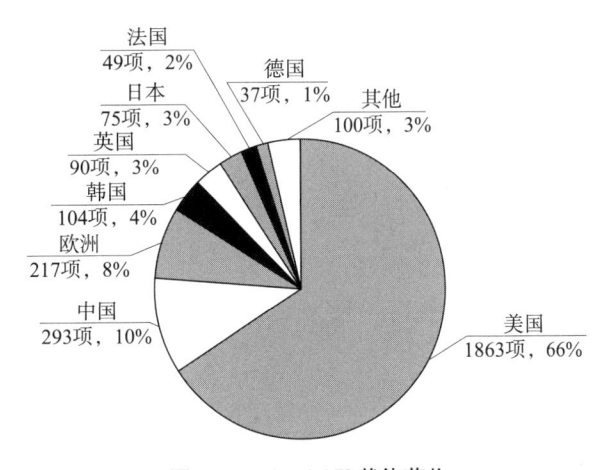

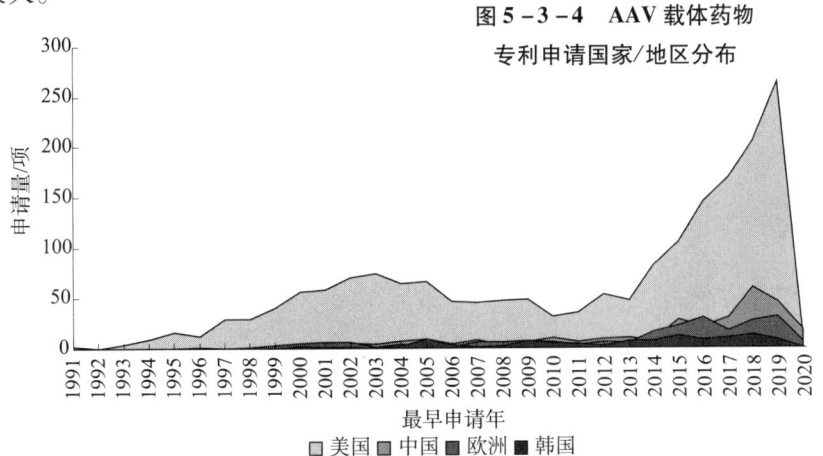

图 5-3-5 美国、中国、欧洲、韩国 AAV 载体药物专利申请趋势

5.3.2.3 适应证分布分析

如图 5-3-6 所示，全球 AAV 载体药物专利所针对的疾病以癌症和单基因遗传病为主，专利申请量分别为 638 项和 625 项。神经系统疾病和眼科疾病的 AAV 载体药物专利分别以 507 项和 357 项排第三位和第四位。

5.3.2.4 技术手段分析

通过了解基因治疗药物行业发展现状以及行业发展需求，将 AAV 载体药物专利技术分解为调控元件、密码子优化、衣壳突变、衣壳化学修饰、免疫抑制剂这几个技术手段并作详细分析。

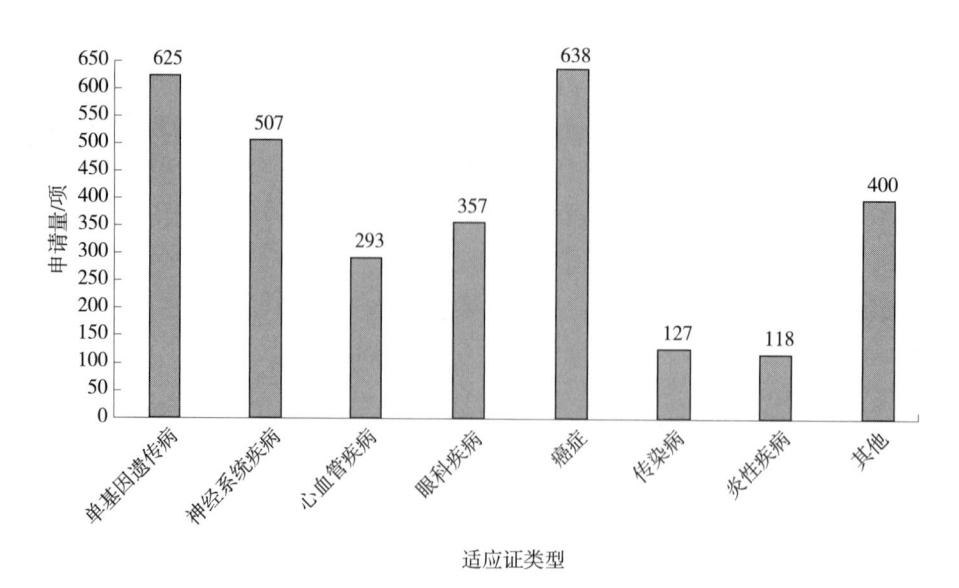

图 5-3-6　AAV 载体药物专利适应证分布

如图 5-3-7 所示，全球 AAV 载体药物专利所采用的技术手段以密码子优化和调控元件优化为主，专利数量分别为 996 项和 894 项。采用衣壳突变优化的 AAV 载体的专利数量为 227 项，远少于密码子优化和调控元件优化的专利数量。

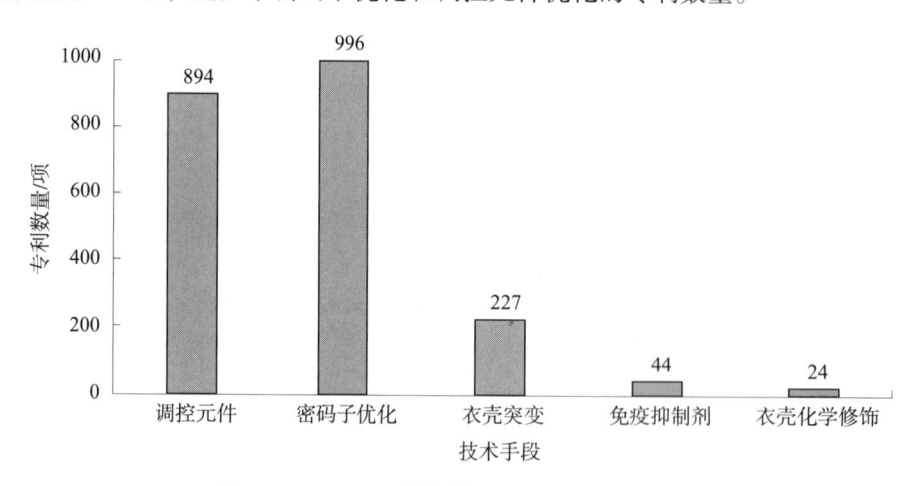

图 5-3-7　AAV 载体药物各技术手段专利分布

被引次数是指观测专利被后续专利引用的次数。通常一件专利被后续专利引用的次数越多，说明该技术越重要，技术影响越大，专利质量越好，而专利质量与专利价值和企业科技创新能力呈正相关。涉及重大创新或重大技术进步的专利，通常具有相对较高的被引用次数。下面分析采用调控元件、密码子优化、衣壳突变技术手段的 AAV 专利中被引用次数多于 20 次的有效专利，以及采用衣壳化学修饰和免疫抑制剂技术手段的典型专利，为国内申请人研发提供参考。

(1) 调控元件

由于单个 AAV 基因组的包装能力有限,能携带外源基因片段长度一般不超过 4.7kb,因此,开发更短的启动子序列和设计多顺反子表达元件提高单个载体的空间利用率,以及转录后的调控是 AAV 的热门研究领域。图 5-3-8 显示了腺相关病毒调控元件专利技术发展路线,可见,利用组织特异性启动子以及增强子等表达控制序列开发高特异性和高表达的 AAV 载体治疗各类疾病愈演愈热。

表 5-3-1 列举出被引用次数多于 20 次的 AAV 载体药物调控元件优化有效专利,以下选取典型专利作详细分析。宾夕法尼亚大学的专利 US7282199B2 被引用 144 次,提出使用 AAV 8 来递送治疗性和免疫原性基因(包括 FⅧ),AAV 包含肝脏特异性启动子,该 AAV 载体包含的衣壳蛋白特别适合重复施用以及重复基因治疗。该专利在美国申请了许多分案申请,至今仍处于有效状态。

韦恩州立大学、宾夕法尼亚验光配镜学院共同申请的专利 CN101484005A 被引用 81 次,提供了恢复受试者视网膜光敏感性的方法,通过玻璃体内或视网膜下注射向受试者递送核酸表达载体,载体包含编码视紫红质的开放阅读框,并且开放阅读框可操作地与启动子序列和转录调控序列连接,启动子可以是组成型启动子,组成型启动子是杂合的 CMV 增强子/鸡 β-肌动蛋白启动子(CAG)。启动子可以是诱导型启动子和/或细胞类型特异性启动子,细胞类型特异性启动子选自于 mGluR6 启动子、Pcp2(L7)启动子或神经激肽 3(NK-3)启动子,从而在视网膜内层神经元中表达所述核酸。该专利提供的方法和组合物对视觉的促进或增强很有价值。

EOS 神经科学公司、佛罗里达大学研究基金公司共同申请的专利 CN102159713A 被引用 70 次,利用 rAAV 载体将光敏蛋白核酸包裹于衣壳蛋白中,编码光敏蛋白的核酸与代谢型谷氨酸受体 6(mGluR6)调控序列相连接,衣壳蛋白包含突变的酪氨酸残基,使载体具有提高的靶细胞(例如视网膜双极细胞)转导效率。加州理工学院申请的专利 CN103492574B 被引用 87 次,公开了包括 5′和 3′ITR、启动子、用于多核苷酸的插入的限制性酶切位点和转录后调节元件的 AAV 载体,该 rAAV 用于表达一种或多种治疗蛋白以预防或治疗受试对象中一种或多种疾病或障碍。这几项被引证次数较多的专利申请日在 2003~2012 年,综上可知,如今在 AAV 基因治疗领域通过调控元件优化来提高目的基因表达已经是比较成熟的技术。

(2) 密码子优化

密码子优化是基因表达优化的关键步骤之一,图 5-3-9(见文前彩色插图第 2 页)显示了 AAV 目的基因密码子优化专利技术发展路线,密码子优化是增强基因表达的常规技术手段,密码子优化的相关专利层出不穷。虽然密码子在基因表达中起着重要的作用,但表达载体和转录启动子的选择同样重要。

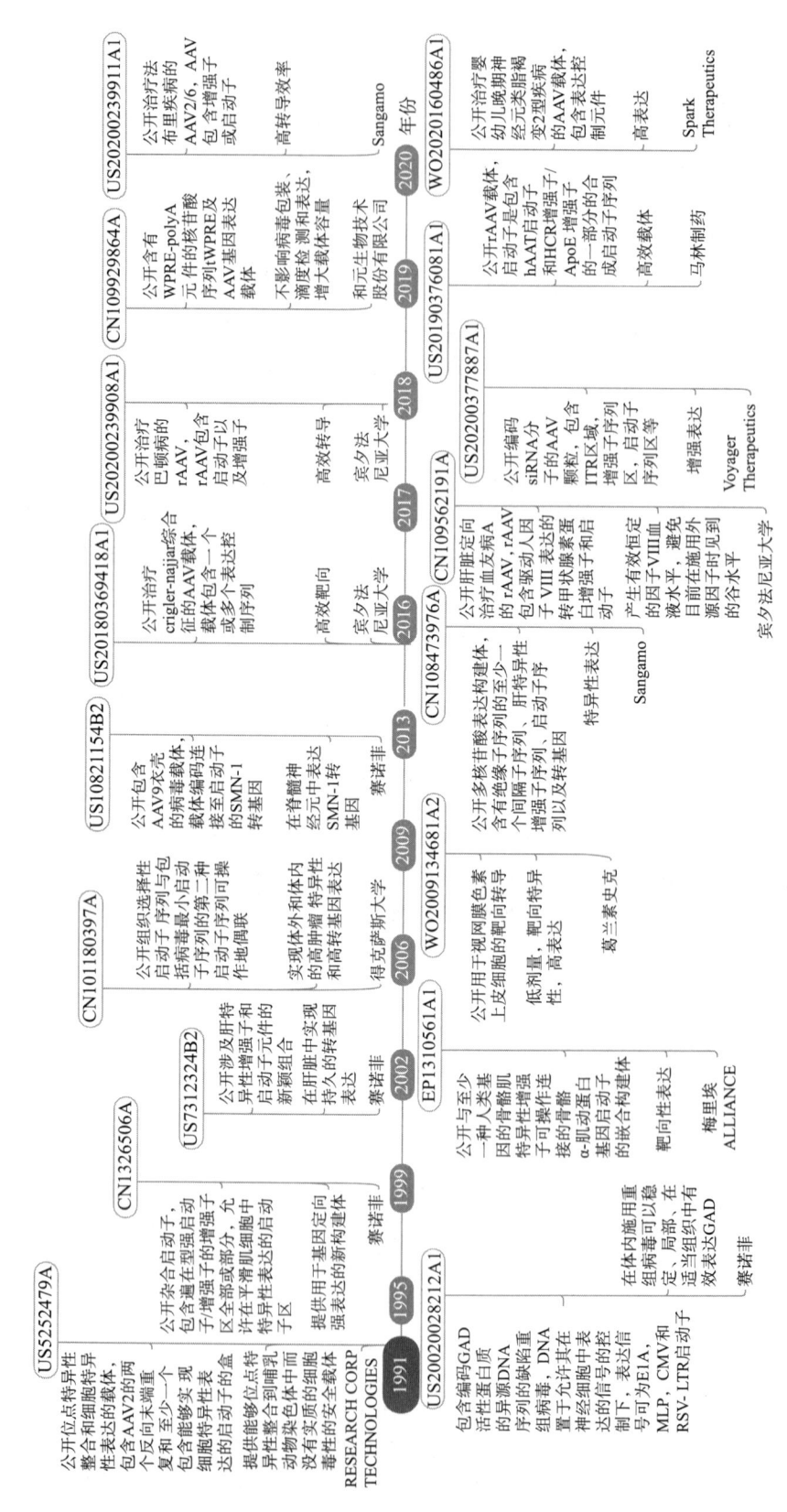

图 5-3-8 AAV 调控元件代表专利梳理

表5-3-1 被引次数多于20次的AAV载体药物调控元件优化有效专利

公开号	申请日	发明名称	被引用次数/次
US7282199B2	2003-04-25	AAV 8 sequences, vectors containing same, and uses therefor	144
CN103492574B	2012-02-21	使用AAV载体递送蛋白	87
CN101484005A	2007-05-04	通过向体内递送视紫红质核酸恢复视觉响应	81
CN102159713A	2009-05-20	用于递送光敏蛋白的载体和使用方法	70
US9757587B2	2011-08-12	Optogenetic method for generating an inhibitory current in a mammalian neuron	67
CN102869779A	2011-03-28	药理学诱导的转基因消融系统	62
US8802080B2	2003-05-01	rAAV expression systems for genetic modification of specific capsid proteins	61
CN105408486B	2014-05-21	衣壳修饰的rAAV3载体组合物以及在人肝癌基因治疗中的用途	59
US8603790B2	2009-04-08	Systems, methods and compositions for optical stimulation of target cells	58
CN106661591A	2015-05-02	用于视网膜及CNS基因疗法的AAV载体	57
CN105579465B	2014-07-22	用于基因转移到细胞、器官和组织中的变异AAV和组合物、方法及用途	52
US9877988B2	2013-03-15	Method of treating lysosomal storage diseases using nucleases and a transgene	49
CN103189507A	2011-10-26	用于向神经系统细胞导入基因的AAV粒子	49
US20060193830A1	2005-08-24	rAAV vector compositions and methods for the treatment of choroidal neovascularization	46
US7456015B2	2006-11-15	Tetracycline-regulated AAV vectors for gene delivery to the nervous system	43
CN104994882A	2013-05-07	使用AAVSFLT-1治疗老年性黄斑变性（AMD）	42
US9617548B2	2009-04-21	Liver-specific nucleic acid regulatory elements and methods and use thereof	39

续表

公开号	申请日	发明名称	被引用次数/次
US6225291B1	1998–04–21	Rod opsin mRNA–specific ribozyme compositions and methods for the treatment of retinal diseases	39
US9650631B2	2013–08–27	Reduction of off–target RNA interference toxicity	37
CN100422320C	2001–04–27	编码抗肌萎缩蛋白小基因的DNA序列及其使用方法	37
US9393323B2	2009–07–08	Optimised coding sequence and promoter	36
CN101180397A	2006–03–09	用于癌症治疗基因的肿瘤选择性和高效率表达的新型hTMC启动子和载体	35
CN101868241A	2008–09–29	表达生物治疗分子的治疗基因开关构建物和生物反应器以及它们的应用	34
CN104363961B	2013–02–21	用于治疗盆底神经源性病症的组合物和方法	30
US20030100526A1	2002–05–22	Muscle–specific expression vectors	30
US8257969B2	2008–04–14	Genetic suppression and replacement	30
CN104619354A	2013–06–19	用于治疗糖尿病的组合物和方法	26
US10159753B2	2013–10–25	Vectors for liver–directed gene therapy of hemophilia and methods and use thereof	26
CN102741405B	2010–11–19	提高基因表达的系统和保持有该系统的载体	26
CN107073051A	2015–10–21	重组AAV变体及其用途	26
US9150882B2	2007–01–31	Self–complementary parvoviral vectors, and methods for making and using the same	26
CN103037905B	2011–06–10	用于治疗疾病的载体及序列	25
US20190153471A1	2017–04–28	Compositions for the treatment of disease	25
CN105745326A	2014–10–24	用于基因治疗神经疾病的AAV 5假型载体	24
US8030065B2	2005–09–09	Expression of factor IX in gene therapy vectors	23
CN104797593B	2013–09–27	靶向少突胶质细胞的AAV载体	23

续表

公开号	申请日	发明名称	被引用次数/次
CN100475846C	2004-06-10	增加的神经胚素分泌	23
US10286085B2	2014-07-26	Compositions and methods for treatment of muscular dystrophy	23
US9636380B2	2014-03-13	Optogenetic control of inputs to the ventral tegmental area	23
US8017385B2	2005-10-21	Use of apotosis inhibiting compounds in degenerative neurological disorders	23
CN101060855A	2005-01-27	胃肠增殖因子及其用途	22
US9719106B2	2014-04-29	Tissue preferential codon modified expression cassettes, vectors containing same, and uses thereof	21
CN1826410B	2004-06-29	具有改良的胞嘧啶脱氨酶活性的多肽	20
CN101056539B	2005-09-08	调节心脏细胞中的磷酸酶活性	20

表5-3-2列举出被引用次数多于20次的AAV载体药物密码子优化有效专利（由于部分专利会同时标引多种技术分支，表5-3-2排除了表5-3-1中的重复专利），以下选取典型专利作详细分析。

表5-3-2 被引次数多于20次的AAV载体药物密码子优化有效专利

公开号	申请日	发明名称	被引用次数/次
US7420030B2	2001-09-07	APA targeting peptides for the treatment of cancer	116
CN101340928B	2006-10-20	抑制补体激活的修饰的蛋白酶	65
CN1555268B	2002-07-17	含促调亡蛋白质的治疗剂	58
CN1653080A	2003-03-07	淋巴管和血管的内皮细胞基因	49
CN102869678A	2010-08-24	IL-17结合化合物及其医用途	47
CN1262665C	2001-07-20	经过密码子最优化的乳头状瘤病毒序列	41
CN103476456B	2011-11-04	奖赏相关行为的光遗传学控制	40
US9873868B2	2012-12-23	Constructs for expressing lysosomal polypeptides	40
US7964555B2	2006-05-04	Cardiac muscle function and manipulation	40

续表

公开号	申请日	发明名称	被引用次数/次
CN1494552A	2002-01-22	Flt 4（VEGFR-3）作为靶用于肿瘤成像和抗肿瘤治疗	37
CN104093833B	2012-12-12	视蛋白多肽及其使用方法	36
CN101657097A	2008-02-29	以炎症为特征的疾病的治疗	35
CN102459611B	2010-04-27	神经退行性疾病的基因治疗	33
US20100203083A1	2008-06-02	Mutated structural protein of a parvovirus	33
CN103298480B	2011-11-04	记忆功能的控制和表征	30
CN101711164B	2008-01-18	可修复肌纤维膜中的神经元型一氧化氮合酶的合成小/微-抗肌萎缩蛋白基因	30
US9868961B2	2007-03-30	Methods and compositions for localized secretion of anti-CTLA-4 antibodies	29
US8318687B2	2004-06-11	Recombinant AAV vector for treatment of Alzheimer disease	28
US20030148382A1	2002-06-24	PanCAM nucleic acids and polypeptides	28
US7399750B2	2001-09-11	Methods for cardiac gene transfer	25
CN101384621A	2006-10-31	产生受体和配体同种型的方法	24
CN103282491B	2011-11-03	修饰的FIX多肽及其用途	23
CN101511373B	2007-06-19	用于基因治疗的修饰的FⅧ和FⅨ基因和载体	23
US6881555B2	2000-03-14	AKT nucleic acids, polypeptides, and uses thereof	23
CN101356189A	2006-10-31	肝细胞生长因子内含子融合蛋白	22
US9434928B2	2012-11-21	Recombinant adeno-associated virus delivery of alpha-sarcoglycan polynucleotides	21
CN102164611B	2009-07-07	生长因子METRNL的治疗用途	20

其中，得克萨斯大学的专利US7420030B2被引用116次，该专利将氨基肽酶A（APA）鉴定为肿瘤脉管系统中的功能靶标并提供靶向和调节APA的方法和组合物，可使用AAV表达10~30个长度不等氨基酸形成的APA靶向肽，并将AAV用于靶向基因治疗，以治疗与血管生成或者血管形成有关的癌症或者其他疾病，显著地提高治疗有

效性。斯坦福大学的专利 CN103476456B 提供包含编码光反应性视蛋白的多核苷酸的 AAV 载体；催化剂生物科学公司的专利 CN101340928B 提供表达修饰的 MT-SP1 蛋白酶或其催化活性部分的 AAV 载体，治疗补体介导疾病或病变。研究发展基金会的专利 CN1555268B 公开含有编码细胞特异的靶向部分和细胞凋亡诱导因子的嵌合多肽的多核苷酸表达盒，表达盒可包含在 rAAV 载体中。科瓦根股份公司的专利 CN102869678A 保护治疗和/或预防选自 IL-17A-和 Th17-相关疾病或医学病症的 rAAV 载体药物。葛兰素史克的专利 CN1262665C 公开编码人乳头状瘤病毒（HPV）氨基酸序列的多核苷酸序列，多核苷酸序列中的密码子使用模式与高表达的哺乳动物基因的密码子使用模式相似。此类专利不胜枚举，因为转基因序列本身的元件也可影响表达，例如 GC 含量、隐蔽性剪接位点、转录终止信号、影响 RNA 稳定性的基序和核酸二级结构。因此，密码子优化广泛用于 rAAV 基因治疗，旨在增强基因表达。

（3）衣壳突变

AAV 的衣壳是包装其基因组的元件，同时也是 AAV 侵入细胞之前与宿主表面结合的作用支撑点和宿主对侵入 AAV 进行免疫反应的重要部位。依据暴露在衣壳表面不同的氨基酸残基和与各种受体的结合位点的不同，适时地改变它们的结合程度对于提高 AAV 基因治疗有很好的作用。图 5-3-10（见文前彩色插图第 3 页）显示了 AAV 衣壳突变专利技术发展路线，可见相对于调控元件、密码子优化，衣壳突变起步较晚，主要是为了优化 AAV 的定向转导。

表 5-3-3 列举出被引用次数多于 20 次的 AAV 载体药物衣壳突变有效专利，以下选取典型专利作详细分析。宾夕法尼亚大学的专利 CN1856576B、US7282199B2、CN101203613B 分别被引证 207 次、144 次和 120 次，CN1856576B 提供新的 AAV 衣壳与载体序列，该 huAAV9 的衣壳构建的载体表现出的基因转移效率类似于肝脏中的 AAV8、优于肌肉中的 AAV 并且比肺中的 AAV5 高 200 倍。此外，该新的人 AAV 血清型与以前所述的 AAV1～AAV8 的序列同一性小于 85%，并且不被任何这些 AAV 交叉中和。CN101203613B 提供在选定的 AAV 序列中校正单现突变从而提高选定 AAV 的包装产量、转导效率和/或基因转移效率的方法，包括改变亲代 AAV 衣壳中的一个或多个单现突变，使其与用来比对的功能性 AAV 衣壳序列中相应位点上的氨基酸相一致。

表 5-3-3 被引次数多于 20 次的 AAV 载体药物衣壳突变有效专利

公开号	申请日	发明名称	被引用次数/次
CN1856576B	2004-09-30	AAV 进化支、序列、含有这些序列的载体及它们的应用	207
US7282199B2	2003-04-25	AAV 8 sequences, vectors containing same, and uses therefor	144
CN101203613B	2006-04-07	增强 AAV 载体功能的方法	120

续表

公开号	申请日	发明名称	被引用次数/次
US9102949B2	2011-04-22	CNS targeting AAV vectors and methods of use thereof	103
US8734809B2	2010-04-23	AAV's and uses thereof	100
CN103561774B	2012-04-20	具有变异衣壳的AAV病毒体及其使用方法	79
US7427396B2	2005-06-02	AAV vectors for gene delivery to the lung	78
CN102159713A	2009-05-20	用于递送光敏蛋白的载体和使用方法	70
US7259151B2	2004-06-21	AAV virions with decreased immunoreactivity and uses therefor	66
US8802080B2	2003-05-01	rAAV expression systems for genetic modification of specific capsid proteins	61
CN106661591A	2015-05-02	用于视网膜及CNS基因疗法的AAV载体	57
CN101287837B	2006-10-19	昆虫细胞中生产的改进的AAV载体	53
CN105579465B	2014-07-22	用于基因转移到细胞、器官和组织中的变异AAV和组合物、方法及用途	52
CN107295802A	2015-09-23	用于高效基因组编辑的AAV载体变异体和其方法	52
CN106062200B	2014-03-03	AAV载体	51
CN101124328A	2005-12-15	嵌合载体	51
US8927514B2	2012-11-02	Recombinant adeno-associated vectors for targeted treatment	50
US8889641B2	2010-02-11	Modified virus vectors and methods of making and using the same	48
US10577627B2	2015-06-09	Chimeric capsids	48
CN105163764B	2014-03-14	双重聚糖结合AAV载体的方法和组合物	46
US9677088B2	2013-05-09	Adeno associated virus plasmids and vectors	45
EP1453547B1	2002-11-12	AAV serotype 8 sequences, vectors containing same, and uses therefor	44
CN104520428B	2013-02-19	将基因转移到细胞、器官和组织的AAV载体组合物和方法	43
US8663624B2	2011-10-05	AAV virions with variant capsid and methods of use thereof	40
US20170166925A1	2015-04-24	Recombinant AAV vectors useful for reducing immunity against transgene products	34

续表

公开号	申请日	发明名称	被引用次数/次
US8632764B2	2009-04-29	Directed evolution and in vivo panning of virus vectors	32
CN104487579A	2013-04-18	使用AAV衣壳变异体的高度有效的基因转移的组合物和方法	30
US9409953B2	2012-02-10	Viral vectors with modified transduction profiles and methods of making and using the same	30
CN108699565A	2016-12-09	用于定向AAV的靶向肽	28
US20050106558A1	2002-12-23	Library of modified structural genes or capsid modified particles useful for the identification of viral clones with desired cell tropism	27
US7867484B2	2007-01-26	Heparin and heparan sulfate binding chimeric vectors	27
US9567376B2	2014-02-07	Enhanced AAV-mediated gene transfer for retinal therapies	26
CN104470945A	2013-03-15	高转导效率的rAAV载体、组合物及其使用方法	26
CN107073051A	2015-10-21	重组AAV变体及其用途	26
CN105247044A	2014-05-29	AAV变体及其使用方法	26
US20190153471A1	2017-04-28	Compositions for the treatment of disease	25
CN102439157B	2010-04-29	包含AAV构建体的靶向传导气道细胞组合物	24
CN104797593B	2013-09-27	靶向少突胶质细胞的AAV载体	23
US8628966B2	2011-04-28	CD34-derived recombinant adeno-associated vectors for stem cell transduction and systemic therapeutic gene transfer	23
US20180216133A1	2016-07-15	Compositions and methods for achieving high levels of transduction in human liver cells	22
US10011640B2	2014-03-14	Capsid-modified rAAV vector compositions and methods therefor	22
US9434928B2	2012-11-21	Recombinant adeno-associated virus delivery of alpha-sarcoglycan polynucleotides	21
US8299215B2	2008-07-11	Methods and compositions for treating brain diseases	20

马萨诸塞大学的专利 US9102949B2 被引用 103 次，涉及用于将转基因靶向到 CNS 组织的 rAAV。专利 US8734809B2 被引用 100 次，涉及具有独特的组织靶向能力的 rAAV。

加州大学的专利 CN103561774B 被引用 79 次，提供衣壳蛋白改变的 AAV 病毒体，AAV 病毒体在经玻璃体内注射施用时，与野生型 AAV 相比，表现出更强的视网膜细胞感染性。

赛诺菲和美国阿维根生物技术公司合作申请的专利 US7427396B2 被引用 78 次，保护来源于山羊 AAV 和牛 AAV 的 rAAV 的病毒粒子，对肺组织表现出趋向性。

专利 US7259151B2 被引用 66 次，保护衍生自非灵长类哺乳动物 AAV 血清型和分离株，或者具有突变衣壳蛋白的重组 AAV 病毒体，相对于 AAV-2 表现出降低的免疫反应性。佛罗里达大学的专利 US8802080B2 被引用了 361 次，公开了在一种或多种衣壳蛋白中具有突变的改良的 rAAV 载体，提供对肝素或硫酸肝素具有改变的亲和力的示例性载体，以及缺乏功能性 VP2 蛋白表达但仍然具有充分毒性的载体表达系统。考虑到 AAV 的无致病性、低免疫原性等特点，AAV 是进行基因治疗的普遍载体，用于肝脏、横纹肌和 CNS 的靶向递送，几乎所有天然 AAV 衣壳都可以在全身给药后有效地转导肝脏，提供了一个强大的肝靶向平台来治疗各种疾病。另外，AAV8 和 AAV9 的衣壳可以靶向全身的多种肌肉类型，静脉递送如 AAV9 和 AAVrh.10 载体，可使载体穿过血脑屏障以转导神经元和神经胶质细胞，以治疗广泛的 CNS 疾病。因此，AAV 的衣壳突变优化领域也吸引不少的研究者参与研发，深入分析高被引次数专利对国内申请人的科研具有重要的指导意义。

(4) 免疫抑制剂

尽管 AAV 载体设计已取得了许多进展，但是已有的免疫反应等障碍使高效价 AAV 的给药成为必要。在很多情况下，AAV 与免疫抑制剂联合给药能够更好地达到临床治疗效果。

图 5-3-11（见文前彩色插图第 4 页）显示 AAV 联合免疫抑制剂专利技术发展路线，可见，在 2016 年之前，主要采用 AAV 联合一种免疫抑制剂来抑制过渡活跃的免疫反应，提高 AAV 的转基因表达。申请日为 2016 年 10 月 24 日的专利 CN108601771A 公开了施用 AAV 颗粒以及第一免疫抑制剂和第二免疫抑制剂治疗溶酶体贮积症，能够显著提高治疗的有效性。申请日为 2017 年 1 月 25 日的专利 CN110168085A 公开治疗受试者克拉伯病的方法，包括向受试者施用有效量的造血干细胞和编码治疗性核酸分子的 AAV 载体，进一步包括在施用造血干细胞后，向受试者施用治疗有效量的免疫抑制剂。免疫抑制剂的联合施用由最初的单一组合向多种技术手段组合发展，以达到更优的治疗效果。另外，申请日为 2018 年 10 月 12 日的专利 CN111542336A 公开病毒转移载体、包含免疫抑制剂的合成纳米载体以及抗 IgM 剂的药物组合物，多项研究结果均显示联合治疗比单独治疗提供更好的效果。申请日为 2019 年 1 月 11 日的专利 CN111836896A 公开包膜的病毒载体，包膜包含脂质双层和一种或多种免疫抑制分子，能够降低免疫原性。总之，单一治疗效果难以提升的时候，联合治疗可以发挥各组分的优势，或许

会突破技术瓶颈，达到意想不到的技术效果。甚至免疫抑制剂联合治疗在整个医药研发过程中都是值得尝试的。

表5-3-4列举出被引用次数相对较多的AAV载体药物与免疫抑制剂联用的有效专利，以下选取典型专利作详细分析。明尼苏达大学董事会和锐进科斯生物股份有限公司的专利CN105377039A提供一种预防、抑制或治疗有需要的哺乳动物的与CNS疾病有关的一种或多种症状的方法，包括向哺乳动物血管内投入包含有效量的rAAV载体及免疫抑制剂的组合物，免疫抑制剂选自环磷酰胺、糖皮质激素、含有烷化剂的细胞抑制剂、抗代谢物、细胞毒性抗生素、抗体或作用于免疫亲和素的药剂，rAAV载体包含编码基因产物的开放阅读框架，在哺乳动物中基因产物的表达预防、抑制或治疗所述一种或多种症状。经过免疫调节后，AAV载体的表达水平更高。衣阿华大学研究基金会的专利CN108601771A提供治疗哺乳动物中的溶酶体贮积症的方法，包括向所述哺乳动物的中枢神经系统直接施用编码多肽的AAV颗粒结合施用至少两种免疫抑制剂，相对于未施用免疫抑制剂的实验方案，此方法明显延长AAV载体的表达时间。专利CN105764532A提供治疗疾病或传递治疗剂至哺乳动物的方法，包括给予哺乳动物的枕大池和/或脑室含有载体的rAAV颗粒，该方法还包括给予免疫抑制剂，免疫抑制剂是抗炎剂如麦考酚酯。临床研究已经表明免疫抑制剂选择和联合施用有显著的治疗效果，但从检索的结果数量看，免疫抑制剂是解决免疫原性的次要方案，国内申请人可以考虑这个研究方向。

表5-3-4 典型AAV载体药物与免疫抑制剂联用有效专利

公开号	申请日	发明名称	被引用次数/次
CN105377039A	2014-05-15	AAV介导的基因向CNS转移	23
CN105764532A	2014-07-20	治疗脑疾病的方法和组合物	13
CN108093639A	2016-04-15	用于肝脏中蛋白质表达的重组启动子和载体及其用途	11
CN108601771A	2016-10-24	使用基因疗法以推迟疾病发生和发展同时提供认知保护来治疗神经变性疾病的方法	10

（5）衣壳化学修饰

从1991年研究证明AAV可以用于基因治疗后，全球各研发单位针对应用AAV作为载体进行基因治疗展开了研究。图5-3-12总结了对AAV进行衣壳化学修饰而达到更好的转导效率、生产力、靶向性、安全性的技术发展路线。

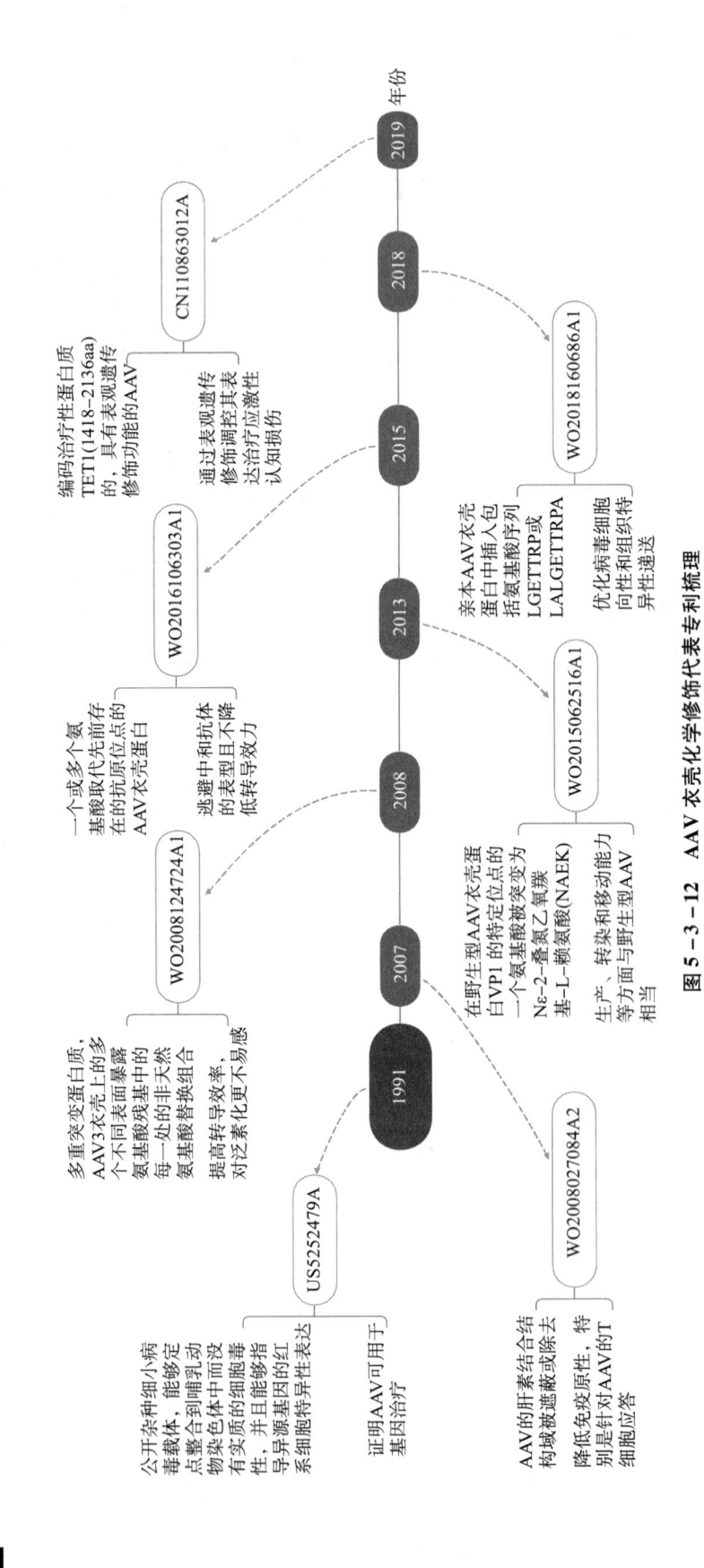

图 5-3-12 AAV 衣壳化学修饰代表专利梳理

本次共检索到AAV载体药物衣壳化学修饰专利24项，数量较少，被引用的次数也较少，不具有统计意义，只选取其中典型化学修饰方法专利作详细分析（参见表5-3-5）。北京大学的专利CN104592364B利用遗传密码扩展技术，将野生型腺相关病毒衣壳蛋白VP1的特定位点的一个氨基酸突变为Nε-2-叠氮乙氧羰基-L-赖氨酸（NAEK），NAEK与VP1氨基酸序列的连接方式如式（1）所示，经过非天然氨基酸定点突变和修饰的AAV在生产、转染和移动运输能力上与野生型AAV相当，可以作为工具AAV，在寻找AAV结合蛋白或制备靶向基因治疗载体等与AAV相关的各个方面得到应用。

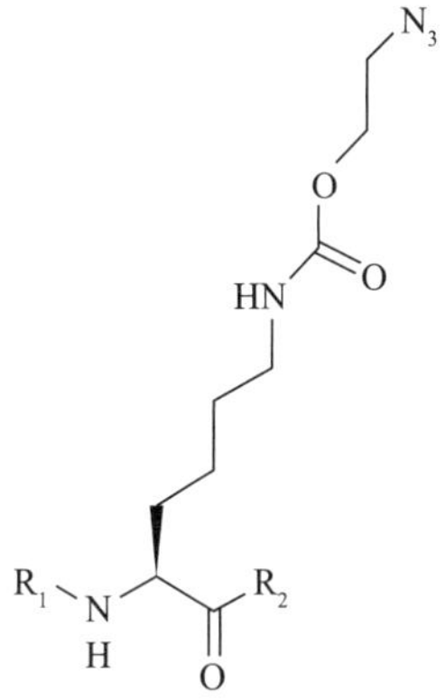

式（1）

CNRS与其他申请人合作申请的专利US20190388557A1通过化学偶联来调节AAV（如AAV2和AAV3b）衣壳表面上的配体的偶联，配体如式（2）所示，N*是衣壳蛋白中一个伯氨基的氮原子，得到的AAV用作药物特别是用于递送治疗性核酸或者用于诱导基因编辑。

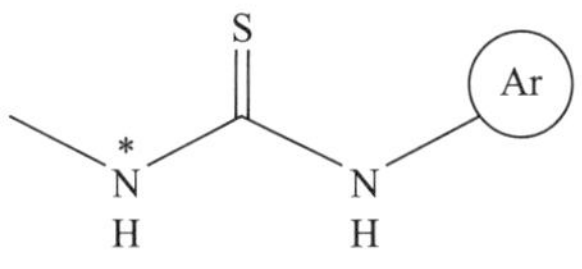

式（2）

印度坎普尔理工学院的专利WO2020099956A1保护类泛素化修饰的AAV2载体，与野生型AAV2载体相比，多个类泛素化靶位点修饰的AAV载体不具有免疫原性，并且相对于野生型具有显著更高的基因表达，提高了肝和眼基因转移的效率。

总之，相对于其他技术分支而言，AAV衣壳化学修饰的研究成果较少，可能有化学修饰物本身的安全因素、修饰的随机性、动物体内修饰效果验证困难等原因。因此，国内申请人值得在AAV衣壳化学修饰技术领域加强研究。

综上，采用调控元件、密码子优化、衣壳突变技术手段的AAV专利中的高被引专利对于国内申请人的科学创新研究具有较高的参考价值，采用免疫抑制剂和衣壳化学修饰联合施用的AAV专利数量较少，国内申请人可将两者作为研发中的技术突破口。

表 5-3-5 典型 AAV 载体药物衣壳化学修饰有效专利

公开号	申请日	发明名称	被引用次数/次
WO2020099956A1	2018-11-13	A process for producing a plurality of sumoylation target-site modified AAV vector and product thereof	0
US20190388557A1	2017-06-09	rAAV with chemically modified capsid	1
CN104592364B	2013-10-30	定点突变和定点修饰的 AAV、其制备方法及应用	5

5.3.2.5 技术效果分析

如图 5-3-13 所示，全球 AAV 载体药物专利要达到的技术效果主要是通过调控元件和密码子优化实现载体高效表达，专利数量有 1267 项。提高细胞靶向性的专利数量有 513 项，考虑到 AAV 的天然趋向性和未满足的医疗需求，大多数 AAV 基因治疗集中于肝脏、横纹肌和 CNS。降低载体的毒性和免疫原性以及解决载体容量限制的专利数量分别为 252 项和 132 项，两者的数量之和也不及细胞靶向性专利数量。

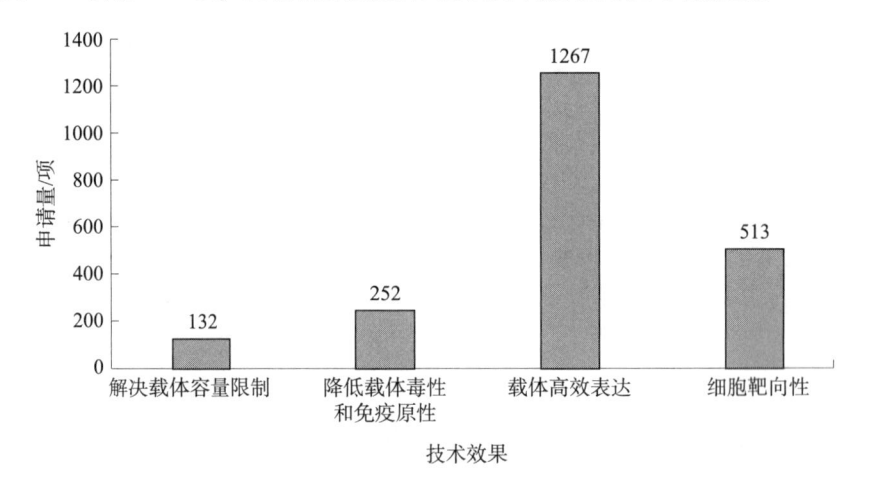

图 5-3-13 AAV 载体药物各技术效果专利分布

全球专利适应证分布情况、所采用的技术手段以及要达到的技术效果分析展现了 AAV 载体药物的研发和临床方向，可为国内申请人研发提供参考，国内申请人可以追寻主流研发步伐，也可以在专利布局较少的领域寻求突破，占领先机。

5.3.2.6 主要企业申请人分析

（1）UniQure

UniQure 创立于 1998 年，总部位于荷兰阿姆斯特丹，该公司是 AAV 基因治疗的先驱。本次共筛选出 UniQure 有 13 项专利（参见表 5-3-6）。图 5-3-14 显示申请号为 CN200680038430.6 的专利仍处于有效状态，该专利是由 2006 年 10 月 19 日 2006WO-NL50262 的 PCT 申请后续进入澳大利亚、加拿大、欧洲、中国、日本、美国、丹麦、西班牙、印度、葡萄牙等目标国家/地区，再加上分案申请而形成的一个大的专利族，

第5章 全球基因治疗药物专利技术分析

该专利族申请改进的 AAV 载体编码治疗性基因产物，治疗性多肽基因产物的实例包括 CFTR、FIX因子蛋白、脂蛋白脂肪酶（LPL，优选为 LPL S447X）、载脂蛋白 A1、尿苷二磷酸葡萄糖醛酸转移酶（UGT）、视网膜色素变性 GTP 酶调节子相互作用蛋白（RP-GRIP）和细胞因子或白细胞介素如 IL-10。

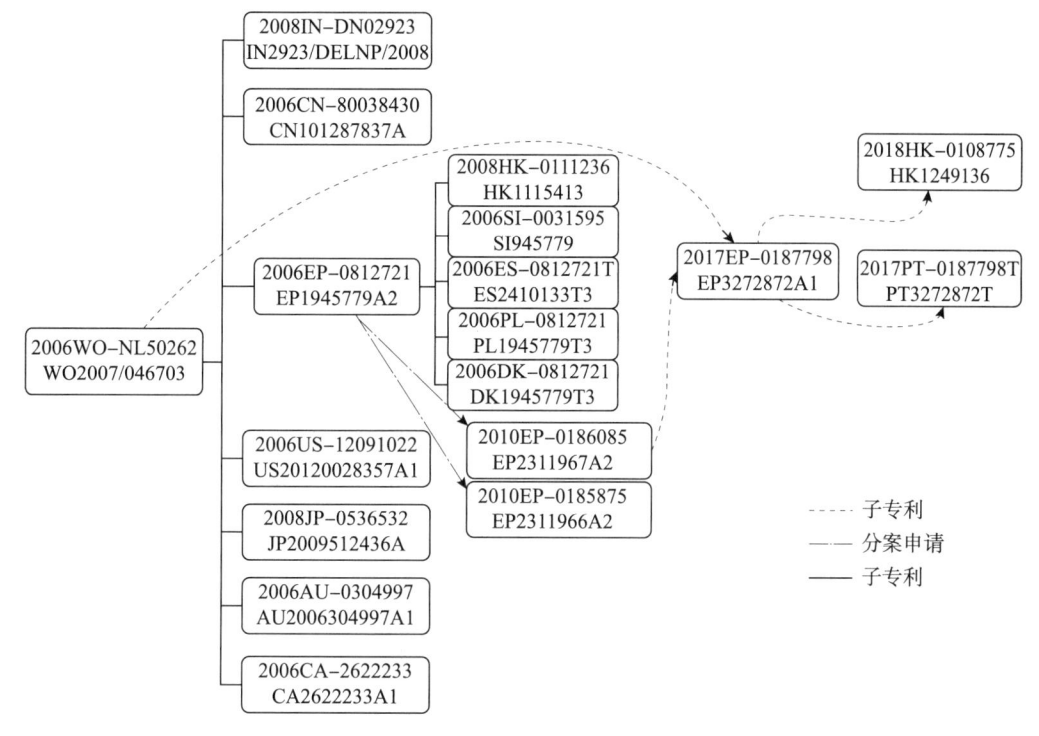

图 5-3-14 申请号为 CN200680038430.6 的专利族

专利 CN200680038430.6 公开了给小鼠注射由杆状病毒生产系统产生 rAAV（DJ17jun05）和由哺乳动物生产系统产生的 rAAV（C-0045）。载体给药后第 14 天，取血样并测定 LPL S447X 活性（见图 5-3-15），结果显示 LPL 活性显著降低。

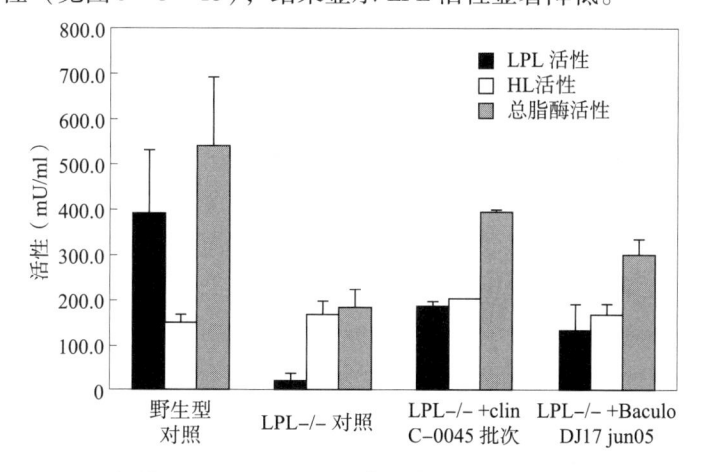

图 5-3-15 专利 CN200680038430.6 中测量血浆样品中 LPL S447X 的活性

113

UniQure 基于该专利族的 AAV 载体药物 Glybera 于 2012 年获得 EMA 批准上市，治疗一种极其罕见的遗传性疾病——LPLD。Glybera 借助一种 AAV 将产生功能性 LPL 的基因递送到患者骨骼肌，大大降低患者胰腺炎的发病率，且可以放松饮食限制、提高生活质量。然而 Glybera 的销售许可证于 2017 年 10 月 28 日到期，但 UniQure 并未重新申请销售许可。Glybera 被迫退市，究其原因，多与定价过高、市场需求受限两大因素有关，一方面，Glybera 针对的适应证过于罕见，发病率约为百万分之一，而且误诊率较高，另一方面，Glybera 平均一次疗法费用高达 100 万美元，远超出普通患者的消费水平。

此外，UniQure 还开发其他基因疗法，如图 5-3-16 所示，AMT-130 开发用于亨廷顿氏病的治疗，这是一种罕见的遗传性疾病，渐进性破坏大脑神经细胞，并在 12~15 年内导致患者完全的的身心恶化。AMT-130 由一种携带人工微小 RNA 的 AAV5 载体组成，当其到达大脑时，它会使亨廷顿氏基因沉默。截至 2020 年 8 月 31 日，AMT-130 的Ⅰ、Ⅱ期临床试验正在进行中。相关专利为 CN201480058143.6，其保护哺乳动物对象中用作药物的 AAV 基因治疗载体，基因治疗载体包含 AAV 5 衣壳蛋白及侧翼是 AAV-ITRs 的感兴趣的基因产物，研究指出使用 AAV 5 载体在超过 1E14GC/kg 的相对较高剂量，可能实现在 CNS 中较大区域转导目标。未观测到临床症状及明显的神经元丧失，治疗耐受良好。申请号为 CN201580071228.2 的专利保护表达双链 RNA 用于诱导针对亨廷顿蛋白（HTT）外显子 1 序列的 RNAi 的 AAV5，双链 RNA 能够减少动物模型中的神经元细胞死亡和 HTT 聚集体。申请号为 WOEP2019/081822 的 PCT 专利，申请日为 2019 年 11 月 19 日，保护使用 rAAV5-miHTT 基因递送载体将 miRNA 递送到细胞中，导致基因沉默，优选用于治疗亨廷顿氏病。由此可见 UniQure 对 AAV 载体结构持续进行优化，在治疗亨廷顿氏病上布局多项专利，亨廷顿氏病是 UniQure 长期关注的治疗领域。

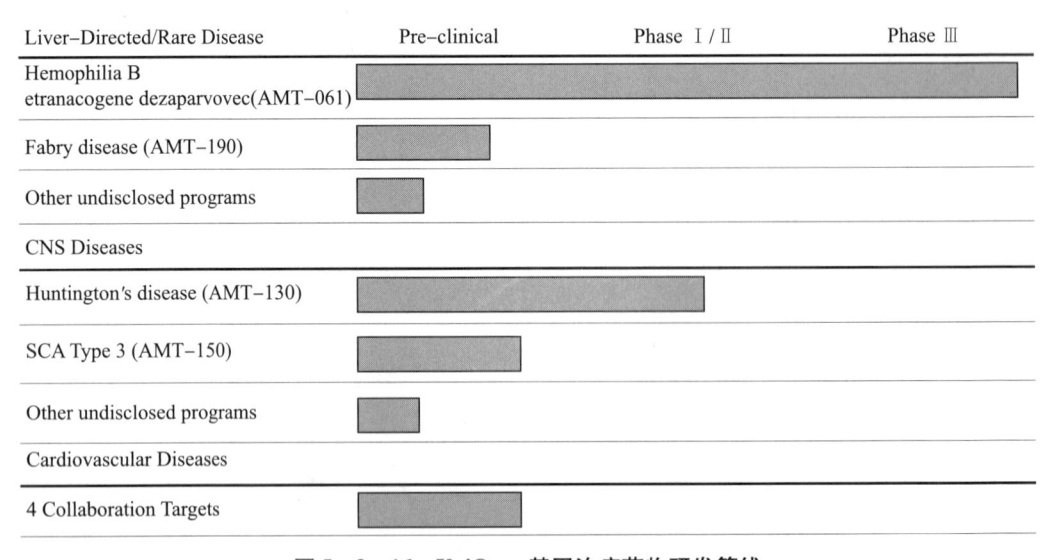

Liver-Directed/Rare Disease	Pre-clinical	Phase Ⅰ/Ⅱ	Phase Ⅲ
Hemophilia B etranacogene dezaparvovec(AMT-061)			
Fabry disease (AMT-190)			
Other undisclosed programs			
CNS Diseases			
Huntington's disease (AMT-130)			
SCA Type 3 (AMT-150)			
Other undisclosed programs			
Cardiovascular Diseases			
4 Collaboration Targets			

图 5-3-16 UniQure 基因治疗药物研发管线

图片来源：UniQure。

AMT-060是UniQure的第一代B型血友病基因疗法，由一个携带野生型FIX基因的基因盒的AAV5载体组成，AMT-060 I、II期临床试验已经完成，研究的数据作为第二代B型血友病基因疗法AMT-061上市审批提交文件的一部分。AMT-061同样开发用于B型血友病，该疗法由一个携带编码FIX的Padua变异体（FIX-Padua）基因盒AAV5载体组成，正处于III期临床研究HOPE-B。相关的专利为US13/063898专利保护编码修饰的FIX多肽的病毒载体，使用该病毒载体突变体，其具有5倍或更高的功能活性，特别是FIX精氨酸338亮氨酸相比FIX野生型显示出8~9倍的功能活性，最适合治疗B型血友病。申请号为WOEP2019/081846的PCT专利，申请日为2019年11月19日，保护编码模拟FVIII活性的人变体FIX蛋白变体的核酸序列以及AAV5病毒载体。可见除了亨廷顿氏病，血友病也是UniQure关注的疾病。

此外，UniQure还从载体靶向性、衣壳优化、特异性启动子等方面进行专利布局，申请了多项外围专利，具体如表5-3-6所示。

表5-3-6 UniQure AAV载体药物专利申请

申请号	发明名称	申请日	法律状态
CN200680038430.6	昆虫细胞中生产的改进的AAV载体	2006-10-19	授权
US12/999860	细小病毒衣壳，带有整合的Gly-Ala重复区	2009-06-17	失效
US13/063898	FIX多肽突变体，其用途和生产方法	2009-09-15	授权
CN200980147755.1	胆色素原脱氨酶基因治疗	2009-09-29	授权
CN201480058143.6	用于基因治疗神经疾病的AAV-5假型载体	2014-10-24	授权
CN201580071228.2	RNAi诱导的亨廷顿蛋白基因抑制	2015-12-23	授权
CN201880058315.8	在昆虫细胞中改进的AAV衣壳产生	2018-07-20	申请中
EP18826370	改善腺相关病毒转导的方法	2018-12-21	申请中
CN201880084702.9	修饰的病毒载体及其制备和使用方法	2018-12-28	申请中
WOEP2019/074198	RNAI诱导C9ORF72抑制治疗ALS/FTD	2019-09-11	申请中
WOEP2019/081846	用于表达FVIII模拟物的AAV载体及其用途	2019-11-19	申请中
WOEP2019/081822	将miRNA传递到靶细胞的方法和手段	2019-11-19	申请中
WOEP2019/081743	肝脏特异性病毒启动子及其使用方法	2019-11-19	申请中

（2）Spark Therapeutics

Spark Therapeutics成立于2013年，总部位于美国宾夕法尼亚州，是一家商业化阶段的生物技术公司，专注于开发治疗遗传疾病的基因疗法。此次共筛选出Spark Therapeutics 10项专利，如表5-3-7所示，从申请日可以看出Spark Therapentics布局基因治疗领域时间相对较晚。但是该公司开发的Luxturna于2017年被FDA批准作为治疗

Leber 先天性黑蒙症的孤儿药，也是目前 FDA 唯一批准的在体基因疗法。US15/143272 是该药物的核心专利，该专利仍在申请中，意味着 Luxturna 有很长的专利保护期。Luxturna 是一种基于 AAV2 的治疗方法，通过 AAV 载体将人视网膜色素上皮特异性蛋白 65kDa（RPE65）基因递送至视网膜营养不良患者的视网膜内，体内表达视力所必需的全反式视黄基酯异构酶，可在几个月内恢复患者视力，从而有效地治疗双等位基因 RPE65 突变相关的视网膜营养不良患者。此外，Spark Therapeutics 还开发其他基因疗法，如图 5-3-17 所示，SPK-7001 治疗无脉络膜症，处于剂量递增 I、II 期临床研究，SPK-8011 治疗 A 型血友病，处于 III 期临床研究，SPK-8016 治疗 A 型血友病处于 I、II 期临床研究，SPK-3006 治疗庞贝氏症正处于 I、II 期临床研究。除了强大的研发实力外，Spark Therapeutics 还拥有自己的 AAV 载体生产工厂，兼具产品生产能力，该公司于 2019 年被罗氏以每股 114.50 美元，总价 43 亿美元的价格收购。

表 5-3-7 Spark Therapeutics 腺相关病毒载体药物专利申请

申请号	发明名称	申请日	法律状态
US15/143272	腺相关病毒介导的 CRISPR-Cas9 治疗眼病	2016-04-29	申请中
CN201680063183.9	CpG 减少的 FVIII 变体、组合物和方法以及用于治疗止血障碍的用途	2016-10-31	申请中
CN201780067677.9	治疗 CNS 疾病的方法和载体	2017-09-01	申请中
CN201880064058.9	FVIII 基因治疗方法	2018-08-01	申请中
WOUS2019/029487	变向性增强的 AAV 衣壳和由 AAV 载体组成的变向衣壳及其制作和使用方法	2019-04-26	申请中
WOUS2019/032502	密码子优化的酸链 α-葡萄糖苷酶表达盒及其使用方法	2019-05-15	申请中
WOEP2019/069280	用于增加或增强基因治疗载体转导和去除或减少免疫球蛋白的组合物和方法	2019-07-17	申请中
WOUS2019/048032	优化启动子序列，无内含子表达构建体和使用方法	2019-08-23	申请中
WOUS2019/061829	用于增加或增强基因治疗载体转导和去除或减少免疫球蛋白的组合物和方法	2019-11-15	申请中
WOUS2020/016235	AAV 载体治疗 2 型晚期婴儿神经元样脂褐变的方法	2020-01-31	申请中

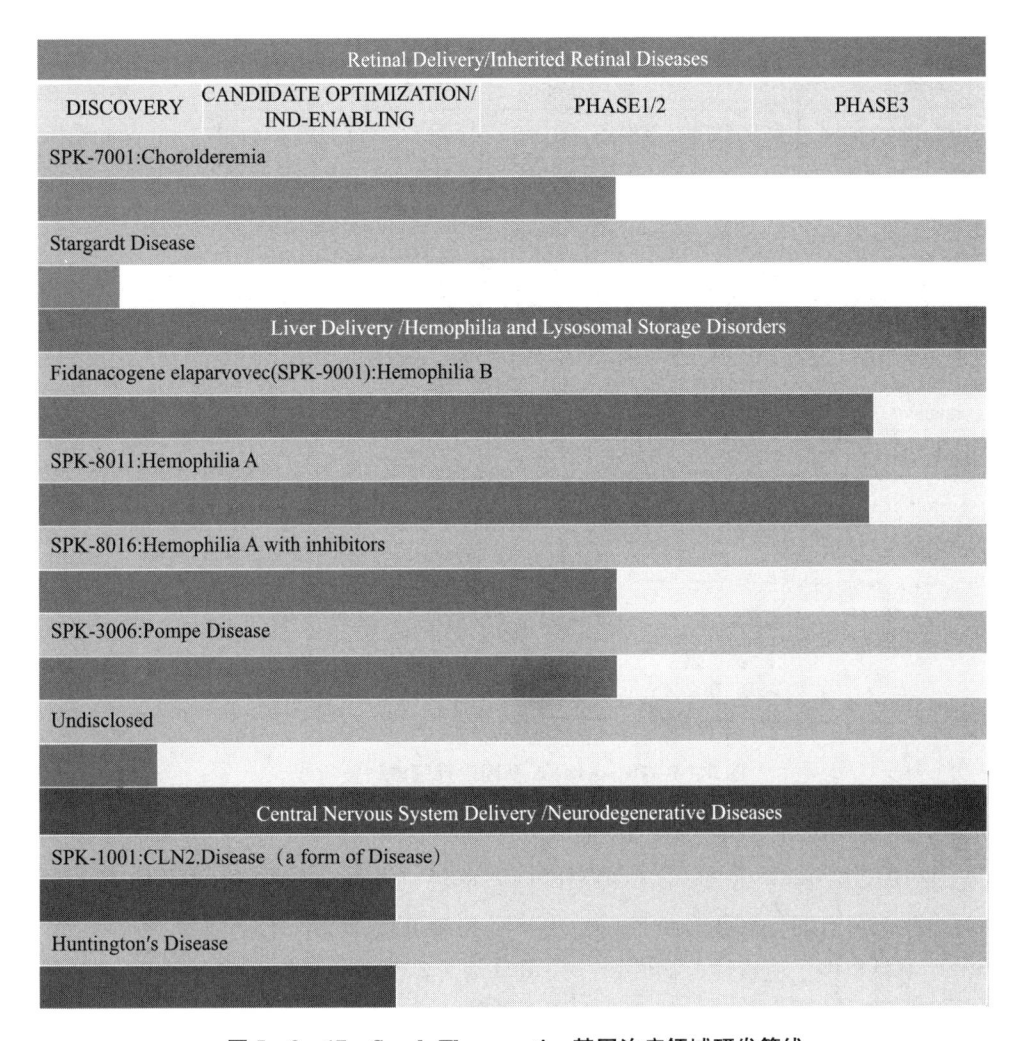

Retinal Delivery/Inherited Retinal Diseases				
DISCOVERY	CANDIDATE OPTIMIZATION/IND-ENABLING	PHASE1/2	PHASE3
SPK-7001:Choroideremia			
Stargardt Disease			
Liver Delivery /Hemophilia and Lysosomal Storage Disorders			
Fidanacogene elaparvovec(SPK-9001):Hemophilia B			
SPK-8011:Hemophilia A			
SPK-8016:Hemophilia A with inhibitors			
SPK-3006:Pompe Disease			
Undisclosed			
Central Nervous System Delivery /Neurodegenerative Diseases			
SPK-1001:CLN2.Disease（a form of Disease）			
Huntington's Disease			

图 5-3-17　Spark Therapeutics 基因治疗领域研发管线

（3）AveXis

本次共筛选出 AveXis 2 项专利，如表 5-3-8 所示，AveXis 开发的 Zolgensma 已于 2019 年获 FDA 批准上市，是一种治疗 I 型 SMA 的基因替代疗法，使用 AAV9 病毒载体将 SMN 基因导入患者体内，让患者可以生成正常的 SMN 蛋白，从而改善运动神经元功能和生存，一次静脉注射给药治疗即可长期缓解甚至治愈这一疾病。该药物专利以 PCT 申请 WOUS2019/063649 的方式进行公开，于 2019 年 11 月 27 日申请专利，正在进入欧洲专利申请，这意味着 Zolgensma 有相当长的专利保护期，另外，申请号为 CN201880085757A 的专利也保护治疗具有 I 型 SMA、具有或没有疾病发作的儿科患者的方法、治疗有需要的患者的雷特综合征的方法、治疗有需要患者的肌萎缩侧索硬化症（ALS）的方法和病毒颗粒组合物。AveXis 基于这两项专利还开发其他基因疗法，如图 5-3-18 所示。

表 5-3-8　AveXis 公司腺相关病毒载体药物专利申请

申请号	发明名称	申请日	法律状态
WOUS2019/063649	AAV 载体及其使用	2019-11-27	申请中
CN201880085757A	制备病毒载体的手段和方法及其用途	2018-11-01	申请中

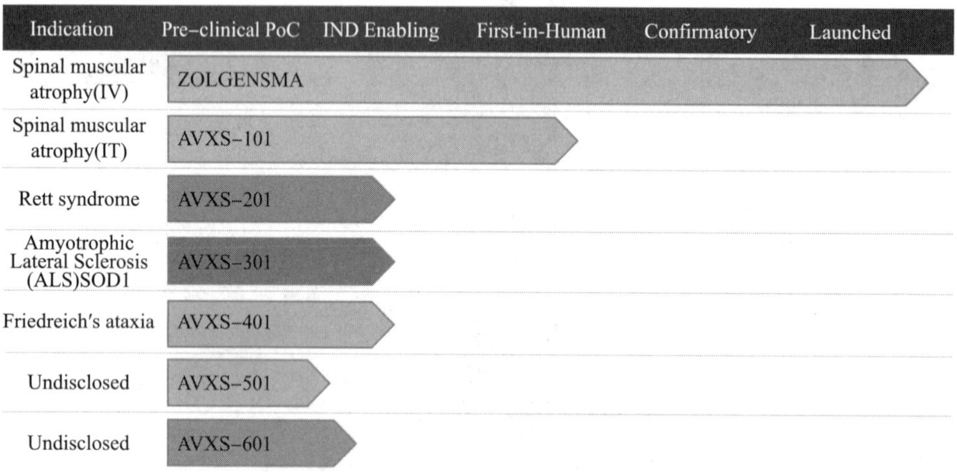

Indication	Pre-clinical PoC	IND Enabling	First-in-Human	Confirmatory	Launched
Spinal muscular atrophy(IV)			ZOLGENSMA		
Spinal muscular atrophy(IT)			AVXS-101		
Rett syndrome		AVXS-201			
Amyotrophic Lateral Sclerosis (ALS)SOD1		AVXS-301			
Friedreich's ataxia		AVXS-401			
Undisclosed	AVXS-501				
Undisclosed	AVXS-601				

图 5-3-18　AveXis 基因治疗领域研发管线

（4）AGTC

AGTC 创立于 1999 年，总部位于美国佛罗里达州，是一家临床阶段的生物技术公司，致力于为患有罕见、致衰性遗传性疾病的患者开发革命性的基因疗法，其大多数基因治疗项目集中于遗传性眼病领域，公司采用无毒的 AAV 递送目标基因。本次共筛选出 AGTC 8 项专利，如表 5-3-9 所示，该公司主要基因疗法包括两款全色盲（ACHM）基因治疗，一款 X 连锁视网膜色素变性（XLRP）基因疗法，一款 X 连锁遗传性视网膜劈裂症（XLRS）基因疗法，❶ 该公司至今还没有腺相关病毒产品上市。

表 5-3-9　AGTC 公司腺相关病毒载体药物专利申请

申请号	发明名称	申请日	法律状态
US10/341972	脂联素基因治疗	2003-01-13	授权
US13/683577	利用哺乳动物细胞悬浮生产重组病毒	2009-01-29	授权
CN201280012016.3	用于治疗色盲和其他疾病的启动子、表达盒、载体、药盒和方法	2012-01-06	授权

---

❶ ClinicalTrials. gov ［EB/OL］. ［2020-05-30］. https：//www.clinicaltrials.gov/ct2/results? cond = &term = &type = &rslt = &age_v = &gndr = &intr = &titles = &outc = &spons = &lead = applied + Genetic + Technologies&id = &cntry = &state = &city = &dist = &locn = &rsub = &strd_s = &strd_e = &prcd_s = &prcd_e = &sfpd_s = &sfpd_e = &rfpd_s = &rfpd_e = &lupd_s = &lupd_e = &sort = .

续表

申请号	发明名称	申请日	法律状态
US13/936728	用于治疗色盲和其他疾病的启动子、表达盒、载体、试剂盒和方法	2013-07-08	授权
CN201480040296.8	用于治疗色盲和其他疾病的启动子、表达盒、载体、药盒和方法	2014-05-05	授权
US14/687227	密码子优化的编码视网膜色素变性GT-Pase调节剂（RPGR）的核酸	2015-04-15	授权
AU2017221791	利用哺乳动物细胞悬浮生产重组病毒	2015-05-19	授权
EP18885084	病毒颗粒的配方优化	2018-12-05	申请中

（5）Voyager Therapeutics

Voyager Therapeutics 成立于 2013 年，专注于开发新型 AAV 基因疗法以治疗严重神经系统疾病，通过对基因治疗载体优化，在制造、剂量和递送技术方面的创新和投资，推动 AAV 基因治疗领域的不断发展。Voyager Therapeutics 的产品线（见图 5-3-19）主要包括 VY-AADC，其用于治疗帕金森病，拥有多个围绕 VY-AADC 的专利族，分别涉及 VY-AADC 的多核苷酸、治疗用途等主题，如申请号为 CN201580072300.3 的专利涉及一种 AADC 多核苷酸。目前 CN201580072300.3 专利族已包含 20 多件专利申请，申请的国家/地区包括加拿大、欧洲、美国、日本、韩国、中国等，庞大的专利族显示出 Voyager Therapeutics 在产品市场布局的雄心。申请号为 CN201880052382.9 的专利族涉及一种改进的 AADC 多核苷酸构建体，该专利族目前还没有授权专利。

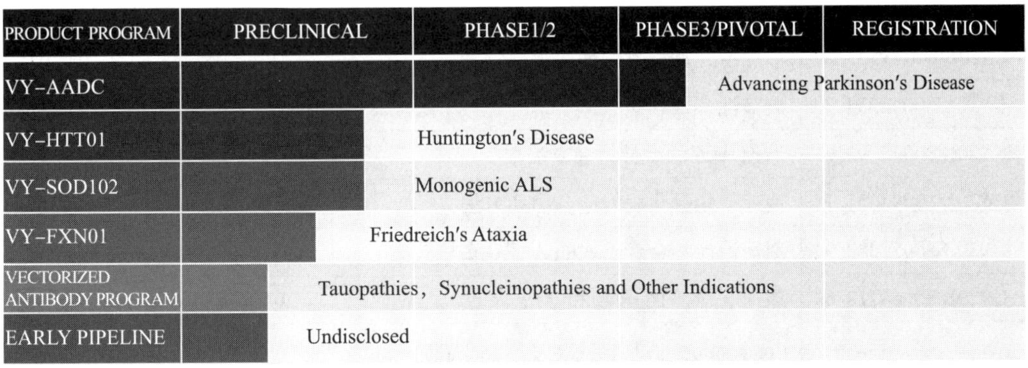

PRODUCT PROGRAM	PRECLINICAL	PHASE1/2	PHASE3/PIVOTAL	REGISTRATION
VY-AADC				Advancing Parkinson's Disease
VY-HTT01		Huntington's Disease		
VY-SOD102		Monogenic ALS		
VY-FXN01		Friedreich's Ataxia		
VECTORIZED ANTIBODY PROGRAM		Tauopathies, Synucleinopathies and Other Indications		
EARLY PIPELINE		Undisclosed		

图 5-3-19 Voyager Therapeutics 基因治疗领域研发管线

VY-HTT01 用于治疗亨廷顿氏病。2020 年 10 月 12 日，Voyager Therapeutics 宣布得到了美国 FDA 关于其亨廷顿舞蹈病基因治疗（VY-HTT01）IND 的反馈，要求暂停 IND 申请并改善解决药品的化学、制造和控制（CMC）问题。目前，ClinicalTrials 记录的 198 项关于亨廷顿舞蹈病的临床试验中，仅有 UniQure 的 AMT-130 涉及 AAV 载体

(rAAV5 – miHTT) 的基因治疗 I、II 期临床试验, Voyager Therapeutics 的 VY – HTT01 是其潜在的竞争对手。另外两项临床试验也都正在开展临床前研究, 其中, VY – SOD102 用于治疗单基因形式的 ALS, 与 Neurocrine Biosciences 合作的 VY – FXN01 用于治疗弗里德赖希共济失调。此外, Voyager Therapeutics 团队成员发现了许多已知的天然 AAV 衣壳, 并基于此开发了有潜力的基因工程 AAV 衣壳, 例如更高的生物效力、增强的组织特异性以及增强的血脑屏障穿透性, 并申请了多个涉及衣壳和载体工程化的专利族, 如表 5 – 3 – 10 所示。

表 5 – 3 – 10　Voyager Therapeutics 腺相关病毒载体药物专利申请

申请号	发明名称	申请日	法律状态
US15/317448	Chimeric capsids	2015 – 06 – 09	授权
CN201580072300.3	用于治疗帕金森病的 AADC 多核苷酸	2015 – 11 – 05	授权
CN201580072992.1	治疗 ALS 的组合物和方法	2015 – 11 – 13	授权
US15/543773	Central nervous system targeting polynucleotides	2016 – 01 – 15	申请中
US15/553021	Regulatable expression using adeno – associated virus (AAV)	2016 – 02 – 23	申请中
US15/749019	Compositions and methods for the treatment of aadc deficiency	2016 – 07 – 29	失效
US16/097418	Compositions for the treatment of disease	2017 – 04 – 28	申请中
US16/097446	Compositions for the treatment of disease	2017 – 04 – 28	申请中
US16/097431	Compositions for the treatment of disease	2017 – 04 – 28	申请中
CN201780043501.X	治疗亨廷顿氏舞蹈病的组合物和方法	2017 – 05 – 18	申请中
CN201880042534.7	调节性多核苷酸	2018 – 05 – 04	申请中
CN201880045093.6	治疗 ALS 的组合物和方法	2018 – 05 – 04	申请中
CN201880044651.7	治疗亨廷顿化病的组合物和方法	2018 – 05 – 04	申请中
CN201880052382.9	用于治疗帕金森氏病的 AADC 多核苷酸	2018 – 06 – 14	申请中
CN201880064712.6	递送 AAV 的组合物和方法	2018 – 08 – 03	申请中
EP18858228	Compositions and methods of treating huntington's disease	2018 – 09 – 21	申请中
US16/651617	Rescue of central and peripheral neurological phenotype of friedreich's ataxia by intravenous delivery	2018 – 09 – 28	申请中
US16/756595	Treatment of ALS	2018 – 10 – 16	申请中

续表

申请号	发明名称	申请日	法律状态
CN201880081098.4	ALS 的治疗	2018-10-16	申请中
US16/184466	AADC polynucleotides for the treatment of parkinson's disease	2018-11-08	失效
WOUS2019/032387	Compositions and methods for delivery of AAV	2019-05-15	申请中
WOUS2019/032384	Compositions and methods for the treatment of parkinson's disease	2019-05-15	申请中
WOUS2019/032566	Directed evolution of AAV to improve tropism for CNS	2019-05-16	申请中
WOUS2019/032560	AAV serotypes for brain specific payload delivery	2019-05-16	申请中
WOUS2019/036922	Engineered 5′ untranslated regions (5′UTR) for AAV production	2019-06-13	申请中
US16/442003	Central nervous system targeting polynucleotides	2019-06-14	申请中
WOUS2019/040230	Treatment of amyotrophic lateral sclerosis and disorders associated with the spinal cord	2019-07-02	申请中
WOUS2019/044796	AAV variants with enhanced tropism	2019-08-02	申请中
WOUS2019/053681	Frataxin expression constructs having engineered promoters and methods of use thereof	2019-09-27	申请中
WOUS2019/054345	Redirection of tropism of AAV capsids	2019-10-02	申请中
WOUS2019/054600	Engineered nucleic acid constructs encoding AAV production proteins	2019-10-04	申请中
WOUS2019/055756	Compositions and methods for delivery of AAV	2019-10-11	申请中

Voyager Therapeutics 是 AAV 基因治疗领域的领军企业，下面从适应证类型、技术效果、技术手段、在华专利布局情况等方面对 Voyager Therapeutics 的 32 项 AAV 专利作具体分析。

① 适应证分布分析

由图 5-3-20 可知，Voyager Therapeutics 的 32 项专利中，有 62.5% 专利涉及神经系统疾病，30 项专利进行 PCT 申请，只有两项专利仅在美国申请，且 27 项专利法律状态都是申请中，中国基因治疗领域申请人要关注这些专利布局动向，寻求专利许可合作的机会，借此提升自身技术水平。

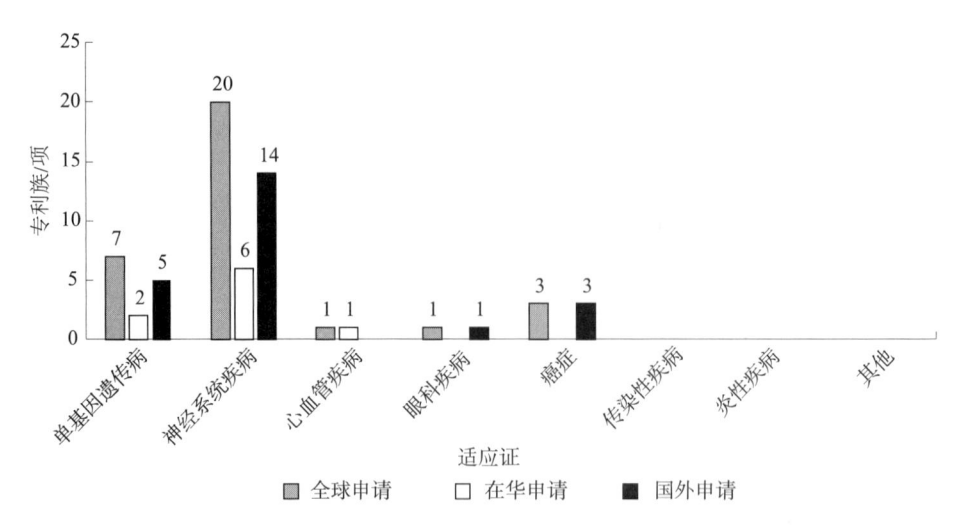

图 5-3-20　Voyager Therapeutics AAV 载体药物专利适应证分布

② 技术手段分析

由图 5-3-21 可知，Voyager Therapeutics 的 32 项专利主要采用衣壳突变、密码子优化、调控元件优化这 3 种技术手段。其中有 11 项专利涉及衣壳突变，占比 34%，9 项专利涉及密码子优化，占比 28%，13 项专利涉及调控元件优化，占比 40%，7 项专利同时涉及密码子优化和调控元件优化。

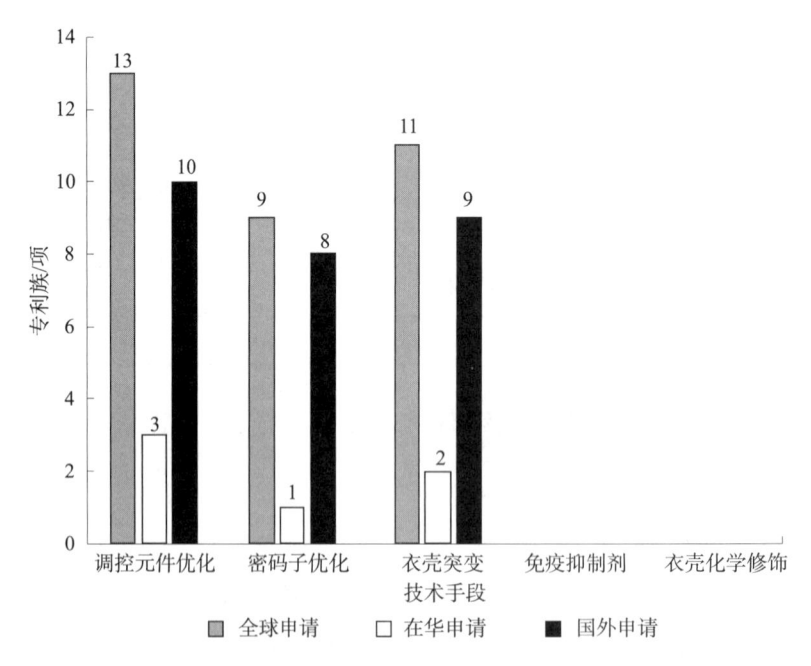

图 5-3-21　Voyager Therapeutics AAV 载体药物各技术手段专利分布

③ 技术效果分析

由图 5-3-22 可知，Voyager Therapeutics 的 32 项专利主要涉及载体高效表达、细胞靶向性优化。其中有 14 项专利涉及载体高效表达，占比 44%，6 项专利同时涉及载体高效表达、细胞靶向性优化，可见这两个方面的改进是该公司主要的研究方向。

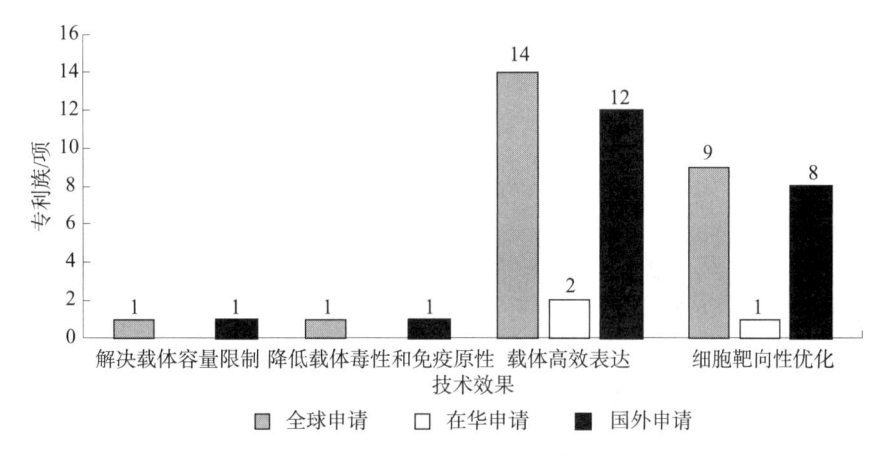

图 5-3-22 Voyager Therapeutics AAV 载体药物各技术效果专利分布

上述技术手段和技术效果的分布情况也充分体现了 Voyager Therapeutics 利用基因置换恢复蛋白质的表达，利用基因沉默减少病理性突变蛋白的表达的研发理念。Voyager Therapeutics 的基因平台技术包括 AAV 载体的设计、AAV 的规模化制备和 AAV 基因载体的递送，开发出独特的 AAV 基因疗法，尤其适用于使 AAV 载体通过向 CNS 递送单克隆抗体治疗疾病或使用基因编辑来纠正细胞基因组，是治疗如帕金森类的神经退行性疾病的潜力军。

（6）拜马林制药

拜马林制药创立于 1996 年，是一家全球性的生物技术公司，为患有严重和危及生命的罕见疾病患者开发创新疗法。目前该公司有 3 种新型的基于 AAV 的治疗方法，如图 5-3-23 所示，其中，开发用于重度 A 型血友病患者的基因疗法 valoctocogene roxaparvovec（BMN270），被 FDA 以及 EMA 分别授予突破性药物资格（BTD）以及优先药物资格（PRIME），并且在美国和欧盟，BMN270 均被授予治疗 A 型血友病的孤儿药地位。2020 年，BMN270 的生物制品许可申请（BLA）已被 FDA 受理，同时，拜马林制药也向 EMA 提交了应用申请，有望成为第一个被批准用于治疗 A 型血友病患者的基因疗法。拜马林制药的 AAV 专利如表 5-3-11 所示，申请号为 CN201480050615.3 的专利保护 AAV FⅧ载体，权利要求 2 保护具体的核苷酸序列，包括 Pro to1-7 序列、改进的启动子/增强子序列、截短型功能性 FⅧ等。为了解决尺寸过大的 AAV 载体的问题和/或为了提高 AAV 载体的表达，该专利提供了编码 FⅧ-SQ 变体的完全包装的更小，即小于 5.0kb 的 AAV 载体。同时利用改进的启动子、增强子、多聚腺苷酸化序列提高 FⅧ的表达。完全包装的 AAV-FⅧ载体具有高载体产量而很少有或没有片段基因组污染物。申请号为 CN201680056519.9 的专利保护 AAV FⅧ载体的治疗配制品，以及治疗罹患 A 型血友病的个体的方法，对 AAV FⅧ载体药物在制剂和使用方法进一步保护。尽管如此，BMN270 也有强大的竞争对手，即 Sangamo 和辉瑞合作开发的治疗 A 型血友病基因治疗疗法 SB-525。SB-525 是一款基于 rAAV6 载体的基因疗法，它的设计对肝脏特异性启动子、编码 FⅧ的转基因，以及多聚腺苷酸（polyA）和病毒载体序列都作出了改进，不但能够优化载体生产的效率，而且提高肝脏特异性 FⅧ蛋白的表达，相关专利为 CN201680067341.3、WOUS2019/044946。SB-525 目前正处于Ⅲ期临床试验阶段，进度稍落后于 BMN270。

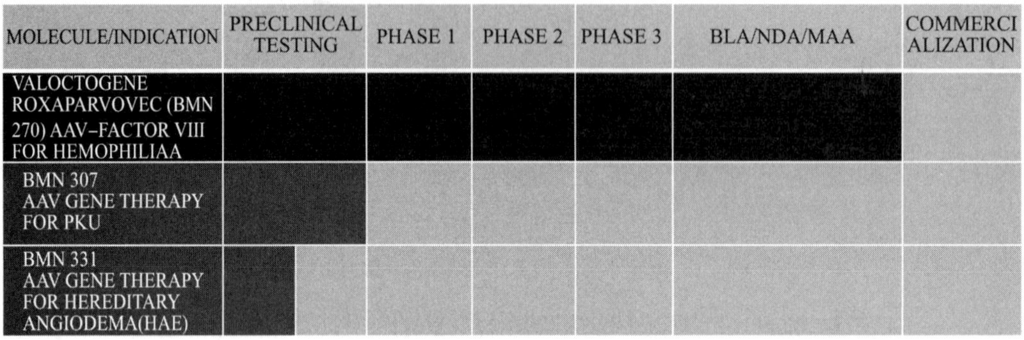

MOLECULE/INDICATION	PRECLINICAL TESTING	PHASE 1	PHASE 2	PHASE 3	BLA/NDA/MAA	COMMERCIALIZATION
VALOCTOGENE ROXAPARVOVEC (BMN 270) AAV-FACTOR VIII FOR HEMOPHILIA A						
BMN 307 AAV GENE THERAPY FOR PKU						
BMN 331 AAV GENE THERAPY FOR HEREDITARY ANGIODEMA(HAE)						

图 5-3-23　拜马林制药 Pharmaceutical 腺相关病毒载体药物研发管线

表 5-3-11　拜马林制药 Pharmaceutical 腺相关病毒载体药物专利申请

申请号	发明名称	申请日	法律状态
CN201480050615.3	腺相关病毒 FⅧ载体	2014-09-10	授权
CN201680056519.9	腺相关病毒 FⅧ载体、相关病毒粒子以及包含其的治疗配制品	2016-09-23	授权
CN201780045741.3	新颖腺相关病毒衣壳蛋白	2017-07-25	申请中
US16/407015	Methods of treating phenylketonuria	2019-05-08	申请中
US16/411848	Novel Liver Targeting Adeno-Associated Viral Vectors	2019-05-13	申请中
US16/411841	Stable expression of AAV vectors in juvenile subjects	2019-05-14	申请中

拜马林制药的 BMN307 是一种治疗苯丙酮尿症的基因疗法，目前已完成临床前测试，正进入临床阶段，本次只筛选到一项相关专利 US16/407015，且该专利目前仅在美国公开，预计后续会陆续进入其他目标市场。另一种基因疗法 BMN331 正处于临床前测试，本次未检索到相关专利。

虽然越来越多的生物技术公司开始研发基因治疗产品，但是基因疗法商业化之路还有很多挑战，首先就是价格昂贵，UniQure 的 Glybera 就是因为药物销量非常有限及药价极其昂贵匆匆退市的。而且基因治疗往往是一个基因片段只能针对一种适应证。因此在解决了技术、生产和安全性问题后，药品价格也是基因治疗领域亟待解决的问题。

5.3.2.7 全球专利目标市场分析

图5-3-24显示了腺相关病毒载体药物领域排名前14位的专利目标市场，排名前五位的地区包括美国、欧洲、澳大利亚、加拿大和中国。中国不仅是腺相关病毒载体药物的第二大技术来源国，也是第五大技术目标国，说明中国庞大的人口基数使中国市场越来越受到国内外申请人的重视。

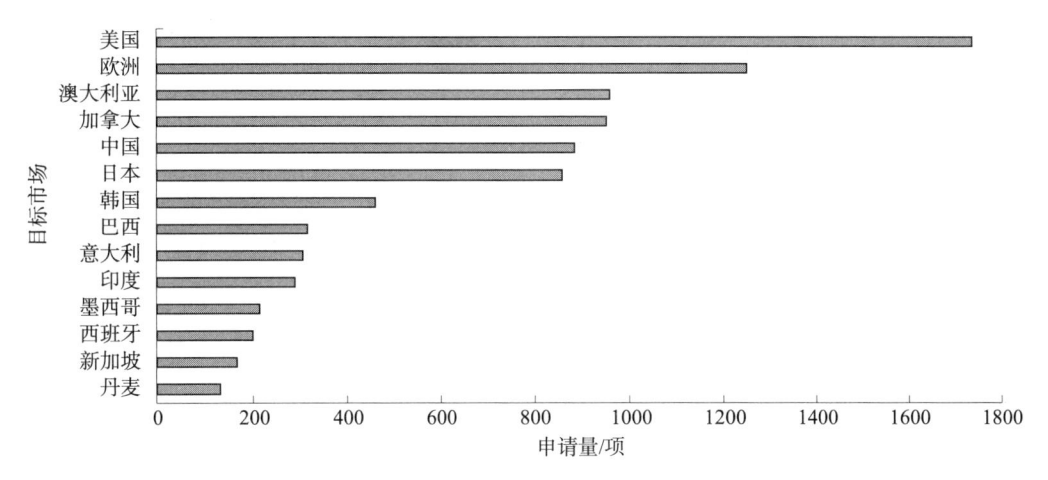

图5-3-24 腺相关病毒载体药物专利目标市场分布

5.3.3 腺相关病毒载体药物中国专利分析

截至2020年8月31日，腺相关病毒载体药物的中国专利申请共计893项，在此基础上利用专利分析系统从专利整体发展趋势、专利申请国家/地区分布、主要申请人分析等对腺相关病毒载体药物中国专利申请进行分析。

5.3.3.1 中国专利申请趋势

图5-3-25显示了腺相关病毒载体药物专利在中国的申请概况。主要经历了以下3个主要发展阶段。

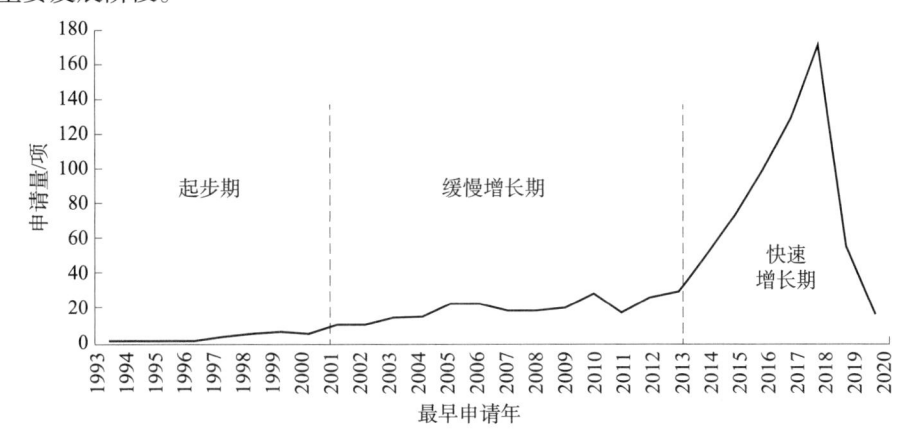

图5-3-25 腺相关病毒载体药物中国专利申请趋势

(1) 第一阶段：起步期（1993~2001年）

腺相关病毒载体药物的首项中国专利申请为WO94/29446A2，其中国专利公开号为CN1126491A，优先权日为1993年6月16日，申请人为罗纳-布朗克罗莱尔股份有限公司，该申请公开细胞内结合蛋白（PIL）编码基因的核酸序列，以及含有该核酸序列的载体和癌症的基因治疗应用。罗纳-布朗克罗莱尔股份有限公司的另一项WO95/07981A1进入中国的专利公开号为CN1133064A，优先权日为1993年9月15日，该申请公开Grb3-3的新基因、其变体，和它们的应用，特别是用于抗癌的基因治疗。该阶段的年专利申请量为个位数，只是腺相关病毒载体药物的起步期。

(2) 第二阶段：缓慢增长期（2002~2013年）

2002~2013年，中国专利申请量增长缓慢，一方面，中国本土研发能力较弱，另一方面，国外专利申请进入停滞期，也影响了国外专利申请人在中国进行专利布局，但是总体来说专利申请趋势是缓慢上升的。

(3) 第三阶段：快速增长期（2014年至今）

2014年开始，中国专利申请量快速增长，主要是因为国外专利申请人在中国进行专利布局，使此阶段中国在该领域的专利申请量显著增加，2018年后的申请量呈下降趋势，主要与2018年后的申请尚未公开有关。

5.3.3.2 中国专利申请主要省份分布

图5-3-26显示腺相关病毒载体药物专利中国申请主要省份排名情况。北京（62项）、上海（61项）、广东（42项）、江苏（35项）的申请量位居前四位，其余省份的申请量相对较少。

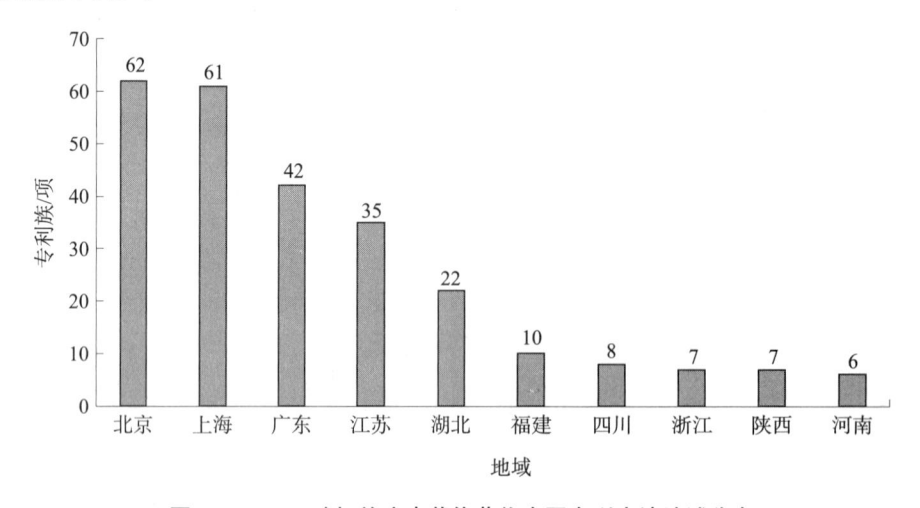

图5-3-26 腺相关病毒载体药物中国专利申请地域分布

5.3.3.3 中国专利主要申请人分析

图5-3-27显示了中国申请量排名前十位的申请人，可见排名前十位的申请人中有8位为国外申请人。有五加和分子和纽福斯生物两位中国申请人，而且两家公司的排名靠后，分别排第八位和第十位，说明国内申请人的AAV载体药物研发水平在整体

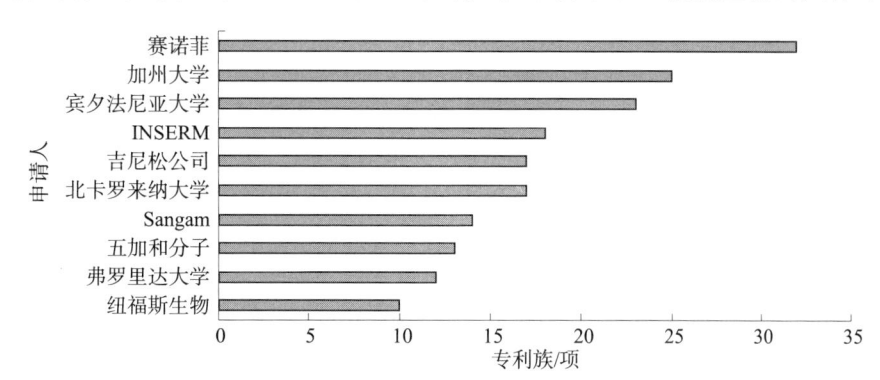

病毒载体药物研发中是偏弱的。下面主要分析五加和分子和纽福斯生物的具体专利。

图 5-3-27 腺相关病毒载体药物专利中国排名前十位申请人

（1）五加和分子

五加和分子成立于 2005 年，是一家进行医学生物技术研发和服务的公司，致力于病毒载体的不断创新和产业化推进。公司业务范围涉及基于无血清哺乳动物细胞培养的病毒载体、病毒疫苗、病毒样颗粒、重组蛋白以及细胞制品的早期开发、生产和技术服务。

本次共筛选出 13 项五加和分子腺相关病毒载体药物专利，如表 5-3-12 所示。

表 5-3-12 五加和分子腺相关病毒载体药物专利

公开号	发明名称	同族	法律状态
CN111084888A	一种用于治疗严重高甘油三酯血症的基因药物		申请中
CN111088268A	一种高尿酸血症的基因治疗药物		申请中
CN111088264A	携带 C3 基因表达框的腺相关病毒载体及其应用		申请中
CN109207520A	Leber 遗传性视神经病变的基因药物		申请中
CN108611355A	X 染色体连锁肌小管肌病的基因药物		申请中
CN108588097A	改造后的 HBV 基因组和相关组合物及其应用		申请中
CN108103079A	一种高尿酸血症的基因治疗药物		申请中
CN108103096A	一种先天性黑矇症的基因治疗药物	均为无	申请中
CN108103058A	一种 I 型糖尿病的基因治疗药物		申请中
CN108103082A	一种腺相关病毒介导的 LCAT 基因表达载体及其用途		申请中
CN108103103A	一种高脂血症的基因治疗药物		申请中
CN108103102A	一种 AAV1 病毒介导的骨骼肌特异性 PCK1 基因表达载体及其用途		申请中
CN108103104A	一种预防和治疗脉络膜新生血管相关眼部疾病的基因药物		申请中

表5-3-12示出的13项专利均在申请中尚未授权,而且都只在中国进行申请,并未进行PCT申请,这不利于后续占领国际市场,中国企业需要加强全球专利布局的意识。13项专利主要是涉及治疗不同疾病的专利。在2017年5月9日~2017年5月12日,五加和分子连续申请4项专利,其中专利CN108103102A保护一种肌肉组织特异性表达磷酸烯醇式丙酮酸羧激酶(PEPCK)以降低高血脂、延缓衰老和提高生殖能力的基因表达和转移载体;专利CN108103103A保护一种重组腺相关病毒介导的高脂血症治疗药物;专利CN108103082A保护一种重组腺相关病毒介导的治疗高脂血症和动脉粥样硬化的基因治疗药物,专利CN108103058A保护一种重组腺相关病毒介导的Ⅰ型糖尿病基因治疗药物。其他的专利分别保护治疗先天性黑矇症、高尿酸血症、脉络膜新生血管相关眼部疾病、慢性乙肝、X染色体连锁肌小管肌病、Leber遗传性视神经病变、严重高甘油三酯血症、青光眼的AAV基因治疗药物。使用的AAV血清型主要包括1型、2型、8型、9型。

(2)纽福斯生物

纽福斯生物是一家眼科基因药物研发公司,针对Leber遗传性视神经病变(LHON)的首款产品正处于临床前期研发阶段。公司围绕其他眼遗传疾病基因治疗还设计了一系列的研发产品线,譬如视网膜色素变性、退传性视网膜劈裂等。

本次共筛选出10项纽福斯生物AAV载体药物专利,具体如表5-3-13所示。其中有5项专利进行PCT申请,占比50%,表明该公司有占领国际市场的野心。10项专利均保护治疗眼部疾病的AAV载体药物,主要是通过AAV载体表达ND4基因达到治疗目的。

表5-3-13 纽福斯生物腺相关病毒载体药物专利

公开号	发明名称	同族	法律状态
CN104450747B	用于治疗Leber遗传性视神经病变的重组腺相关病毒-NADH脱氢酶亚单位4基因全长以及药剂	无	授权
CN109970861A	一种靶向线粒体的ND4融合蛋白及其制备方法和应用	无	申请中
CN110724695A	一种编码人NADH脱氢酶亚单位1蛋白的核酸及其应用	无	申请中
CN110656117A	一种编码人NADH脱氢酶亚单位6蛋白的核酸及其应用	无	申请中
CN110846392A	一种重组腺相关病毒或含其的试剂盒及其应用	有	申请中
CN110857440A	重组人Ⅱ型线粒体动力蛋白样GTP酶基因序列及其应用	有	申请中
CN110964748A	含线粒体靶向序列的载体及其构建方法和应用	无	申请中
CN111073899A	一种编码人NADH脱氢酶亚单位4蛋白的核酸及其应用	有	申请中
CN111068071A	基因治疗Leber遗传学视神经病变	有	申请中
CN110876269A	治疗遗传性视神经病变的组合物和方法	有	申请中

5.3.3.4 中国专利申请人类型分析

图 5-3-28 显示了腺相关病毒载体药物中国专利申请人的类型。企业申请人占到 48%，大专院校申请人占到 27%，两者占总申请人的 75%，与病毒载体药物中国专利申请人类型分布类似。

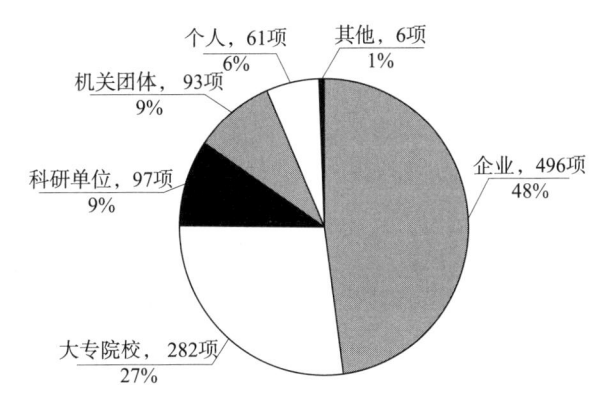

图 5-3-28 腺相关病毒载体药物中国专利申请人类型分布

5.4 mRNA 疫苗药物

1990 年，一种新型疫苗的雏形问世——核酸疫苗，包含 DNA 疫苗和 mRNA 疫苗。相比之下，抛开有效抗原寻找这一方面暂时不谈，核酸疫苗在研发进度和生产速度上具有更大的优势。核酸疫苗具有较强免疫原性和更高免疫效率，且构建周期短、生产技术简单、运输成本低、储存方便，使其成为应对重大突发性传染疾病的潜在有力手段。

特别是 mRNA 疫苗，临床反应时间要比普通抗原免疫反应机理的疫苗需要的时间短，产业化容易，速度快，成本低，免疫效果持久，安全性高，甚至可以往个性化治疗方向发展。随着近年 mRNA 疫苗平台的不断完善，mRNA 疫苗将有望在防治领域获得迅猛发展。图 5-4-1 总结了寨卡（Zika）mRNA 疫苗和 HIVmRNA 疫苗的专利申请布局。❶

虽然 mRNA 可以发挥疫苗的作用在 20 世纪 90 年代已被发现，但是随后的发展并不顺利，mRNA 的稳定性和药物递送是研究人员面临的主要问题。裸露的 mRNA 很容易受到体内 RNA 切割酶的攻击，mRNA 也需要被高效地递送至细胞内从而进行翻译，发挥功能。

---

❶ mRNA 疫苗的探索之路 [EB/OL]. (2020-02-13) [2020-05-30]. https：//www.sohu.com/a1372811181_734208.

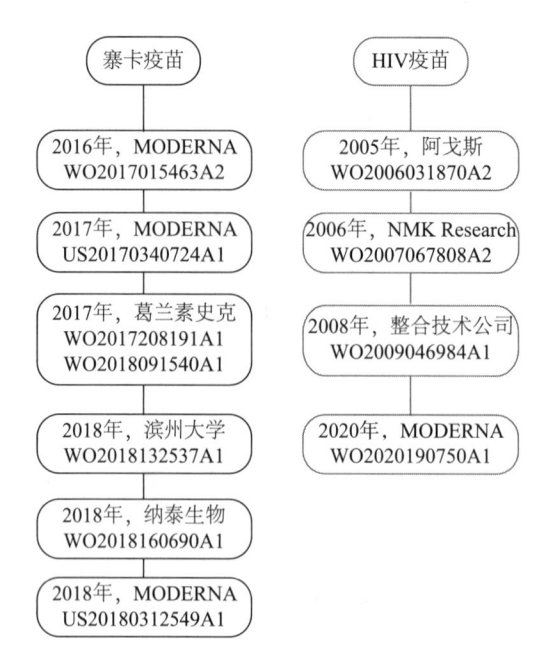

```
寨卡疫苗                    HIV疫苗
  │                         │
2016年，MODERNA         2005年，阿戈斯
WO2017015463A2          WO2006031870A2
  │                         │
2017年，MODERNA         2006年，NMK Research
US20170340724A1         WO2007067808A2
  │                         │
2017年，葛兰素史克       2008年，整合技术公司
WO2017208191A1          WO2009046984A1
WO2018091540A1
  │                         │
2018年，滨州大学         2020年，MODERNA
WO2018132537A1          WO2020190750A1
  │
2018年，纳泰生物
WO2018160690A1
  │
2018年，MODERNA
US20180312549A1
```

图 5-4-1　寨卡 mRNA 疫苗和 HIVmRNA 疫苗的专利申请布局

此外，如图 5-4-2 所示，通过对中国和美国主要 mRNA 企业的专利布局和研发管线进行对比，可以发现在 mRNA 基因治疗领域，斯微生物和 MODERNA 分别是中国和美国的知名制药企业，但是无论是专利数量、布局广度和深度、研发管线数量、临床阶段甚至是投融资状况，MODERNA 都全面优于斯微生物。因此国内企业要在这一领域发展，还有很长的路要走。下面主要分析 MODERNA 的专利布局情况。

5.4.1　MODERNA 概述

2020 年，MODERNA 与美国国家过敏与传染病研究所（NIAID）共同研发的 mRNA 新冠病毒疫苗正式启动 I 期临床试验，成为全球最先启动临床试验的新冠疫苗之一，由于这一重大突破，mRNA 技术以及 MODERNA 受到了广泛的关注。

5.4.2　MODERNA 传染病专利分析

5.4.2.1　MODERNA 传染病相关专利技术发展路线

图 5-4-3 显示了 MODERNA 传染病相关专利技术发展路线，可见 MODERNA 基于 mRNA 技术布局很多平台技术专利，包括 mRNA 的纯化技术、脂质纳米颗粒制剂、治疗方法以及核苷修饰等，可以用于开发传染病疫苗以及癌症疫苗。利用这些平台技术并根据各传染病、癌症的特性进行核苷修饰开发出人巨细胞病毒疫苗、单纯疱疹病毒疫苗、埃博拉病毒疫苗、HIV 疫苗、寨卡病毒疫苗。除此之外，MODERNA 还布局了多项给药方法以及免疫组合物专利。

图 5-4-2 斯微生物和 MODERNA mRNA 专利布局和研发管线对比

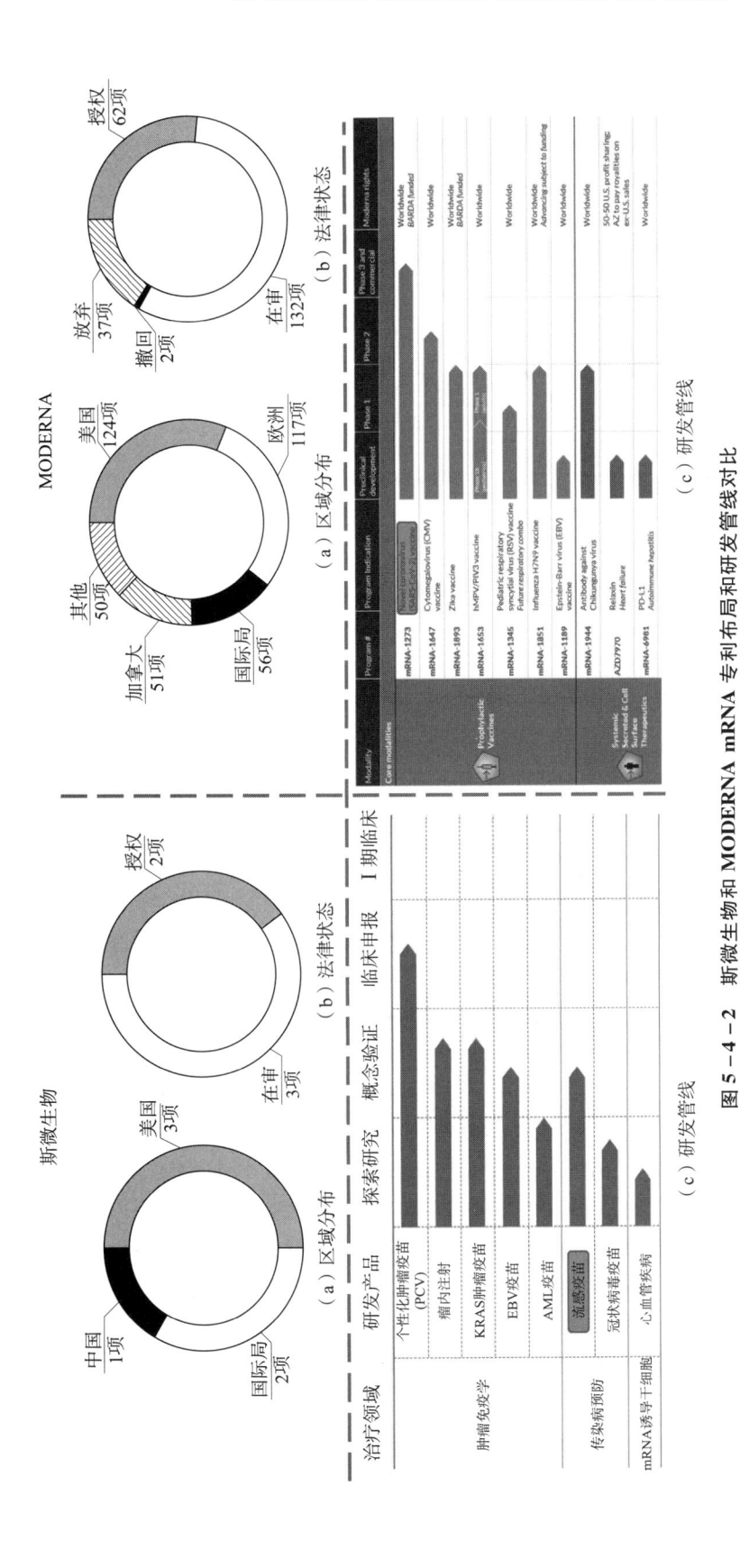

年份				
2012	US20140378538A1 US20170065675A1	US20130102034A1 US20140343129A1		
2013		US20140147454A1 US20130237594A1		
2014	US20160024492A1 US20160024140A1	US20140179771A1 US20160038612A1		US20160243259A1 US20170173128A1
2015	US20170136131A1	US20160237134A1		CN106659803A
2016	US20160317647A1 US20180273977A1	△ WO2017015457A1		
2017	US20200308569A1 US20200071689A1	△ US20180243225A1		
2018	US20180274009A1 WO2018232357A1	○ US20200054737A1		◇ WO2018151816A1 ◇ US20180312549A1
2019	WO2020061295A1	☆ US20190314493A1		
	平台技术	核苷修饰	给药	组合物

☆ 人巨细胞病毒　　○ 单纯疱疹病毒　　△ 埃博拉病毒　　◇ 寨卡病毒

图 5-4-3　MODERNA 传染病相关专利技术发展路线

由于 mRNA 自身的稳定性差、易被组织内的核酸酶降解、进入细胞的效率较低、翻译效率较低等问题，限制了 mRNA 疫苗的应用，下面从 mRNA 疫苗开发过程中所要解决的主要技术问题角度详细分析 MODERNA 传染病相关专利。

5.4.2.2　MODERNA 的 mRNA 纯化技术

固有免疫是人体免疫系统的第一道防线，可以通过模式识别受体（Pattern Recognition Receptor，PRR）识别入侵抗原的病原相关模式分子（Pathogen-Associated Molecular Patterns，PAMP），然后通过一系列复杂的细胞内部级联反应进行免疫应答。mRNA 疫苗作为一种单链 RNA，其本身也是一种 PRR，在体外进行 mRNA 合成的过程中会产生双链 RNA（double-strand RNA，dsRNA），dsRNA 也是一种常见的的核酸类 PAMP，污染了 dsRNA 的 mRNA 产品可以上调并激活蛋白激酶 R 和寡聚腺苷酸合成酶，随后通过Ⅰ型干扰素介导的免疫反应阻止 mRNA 的翻译及降解，因此 mRNA 的纯化工艺是必需的。

专利 WO2014152030A1 描述在 mRNA 产生过程中从 RNA 转录物中去除 DNA 的方法，该方法体现了用于获得体外转录产物并从产物中除去任何 DNA 的程序。可以通过向产物中添加游离 DNase 或含有固定化 DNase 的树脂来去除 DNA，然后回收 RNA 转录物。或者，标记体外转录反应中使用的 DNA 模板。转录后，将产物施加到配置为结合标记的树脂上，并回收 RNA 转录物。为了检测 RNA 转录产物中是否残留有任何杂质，需要对产物进行核酸酶消化，然后进行液相色谱-串联质谱法分析以定量任何残留 DNA。

专利 WO2014152031A1 保护用于纯化包含 polyA 的 RNA 的方法：获得包含所述 RNA 转录物的第一个样本，在使 RNA 转录物结合于表面的条件下，使第一个样本与连接至多个胸苷或其衍生物和/或多个尿嘧啶或其衍生物（polyT/U）的表面接触，从表面洗脱 RNA 转录物。

专利 WO2017223195A1 进一步保护纯化 RNA 的方法和设备，比常规纯化技术施用更少的溶剂，提供更高产率和更高纯度的具有 polyA 序列的 RNA。

专利 US20200071689A1 权利要求 1 保护一种纯化核酸制剂的方法，包括在导致 RNaseⅢ酶与双链 RNA 结合的条件下，使包含 mRNA 的核酸制剂与固定在固体支持物上的 RNaseⅢ酶接触。

在 2014~2020 年，MODERNA 从 RNaseⅢ处理和液相色谱纯化布局纯化技术专利，用以降低 mRNA 诱导的免疫激活，增加 mRNA 的翻译表达。

5.4.2.3　MODERNA 的 mRNA 结构优化

（1）mRNA 加帽来稳定 mRNA 并增加蛋白翻译

5′端帽子结构在 mRNA 许多生物学功能中起到重要的作用，在 mRNA 疫苗研发过程中需要优化 5′端帽子结构，并利用合适的工艺对 mRNA 原料进行"加帽"。

专利 CN103974724B 公开一种编码目标多肽的分离的 mRNA，所述分离的 mRNA 包含：①n 个数量的连接的核苷的序列，②包含至少一个 Kozak 序列的 5′UTR，③3′UTR，和④至少一个 5′端帽子结构，其中至少一个 5′端帽子结构选自 Cap0、Cap1、ARCA、肌苷、N1-甲基-鸟苷、2′氟-鸟苷、7-脱氮-鸟苷、8-氧代-鸟苷、2-氨基-鸟苷、LNA-鸟苷和 2-叠氮基-鸟苷。该专利公开施用合成帽类似物来稳定 mRNA 并增加蛋白翻译，并且实施例实验数据表明具有 5′端帽子结构对于蛋白翻译很重要。

专利 US9512456B2 权利要求 1 保护："A chimeric enzyme for synthesizing a capped RNA molecule, said chimeric enzyme comprising at least one capping enzyme and at least one nucleic acid polymerase, wherein said capped RNA molecule comprises at least one chemical modification, and wherein the at least one capping enzyme comprises a Vaccinia capping enzyme catalytic subunit (D1) and a Vaccinia capping enzyme stimulation subunit (D12), and where the at least one nucleic acid polymerase is T7 RNA polymerase (T7) in one of the following combinations:

a) a single polypeptide comprising D1 linked to D12 linked to T7;

b) a single polypeptide comprising D12 linked to D1 linked to T7;

c) a single polypeptide comprising T7 linked to D1 linked to D12; or

d) a single polypeptide comprising T7 linked to D12 linked to D1."

即公开了合成带帽 RNA 分子的嵌合酶，大幅提高 mRNA 的稳定性和启动 mRNA 的翻译。

（2）非翻译区（UTR）修饰

非翻译区序列不是密码子，不能翻译成氨基酸，但是可以通过 RNA 结合蛋白控制 mRNA 产品的降解和转录效率。因此，每一种 mRNA 疫苗都需要考虑如何设计产品的 UTR 组件。

专利 US20160022840A1 权利要求保护非衍生自 β-球蛋白的异源 5′UTR，其中异源 5′

UTR 选自 5′UTR-005-5′UTR 68524，通过优化末端结构来制造和优化修饰的 mRNA。

专利 US20170362605A1 保护富含嘌呤的 5′UTR 的以及富含 A/U 的 3′UTR，并进一步限定 UTR 的长度、碱基比例以及具体序列等，优化 mRNA 的结构和化学特征，同时保留结构和功能的完整性，克服表达阈值，提高表达率、半衰期和/或蛋白质浓度，优化蛋白质定位并避免有害的生物反应。

专利 US20180353618A1 权利要求公开异源 5′UTR 和/或异源 3′UTR 衍生自选自以下的基因 HP、FGB、HPR、ALB、C3、FGA、Col1A、Col6A、SERPINA1 和 SERPINA3，或者异源 5′UTR 包含选自由 SEQ ID NO：1~6、9 或 10 组成的组的序列。专利公开的 UTR 序列导致延长的蛋白质合成，能够成功治疗需要以组织特异性方式连续蛋白质表达的病症。

总之，MODERNA 一直在优化 UTR 组件来开发更高效的 mRNA 疫苗。

（3）核苷修饰

mRNA 的核苷酸修饰主要包括 2′-O-甲基化、假尿嘧啶化、m6A、m5C、m7G、m1A、5hmC 等。这些修饰在 mRNA 稳定性、加工、遗传信息传递以及细胞的应激反应中起到重要作用。表 5-4-1 列举了 MODERNA 核苷修饰专利申请，疫苗类型有人巨细胞病毒疫苗、单纯疱疹病毒疫苗、埃博拉病毒疫苗、寨卡病毒疫苗，核苷修饰可以减少先天免疫激活并增加翻译，是基因替换的治疗新工具，在此不一一赘述。

表 5-4-1　Moderna 核苷修饰专利申请

公开号	申请日	发明名称	同族
US10695419B2	2019-04-19	Human cytomegalovirus vaccine	US20190314493A1（2019-10-17） US20200338190A1（2020-10-29）
US9751925B2	2015-12-04	Alternative nucleic acid molecules containing reduced uracil content and uses thereof	US20160237134A1（2016-08-18） US10072057B2（2018-09-01） US20180009866A1（2018-01-11） US20190092828A1（2019-03-28）
US20200054737A1	2018-04-25	Herpes simplex virus vaccine	WO2018200737A1（2018-11-01） EP3641810A1（2020-04-29）
US20180243225A1	2018-01-25	Ebola/Marburg vaccines	
US20140179771A1	2014-02-03	Modified polynucleotides for treating dolichyl-phosphate（UDP-N-Acetylglucosamine）n-acetylglucosaminephosphotransferase 1（GlcNAc-1-P transferase）protein deficiency	US20160289674A1（2016-10-06）

续表

公开号	申请日	发明名称	同族
US9597380B2	2013-10-02	Terminally modified RNA	WO2014081507A1（2014-05-30） US20140147454A1（2014-05-29） US10155029B2（2018-12-18） US20180000910A1（2018-01-04） US10925935B2（2021-02-23） US20190290742A1（2019-09-26） EP2922554A1（2015-09-30） JP6144355B2（2017-06-07） JP2015535430A（2015-12-14） JP6377804B2（2018-08-22） JP2017140048A（2017-08-17） JP6666391B2（2020-03-13） JP2018164458A（2018-10-25） JP2020072766A（2020-05-14） AU2017202228B2（2019-03-14） AU2017202228A1（2017-04-27） CA2892529A1（2014-05-30） AU2013348363A1（2015-06-11） AU2019203876A1（2019-06-20）
US20140343129A1	2012-12-10	Modified nucleic acids, and acute care uses thereof	WO2013090186A1（2013-06-20） EP2791159A1（2014-10-22） EP2791159A4（2015-10-14）
US9334328B2	2013-01-11	Modified nucleosides, nucleotides, and nucleic acids, and uses thereof	US20130203115A1（2013-08-08） US20130102034A1（2013-04-25）
WO2017015457A1	2016-07-21	Ebola vaccine	

（4）开放阅读框（ORF）密码子或序列优化

ORF 包含了 mRNA 的全部编码序列，负责进入人体后表达 mRNA 运载的抗原靶蛋白。优化的 ORF 序列可用包含具有丰富同源转运核糖核酸（tRNA）的常用同义密码子替换稀有密码子，从而可以使用宿主的相同密码子翻译、高表达基因和/或保证 tRNA 在表达过程中的完整性。

专利 US9751925B2 权利要求 1 保护：编码多肽的 mRNA，该 mRNA 包含：①5′帽结构；②5′-UTR；③编码该多肽的 ORF，其中 ORF 中至少 95% 的尿嘧啶是 5-甲氧基尿嘧啶；和其中 ORF 中的尿嘧啶含量在理论最小值与理论最小值的 150% 之间，④3′-UTR；和⑤聚 A 区；其中相对于包含编码多肽的参考开放阅读框（rORF）的参考 mRNA 而言，来自该 mRNA 的编码多肽在哺乳动物细胞中的表达水平增加，其中 rORF 中至少 95% 的尿嘧啶是 5-甲氧基尿嘧啶，并且其中 rORF 中的尿嘧啶含量是理论最小值的 190%~200%。并且从属权利要求进一步限定 ORF 中嘌呤和嘧啶的含量比例。该专利同时利用改变密码子组成以及引入修饰核苷来改变目标抗原表达。

专利 WO2017106799A1 权利要求 1 保护多核苷酸组合物，多核苷酸包含编码 MCM 多肽的 ORF 和递送剂，权利要求 2~4 进一步限定 ORF 的具体序列。

5.4.2.4　MODERNA 的 mRNALNP 递送系统

LNP 已成为最具吸引力和最常用的 mRNA 传递工具之一，LNP 通常由 4 种成分组成：①可电离的阳离子脂质，可促进自组装成病毒大小的（约 100nm）颗粒，并允许将 mRNA 从内质体释放到细胞质；②与脂质相连的聚乙二醇（PEG），可增加制剂的半衰期；③稳定剂胆固醇；④天然的磷脂，支持脂质双层结构。

图 5-4-4（见文前彩色插图第 5 页）显示了 MODERNA 的脂质纳米粒核心专利布局，从脂质纳米粒结构、脂质纳米粒制剂、脂质纳米粒制备方法、免疫原性组合物、高纯度脂质纳米粒等方面申请专利，数量居多，下面选取典型专利作详细分析。

（1）LNP 结构

专利 WO2017099823A1 权利要求保护 LNP 的结构、施用 LNP 的剂量以及方法，后进入美国的专利 US10556018B2 保护 LNP，包括 PEG 脂质结构，如式（3）所示

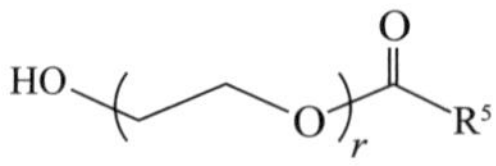

$$HO\underset{r}{\underbrace{}}O\underset{}{\overset{O}{\underset{\|}{C}}}R^5$$

式（3）

并进一步限定 R5 的结构。基于该专利进行继续申请，其中，专利 US10207010B2 和 US10485885B2 可以保护更复杂的 PEG 脂质结构，如式（4）所示

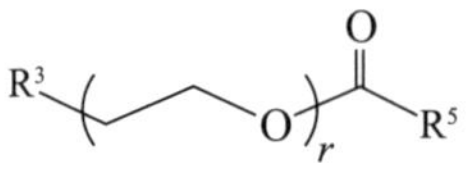

$$R^3\underset{r}{\underbrace{}}O\underset{}{\overset{O}{\underset{\|}{C}}}R^5$$

式（4）

并分别进一步限定 R3 和 R5 的结构。

专利 WO2018232355A1 保护预防或治疗艾滋病的 LNP，并进一步限定 PEG 脂质结构的具体结构。

专利 WO2020061284A1 权利要求 1 保护 PEG 脂质结构，如式（5）所示

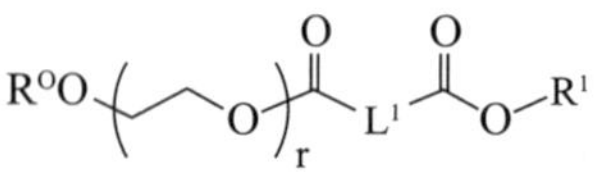

$$R^O O\underset{r}{\underbrace{}}O\overset{O}{\underset{\|}{C}}L^1\overset{O}{\underset{\|}{C}}O R^1$$

式（5）

L^1 is a bond, optionally substituted C_{1-3} alkylene, optionally substituted C_{1-3} heteroalkylene, optionally substituted C_{2-3} alkenylene, optionally substituted C_{2-3} alkynylene;

R^1 is optionally substituted C_{5-30} alkyl, optionally substituted C_{5-30} alkenyl, or optionally substituted C_{5-30} alkynyl;

$R°$ is hydrogen, optionally substituted alkyl, optionally substituted acyl, or an oxygen protecting group; and r is an integer from 2 to 100, inclusive.

（2）LNP 制剂

专利 US20200069599A1 保护稳定的纳米颗粒制剂，包含两亲性聚合物和 LNP，并进一步限定两亲性聚合物和 LNP 的重量比。

专利 US20190336452A1 保护包含多个 LNP 和减轻 LNP 或其亚群降解的稳定剂的 LNP 制剂，并进一步限定颗粒的尺寸以及数量等。

（3）LNP 制备方法

专利 CN111315359 A 权利要求 1 保护产生核酸 LNP 组合物的方法，包括混合含有可电离脂质的脂质溶液与包含核酸的溶液，形成前体 LNP；将包含改性剂的 LNP 改性物添加到所述前体 LNP，形成改性的 LNP；并且加工所述前体 LNP、所述改性的 LNP 或两者，从而形成所述 LNP 组合物。

专利 WO2020061457A1 权利要求 1 保护生产 LNP 组合物的方法，包括混合水性缓冲溶液和有机溶液，从而形成包含包裹核酸的 LNP 制剂，处理 LNP 制剂得到 LNP 组合物；所述有机溶液包含有机溶剂可溶的核酸和在有机溶剂中的可电离的脂质；可溶于有机溶剂的核酸包含疏水性有机阳离子。

专利 WO2020160397A1 权利要求 2 保护向患者施用 LNP 制剂的方法，包括提供具有 pH 在 4.5~8.0 范围内的活性剂溶液，其包含治疗剂和/或预防剂；以及具有在 4.5~6.5 范围内的 pH 的脂质纳米颗粒溶液，其包含脂质纳米颗粒，所述脂质纳米颗粒包含可电离的脂质；通过混合脂质纳米颗粒溶液和活性剂溶液形成包含与治疗剂和/或预防剂缔合的脂质纳米颗粒的脂质纳米颗粒制剂，使脂质纳米颗粒制剂具有 4.5~8.0 的 pH；混合后将脂质纳米颗粒制剂给予患者。

综上所述，MODERNA 针对 mRNA 疫苗纯化技术、mRNA 结构优化以及 mRNA 递送系统布局一系列专利，这些专利技术组合形成一种通用性的技术平台，可用于开发不同的 mRNA 疫苗，尤其在应对突发传染病（例如 2019 年全球大爆发的新冠肺炎疫情）时可快速开发疫苗，充分体现了 mRNA 疫苗相对于传统疫苗以及 DNA 疫苗的优势。

5.5 慢病毒载体药物

5.5.1 慢病毒概述

慢病毒载体（LV）是一种逆转录病毒载体，是在人类免疫缺陷 1 型病毒（HIV-1）基础上发展起来的高效载体。区别于一般的逆转录病毒，慢病毒载体具有感染非分裂细胞的能力和包装大片段目的基因（9~10kb）而且将其整合至靶细胞基因组并长期稳定表达的特性。慢病毒载体也表现出了比一般的逆转录病毒载体更高的安全性，因此近年来在基因治疗中被广泛应用。

慢病毒载体含有 3 个编码病毒结构蛋白的基因，即 env 基因，编码病毒的包膜糖蛋白；gag 基因，编码病毒的核心蛋白；pol 基因，编码病毒复制所需的特异酶；还包含 4 个辅助基因 vif、vpr、nef、vpu，它们分别参与病毒颗粒的组装、病毒的感染、基因整合；除此之外，还包含两个调节基因 tat 和 rev，rev 基因编码调节 gag 和 pol 基因表达的调节因子，蛋白转录的调控主要由 tat 基因参与。慢病毒载体表达系统由三部分组成，即包装质粒、表达载体和可产生假病毒颗粒的细胞系。

目前，慢病毒载体系统已经发展到第四代质粒系统。第一代载体系统是以 HIV-1 为骨架构建的二质粒系统，为相对不完善且不安全的复制缺陷型载体，只能获得较低的滴度，存在产生野生活性 HIV 的严重风险，因此考虑到安全性，此代应用范围并不广泛；第二代载体系统是三质粒表达系统，此代删除了包装质粒的四个辅助基因，采用了其他病毒的包膜蛋白基因来取代表达 HIV 本身包膜蛋白 env 的质粒，进一步降低了慢病毒载体恢复成野生型病毒的可能，慢病毒载体的滴度由此升高；第三代载体系统对第二代的三质粒系统作了进一步改进，删除了病毒基因组的增强子以及转录因子结合部位，使病毒 RNA 不能转录，此代较前两代在生物安全性方面有了进一步提高；第四代载体系统是在第三代三质粒系统的基础上发展而来，剔除原来的 tat 基因，把 env 基因放在单独的表达质粒上，这样就形成了四个质粒的系统，即 pGag/Pol、pRev、pVSV-G。目前，慢病毒载体已被广泛应用于基于 HSC 的基因治疗和 CAR-T 细胞治疗。

5.5.2 慢病毒载体药物全球专利分析

截至 2020 年 8 月 31 日，检索的慢病毒载体药物专利申请共计 692 项（去除腺相关病毒专利申请），在此专利基础上，利用专利分析系统从专利整体发展趋势、专利申请国家/地区分布、主要申请人分析等对慢病毒载体药物专利申请进行分析。

5.5.2.1 全球专利申请趋势

图 5-5-1 显示了慢病毒载体药物专利全球申请概况。慢病毒载体药物全球专利申请量大致经历了以下 3 个主要发展阶段。

（1）第一阶段：起步期（1995~2000 年）

从时间来看，慢病毒的发展晚于腺相关病毒，1995 年，专利 US6013516A 提供能够感染非分裂细胞的重组逆转录病毒，用于治疗多种疾病，包括神经疾病和其他非分裂细胞的疾病。1995~2000 年，慢病毒的年专利申请数量只有个位数。Oxford Biomedica 在 1996 年申请的专利 GB9622500A 公开治疗帕金森病的慢病毒载体。

（2）第二阶段：平稳发展期（2001~2011 年）

2001~2011 年，慢病毒载体药物专利年申请量维持在 15~25 项，较第一阶段有稳定增长，这得益于慢病毒载体系统的发展，目的基因的结构和功能研究、恶性肿瘤的基因治疗及转基因动物研究等方面的研究进展。

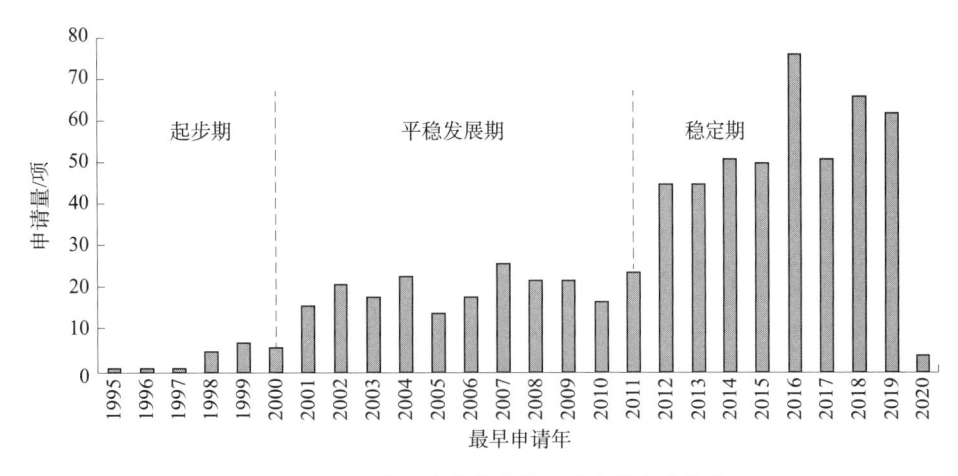

图 5-5-1 慢病毒载体药物全球专利申请趋势

(3) 第三阶段：稳定期（2012 年至今）

自 2012 年起，全球慢病毒载体药物专利的年申请数量相对于 2001~2011 年增长了将近一倍，且数量维持稳定。专利主要涉及设计与改良慢病毒表达系统降低病毒基因重组可能、提高病毒滴度等方面。2020 年的申请量呈下降趋势，主要与 2019 年后的申请尚未公开有关。

5.5.2.2 全球专利申请国家/地区分布

图 5-5-2 显示慢病毒载体药物的专利申请国家/地区分布，中国以 47% 位居第一，美国以 33% 位居第二，中国和美国专利申请总量占总数量的 80%。图 5-5-3 显示了美国、中国、欧洲、英国专利申请趋势。美国在 1995~2007 年专利申请数量领先，2008 年中国专利申请数量开始超出美国，并且差距逐步拉大，说明近 10 年，国内申请人在慢病毒基因治疗领域研发实力显著增强。

图 5-5-2 慢病毒载体药物专利申请国家/地区分布

5.5.2.3 主要企业申请人分析

(1) Oxford BioMedica

Oxford BioMedica 作为慢病毒载体基因治疗的先驱，是诺华的 CAR-T 产品 Kymriah 生产慢病毒载体的唯一供应商，Kymriah 是首款获批上市的 CAR-T 产品，基于慢病毒的新型免疫细胞疗法，能够靶向恶性 B 细胞表面的 CD19 抗原，获 FDA 批准，先后用于治疗前体 B 细胞急性淋巴细胞白血病（B-ALL）和复发、难治性弥漫大 B 细胞淋巴瘤（DLBCL）患者。此外，凭借其慢病毒载体的高效基因递送技术，该公司还与赛诺菲、葛兰素史克等制药巨头保持着合作关系，为它们提供工艺开发和生物加工等服务。

本次共筛选出 Oxford BioMedica 28 项慢病毒药物专利，如表 5-5-1 所示，其中 11

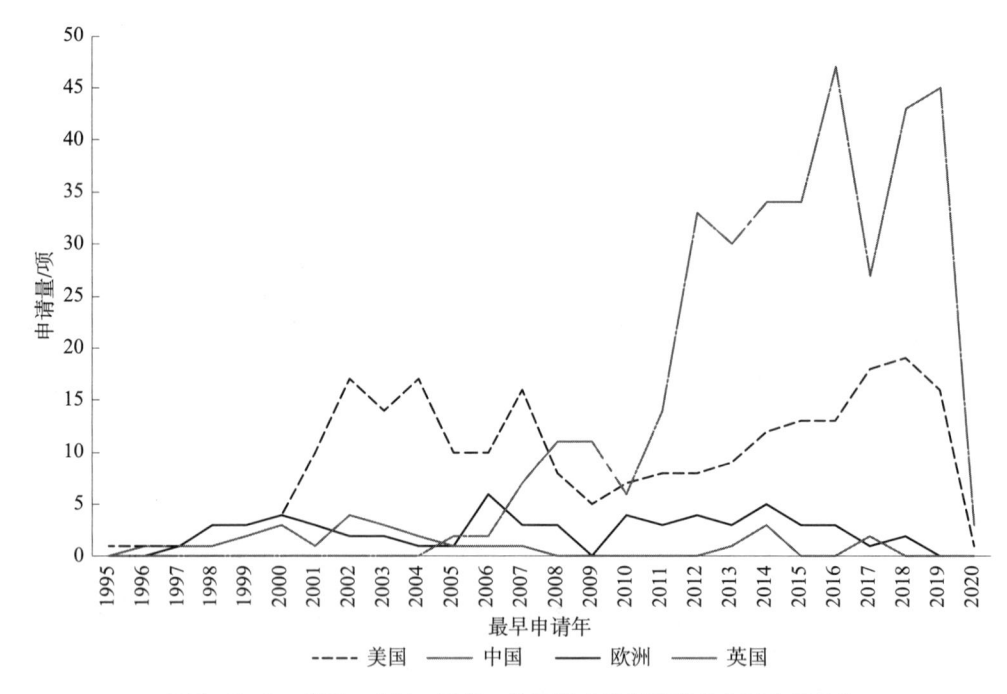

图 5-5-3　美国、中国、欧洲、英国慢病毒载体药物专利申请趋势

项专利处于授权或申请中，占比 40%，其余专利处于失效状态。最早的专利申请是 US6541219B1，该专利使用慢病毒载体转导非分裂细胞，治疗帕金森疾病，说明 Oxford BioMedica 在 LV 领域的研究起步很早。专利 US7259015B2 被引用 104 次，提供包含两个或者更多目的核酸序列的慢病毒载体，慢病毒载体编码的酪氨酸羟化酶、GTP-环水解酶Ⅰ和芳香族氨基酸多巴脱羧酶等，有助于治疗神经系统疾病。2020 年 3 月 10 日申请的专利 WO2020183374A1 同样利用慢病毒或者腺相关病毒治疗帕金森，说明 Oxford BioMedica 一直致力于帕金森疾病的治疗方法的研究。

1997 年申请的专利 CN1224712C 至今仍处于有效状态，说明该专利值得保护，该专利提供将目的核苷酸或由目的核苷酸编码的目的产物使用慢病毒递送到肿瘤的方法，可用于医学应用，诸如诊断或基因治疗。1998 年申请的专利 CN1297486A 也处于有效状态，其公开病毒颗粒和病毒载体系统以及产生载体的方法，病毒载体系统把抑制性 RNA 分子传递到需要针对病毒感染治疗的人和动物中，可用于治疗或预防病毒感染，优选地治疗或预防逆转录病毒感染，尤其是慢病毒（HIV）感染。

另外，专利 CN102946907A 提供治疗受试者中神经障碍的方法，包括通过使用插管的连续输注将包含该慢病毒载体的组合物直接递送至脑，并且其中每管以至少 2μL/min 的流速递送 10~600μL 的所述载体组合物。慢病毒载体溶液通过流体对流分散，间质的输注使用高流速进行，极大增强了所述慢病毒载体的分布。

目前，Oxford BioMedica 有 5 个自主研发产品正处于临床前研究阶段，其中，OXB-302 是针对一系列癌症的基因免疫疗法，已完成临床前开发，在业界标准的体内肿瘤激发模型中提供令人鼓舞的功效。OXB-302 是一种新颖的肿瘤产品，结合了该公司的

LentiVector 基因递送平台和 5T4 技术平台。这种细胞疗法使用 LentiVector 基因递送平台改造患者收获的 T 细胞,以表达针对 5T4 抗原的抗体,该抗体在许多常见癌症的细胞表面均表达。然后将这些 T 细胞注入患者体内,随后识别 5T4 肿瘤抗原并启动细胞杀伤免疫机制。由于表达 5T4 抗原在血液病性癌症和以实体肿瘤为特征的癌症的癌症干细胞中均有表达,OXB-302 如果在任何目标适应证中都取得成功,则将具有巨大的市场潜力。该项研究得到专利 CN110678197A 的保护,该专利通过靶向 5T4 抗原来治疗血液病性癌症,提供了 5T4 特异性嵌合抗原受体,通过使用慢病毒载体转导免疫细胞,制备表达 5T4 特异性嵌合抗原受体的免疫细胞,慢病毒载体衍生自 HIV-1、HIV-2、SIV、FIV、BIV、EIAV、CAEV 或髓鞘慢病毒,图 5-5-4 显示了 5T4-CAR-T 构建体示意。

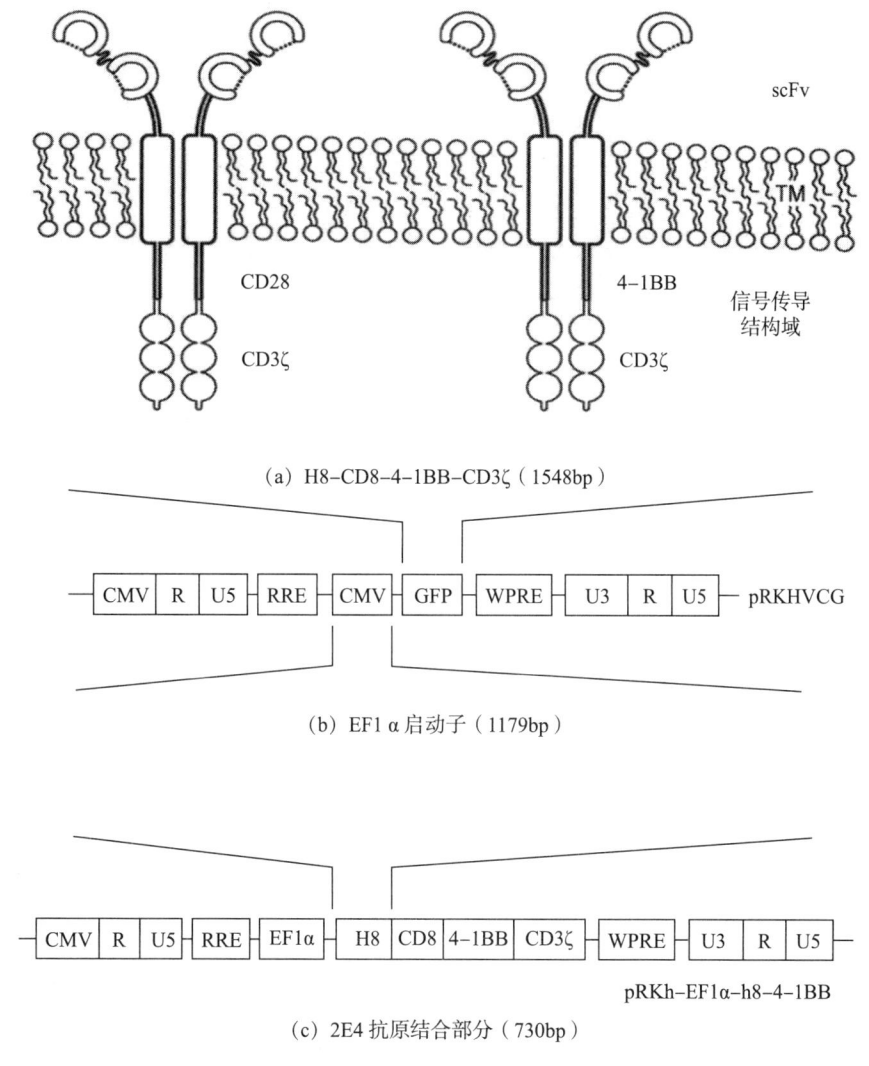

图 5-5-4 专利 CN110678197A 5T4-CAR-T 构建体示意

OXB-203 是针对新生血管性湿性年龄相关性黄斑变性（AMD）和潜在的糖尿病性视网膜病变（DR）的基因治疗。它旨在通过抗血管生成（阻止新血管形成的过程）来维护和改善患者的视力。该产品利用 Oxford BioMedica 的 LentiVector 基因递送平台提供两个编码抗血管生成蛋白内皮抑素和血管抑素的基因。对视网膜进行单次给药后，OXB-203 产生两种蛋白质的遗传修饰细胞，从而防止新血管形成。临床研究数据显示内皮抑素和血管抑素能够持续地表达和分泌。而且相对于其他重复给药产品，OXB-203 被设计为单次给药，为基因治疗提供重要的市场机会。

OXB-204 是一种基于慢病毒的眼科疾病 Leber 先天性黑矇 10 型（LCA10）的治疗方法。另外两个产品 OXB-103 和 OXB-401 也正处于临床前实验阶段，没有具体临床信息。

除了自主研发产品外，Oxford BioMedica 还与其他公司合作开发产品。其中，AXO-lenti-PD 是其与 Axovant Science 制药公司合作开发的治疗帕金森的第二代基因疗法，利用 Oxford BioMedica 的 LentiVector 基因递送技术提供了 3 个编码关键多巴胺合成酶的基因，当被注射到大脑的纹状体中时 AXO-lenti-PD 可以通过基因修饰细胞产生多巴胺，从而替代在疾病过程中丢失的多巴胺，达到单次给药数年有疗效。临床研究数据显示 AXO-lenti-PD 比之前的第一代产品 OXB-101（ProSavin）显示出更好的治疗效果。此外，Oxford BioMedica 将 SAR422459（治疗 Stargardt 疾病）许可给赛诺菲，正在进行 II 期临床试验；将 SAR421869（治疗 Usher 综合征 1B 型）许可给赛诺菲，正在进行 I/IIa 期临床试验。

总之，Oxford BioMedica 基因治疗研发管线众多，且都有不错的临床进展，慢病毒载体技术先进，国内申请人可寻求许可合作，提升慢病毒领域市场竞争力。

表 5-5-1 Oxford BioMedica 慢病毒载体药物相关专利

公开号	发明名称	申请日	法律状态	被引证次数/次
US6541219B1	Therapeutic Gene	1996-10-29	撤销	37
CN1224712C	载体	1997-06-04	申请中	51
CN1297486A	抗病毒载体	1998-02-17	授权	61
US6783981B1	Anti-viral vectors	1999-03-17	失效	20
CN100350970C	因子	1999-03-31	撤销	9
CN1254543C	方法	2000-04-19	授权	42
US7259015B2	Vector system	2000-10-06	授权	104
US6800281B2	Lentiviral-mediated growth factor gene therapy for neurodegenerative diseases	2001-11-08	失效	19
US7276488B2	Vector system	2002-01-29	失效	9

续表

公开号	发明名称	申请日	法律状态	被引证次数/次
US20040170608A1	Use of a lentiviral vector in the treatment of pain	2002-09-12	过期	7
US7635687B2	Vector system	2002-12-30	失效	38
EP1551974A1	Vector system	2003-10-03	撤销	4
CN1875107A	载体	2003-10-30	过期	54
US20040076613A1	Vector system	2003-11-19	失效	42
US20040266715A1	Neurite regeneration	2004-05-03	失效	6
US20060063258A1	Retinoic acid receptor beta-2, its agonists, and gene therapy vectors for the treatment of neurological disorders	2004-08-05	失效	1
EP1937820A2	System for delivering neuronal calcium sensor-1 (ncs-1)	2005-09-13	失效	1
US20120295960A1	Treatment regimen for parkinson's disease	2012-01-09	失效	55
US10400252B2	Catecholamine enzyme fusions	2012-10-26	授权	1
CN104011213B	构建体	2011-10-28	授权	7
US20110269826A1	Method	2009-11-11	授权	7
EP1555874A4	Gene regulation with aptamer and modulator complexes for gene therapy	2003-10-09	过期	9
US20050124564A1	Anemia	2003-01-27	失效	84
CN1357048A	增强前体药物活化	1999-03-05	过期	19
WO2020183374A1	Gene therapy compositions and methods for treating parkinson's disease	2020-03-10	申请中	0
CN110678197A	方法	2018-03-14	申请中	1
US9339512B2	Method for vector delivery	2013-05-14	授权	1
CN102946907A	慢病毒载体向脑的递送	2011-05-27	授权	53

(2) 蓝鸟生物

蓝鸟生物创立于 1992 年 4 月，总部位于美国马萨诸塞州剑桥市，在美国和欧洲雇用 1100 多名员工，是一家临床阶段的生物技术公司，专注于开发针对严重遗传疾病和癌症的转化基因疗法，该公司核心技术是 LV 基因治疗。

本次共筛选出蓝鸟生物 10 项 LV 载体药物专利，如表 5-5-2 所示，只有一项专利 AU2014256388A1 失效，其余专利均处于有效状态。专利 US9789139B2 涉及慢病毒载体和用这些载体转导的细胞以向患有肾上腺白细胞营养不良症（ALD）和/或肾上腺髓质神经病的受试者提供基因治疗。专利 CN103717240A 提供用于 ALD 和肾上腺脊髓神经病的更安全和有效的病毒载体和转导细胞治疗，代表在治疗 ALD 方面巨大的医疗进步，因为其允许以降低造血细胞移植失败的风险和消除急性、慢性移植物抗宿主疾病的方式进行快速治疗。脑型肾上腺脑白质营养不良（CALD）是 ALD 最为严重的一种形式。蓝鸟生物针对 CALD 的 Lenti-D 利用慢病毒转导造血干细胞制成，目前处于 Ⅱ/Ⅲ 期临床试验，公布的临床数据表明，相对于已有的治疗方法而言，Lenti-D 在安全性上更具有优势，对于没有合适配型的 CALD 患者来说，可能会是更好的选择。

表 5-5-2 蓝鸟生物慢病毒载体药物相关专利

公开号	发明名称	申请日	法律状态	被引证次数/次
WO2020123936A1	Dimerizing agent regulated immunoreceptor complexes	2019-12-13	申请中	0
WO2020123933A1	Dimerizing agent regulated immunoreceptor complexes	2019-12-13	申请中	0
CN110199028A	用于 Ⅱ 型黏多糖贮积症的基因治疗	2017-12-06	申请中	0
CN110214182A	用于 Ⅰ 型黏多糖贮积症的基因治疗	2017-12-06	申请中	0
CN109475619A	神经元蜡样脂褐质沉积症的基因治疗	2017-06-13	申请中	3
CN103717240A	用于肾上腺脑白质营养不良症和肾上腺脊髓神经病的基因治疗载体	2012-06-08	授权	17
AU2014256388A1	Gene therapy vectors for adreno-leukodystrophy and adrenomyeloneuropathy	2014-10-31	失效	0
CN103403151A	提高基因转导的细胞的递送的方法	2011-12-27	申请中	3
US9783822B2	Gene therapy methods	2011-09-23	授权	4
US9789139B2	Gene therapy vectors for adreno-leukodystrophy and adrenomyeloneuropathy	2011-06-10	授权	5

专利US9783822B2涉及改进的慢病毒基因治疗载体，治疗诸如地中海贫血和贫血的造血系统疾病，载体包含左（5′）逆转录病毒LTR；造血细胞表达控制序列，该序列包含与球蛋白基因可操作地连接的红系细胞特异性启动子和任选的红系细胞特异性增强子；造血细胞表达控制序列，其包含与球蛋白基因可操作地连接的红系细胞特异性启动子和任选的红系细胞特异性增强子；右（3′）逆转录病毒LTR。蓝鸟生物的LentiGlobin基因疗法即是基于该项专利，用于治疗输血依赖性地中海盆血和严重镰状细胞病（SCD），在欧洲和美国等处于多个临床研究阶段，该产品有望在欧洲率先上市。

专利CN103403151A提供转化载体增强转导的细胞在移植受体中的重建的方法，转化载体为慢病毒载体，如HIV载体、猴免疫缺陷病毒（SIV）载体，解决了在治疗遗传性疾病中提高基因治疗效果的尚未满足的临床需要，从而仅部分细胞被转化载体有效地靶向，并且处于不足以赋予治疗效果的水平。专利CN109475619A提供用于治疗神经元蜡样脂褐质沉积症（NCL）的组合物和方法，药物组合物包括药学上可接受的载剂和慢病毒载体或用慢病毒载体转导的哺乳动物细胞。载体包括①左（5′）慢病毒LTR；②Psi（ψ）包装信号；③逆转录病毒输出元件；④中心多嘌呤区/DNA皮瓣（cPPT/FLAP）；⑤与编码三肽基肽酶1（TPP1）多肽的多核苷酸可操作地连接的启动子；以及⑥右（3′）慢病毒LTR。相对于现有方法，该方法的优点是通过施用包括高百分比的转导细胞的细胞群实现的高基因治疗功效。

此外，蓝鸟生物于2017年12月6日同时申请了专利CN110199028A和CN110214182A，分别保护用于治疗Ⅰ型黏多糖贮积症和Ⅱ型黏多糖贮积症的基因治疗组合物和方法，组合物包括慢病毒载体。2019年12月13日同时申请了专利WO2020123936A1和WO2020123933A1，分别保护靶向EGFR或EGRFvⅢ的过继T细胞疗法以及靶向BCMA的过继T细胞疗法，使用慢病毒载体转导免疫效应细胞。

可见，蓝鸟生物在基因治疗领域专利布局广泛，同时该公司拥有生产慢病毒载体的工厂，一旦产品上市，就有足够的产品供患者使用。

5.5.2.4 全球专利目标市场分析

图5-5-5显示了慢病毒载体药物领域排名前13位的专利目标市场，排名前五位的地区包括中国、美国、欧洲、日本和加拿大。中国是慢病毒载体药物专利的第一技术来源国和技术目标国，而且从数据来看，在优先权国专利分布中，中国比美国多出105项专利申请，而在目标国家和地区专利分析中，中国比美国多出184项专利申请，一方面，国内申请人具有一定的慢病毒载体药物研发实力，另一方面，国外申请人也在积极布局中国市场。

5.5.3 慢病毒载体药物中国专利分析

截至2020年8月31日，慢病毒药物的中国专利申请共计426项，在此基础上利用专利分析系统从专利整体发展趋势、专利申请国家/地区分布、主要申请人分析等对慢病毒载体药物专利申请进行分析。

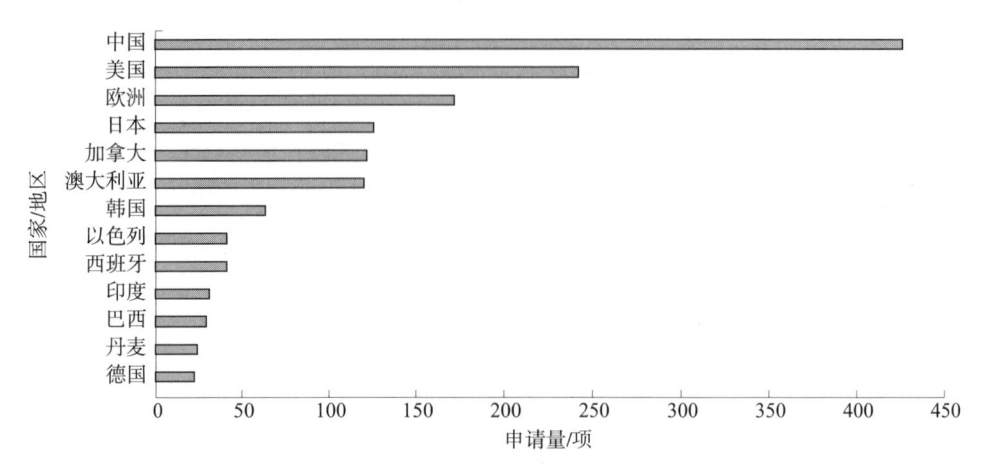

图 5-5-5 慢病毒载体药物专利目标市场分布

5.5.3.1 中国专利申请趋势

图 5-5-6 显示了慢病毒载体药物专利中国申请趋势。由图 5-5-6 可知，在 2012~2019 年，专利申请比较集中。在此期间，中国的企业、高校、研究机构是专利申请的主力军。目前，国内也有多个慢病毒药物临床试验正在开展，针对的适应证有地中海贫血症、血友病等。2020 年的申请量呈下降趋势，主要与 2020 年的申请尚未公开有关。

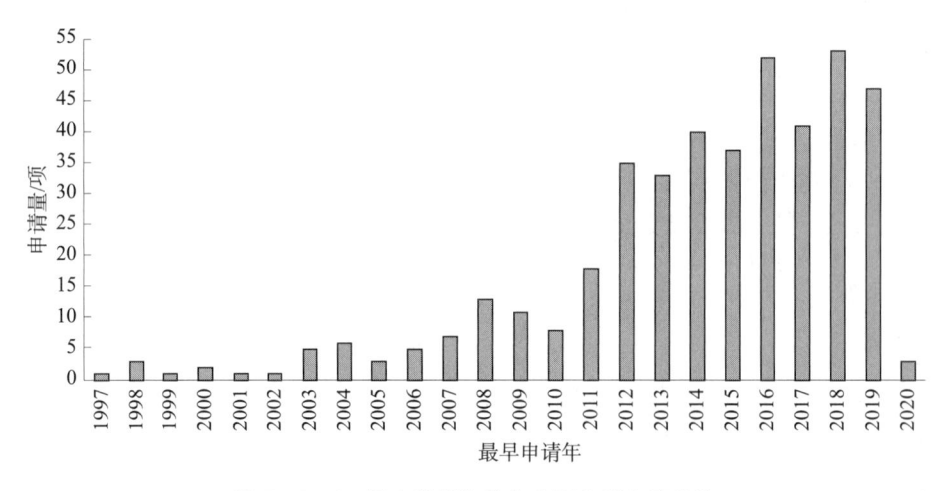

图 5-5-6 慢病毒载体药物中国专利申请趋势

5.5.3.2 中国专利申请主要省份分布

图 5-5-7 显示慢病毒载体药物专利中国申请主要省份排名情况。上海、广东的专利申请数量明显高于其他省份，结合图 5-5-8 可知，排名第一位的吉凯基因拥有 44 项专利申请；深圳市免疫基因治疗研究院、深圳市疾病预防控制中心、中国科学院深圳先进技术研究院均是排名前七位的专利申请人，促成上海和广东排名领先。

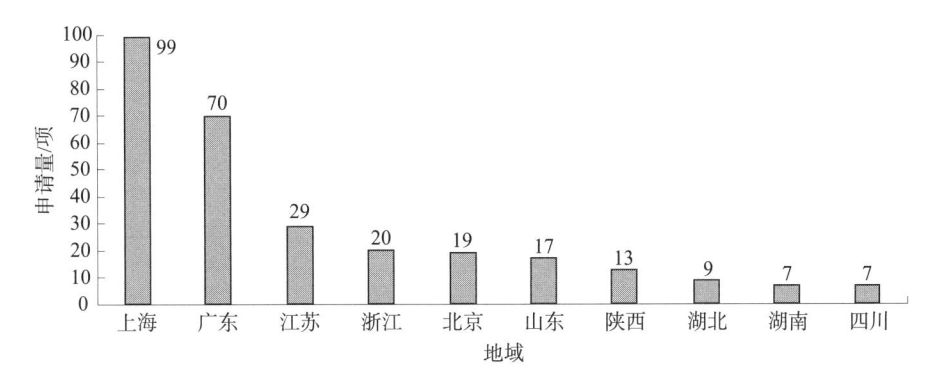

图 5-5-7 慢病毒载体药物中国专利申请地域分布

5.5.3.3 主要申请人分析

图 5-5-8 显示了 LV 载体药物专利中国申请量排名前七位的申请人，申请量最多的是吉凯基因（44 项），位居第二的是第二军医大学（14 项），位居第三的是中国科学院深圳先进科技研究院（11 项），此外，在 ClinicalTrial 网站上，深圳市免疫基因治疗研究院目前有 43 项临床试验正在开展，主要涉及 CAR-T 治疗以及基因治疗，下面针对该研究院的基因治疗相关专利以及临床试验作详细介绍。

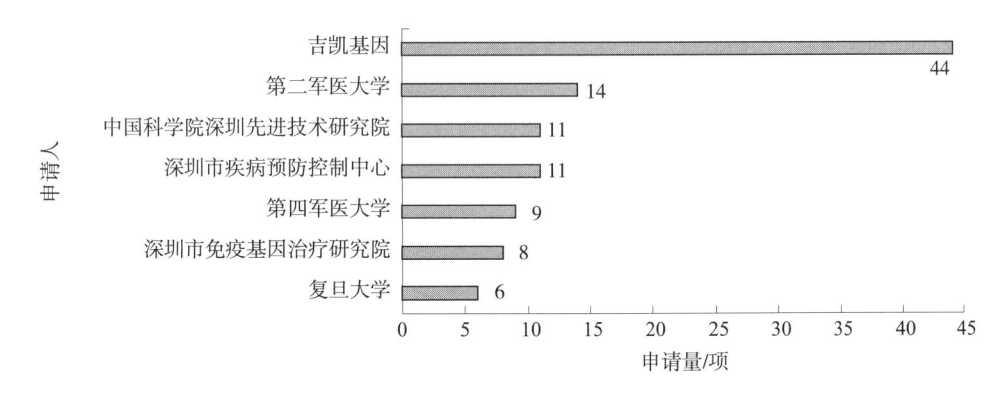

图 5-5-8 慢病毒载体药物专利中国前七位申请人申请量排名

（1）吉凯基因

吉凯基因聚焦于细胞治疗、基因治疗和抗体药物 3 个方向，围绕这 3 个方向布局了一个完整的研发项目管线。吉凯基因建立了国内领先的慢病毒文库，包含几乎覆盖人类所有基因的近 15 万个独立克隆。本次共筛选出 44 项吉凯基因慢病毒载体药物专利。这些专利主要是将 RNA 干扰技术应用于慢病毒载体，得到的慢病毒载体能够特异性抑制相应基因表达，进而抑制肿瘤细胞的生长，促进肿瘤细胞凋亡，表 5-5-3 列举了吉凯基因慢病毒载体药物专利中被引用次数较多的专利，可以发现专利技术内容都比较相似。

表 5-5-3　吉凯基因慢病毒载体药物典型专利

公开号	发明名称	PCT	法律状态
CN102433383B	人 STIM1 基因的用途及其相关药物	无	授权
CN102559895B	人 NOB1 基因的用途及其相关药物	无	授权
CN103667422B	人 CUL4B 基因的用途及其相关药物	无	授权
CN103421886B	CIZ1 基因的用途及其相关药物	无	授权
CN103173529B	人 NLK 基因相关的用途及其相关药物	有	授权
CN102552937B	人 PAK7 基因的用途及其相关药物	无	授权
CN102229928B	人 RBBP6 基因的小干扰 RNA 及其应用	无	授权

(2) 深圳市免疫基因治疗研究院

深圳市免疫基因治疗研究院主要研究方向是针对癌症的 CAR-T 免疫细胞治疗及针对基因相关疾病的治疗。目前已研发出了 70 余种 CAR-T 细胞标靶方案，靶向绝大部分种类癌症，并且已经将数种 CAR-T 细胞应用到临床，已经有多例晚期癌症患者治疗成功的案例，包括白血病以及淋巴癌等。该研究院目前采用双重干细胞基因疗法治疗多项遗传疾病，主要针对 7 种基因疾病：异染性脑白质营养不良症（MLD）、ALD、地中海贫血、血友病；视网膜眼睛疾病、X 连锁严重联合免疫缺陷（X-SCID）、范可尼贫血（FA）（见图 5-5-9）。

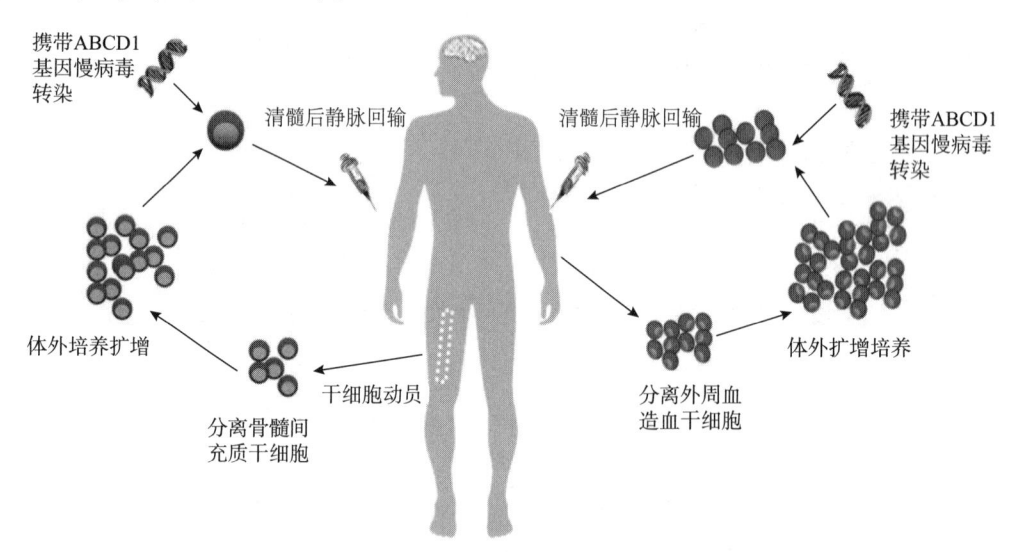

图 5-5-9　深圳免疫基因治疗研究院拟采用的双重干细胞基因治疗

本次共筛选出 8 项深圳市免疫基因治疗研究院慢病毒载体药物专利，如表 5-5-4 所示。这 8 项专利均是在 2018 年 5 月 31 日申请，在 pTYF 慢病毒载体的 5′端的剪接供体位点进行改造后的基础上特异性地连入目标基因，能够在保障安全性的同时实现更高效的基因传递，使目标基因在转基因相关细胞中的表达量明显增加，能够更高效地完成相应疾病基因治疗过程中正常基因的传递。治疗的疾病有：A型血友病、B型血友病、黏多糖贮积症、Sanfilippo A 综合征、Sanfilippo B 综合征、X－SCID、MLD、戈谢病。

表5-5-4 深圳市免疫基因治疗研究院慢病毒载体药物专利

公开号	发明名称	PCT	法律状态
CN108795986A	一种A型血友病慢病毒载体、慢病毒及其制备方法和应用	有	申请中
CN108795985A	一种黏多糖贮积症慢病毒载体、慢病毒及其制备方法和应用	有	申请中
CN108728495A	一种Sanfilippo A 综合征慢病毒载体、慢病毒及其制备方法和应用	有	申请中
CN108728494A	一种X－SCID慢病毒载体、慢病毒及其制备方法和应用	有	申请中
CN108707627A	一种MLD慢病毒载体、慢病毒及其制备方法和应用	有	申请中
CN108715868A	一种Gaucher慢病毒载体、慢病毒及其制备方法和应用	有	申请中
CN108715867A	一种Sanfilippo B 综合征慢病毒载体、慢病毒及其制备方法和应用	有	申请中
CN108676815A	一种B型血友病慢病毒载体、慢病毒及其制备方法和应用	有	申请中

表5-5-5列举了深圳市免疫基因治疗研究院LV载体药物临床试验，这些临床实验尚未开始招募患者或正在招募中，主要采用LV修饰的造血干细胞以及间充质干细胞重建受影响患者的免疫系统，LV可以永久地整合到宿主细胞基因组，长期矫正遗传缺陷，因此，这些临床实验的效果值得期待。

表5-5-5 深圳市免疫基因治疗研究院LV载体药物临床试验

试验题目	试验编号	试验名称
基因治疗FVIII型血友病的安全性和有效性临床试验	NCT03217032	Lentiviral FVIII Gene Therapy for Hemophilia A
地中海贫血基因治疗方法的安全性及有效性临床研究	NCT03351829	Gene Therapy of Beta Thalathemia Using a Self－inactivating Lentiviral Vector
通过基因治疗X连锁重症联合免疫缺陷病的Ⅰ/Ⅱ期临床试验	NCT03217617	Gene Therapy for X－linked Severe Combined Immunodeficiency（SCID－X1）Using a Self Lentiviral Vector
基因治疗范可尼FANCA型贫血的安全性及有效性临床研究	NCT03351868	FANC－A Gene Transfer for Fanconi Anemia Using a Self－inactivating Lentiviral Vector

续表

试验题目	试验编号	试验名称
基因治疗 ADA-SCID 的安全性和有效性临床研究	NCT03645460	Gene Transfer for Adenosine Deaminase – severe Combined Immunodeficiency (ADA – SCID) Using an Improved Self – inactivating Lentiviral Vector (TYF – ADA)
基因治疗慢性肉芽肿病的安全性和有效性临床研究	NCT03645486	Lentiviral Gene Therapy for Chronic Granulomatous Disease (CGD)
基因治疗 MLD 的安全性和有效性临床研究	NCT03725670	Gene Therapy for Metachromatic Leukodystrophy (MLD) Using a Self – inactivating Lentiviral Vector (TYF – ARSA)
基因治疗 X-SCID 的安全性和有效性临床研究	NCT03727555	Lentiviral Gene Therapy for X – linked Adrenoleukodystrophy (X – ALD)
基因治疗 FIX 型血友病的安全性和有效性临床试验	NCT03961243	Lentiviral FIX Gene Therapy for Hemophilia B

5.6 溶瘤病毒药物

5.6.1 溶瘤病毒概述

溶瘤病毒（Oncolytic Virus，OV）是一类能选择性感染和杀伤肿瘤细胞的病毒，具有特异性复制能力，并能激发机体产生抗肿瘤免疫反应。它们的作用原理主要是通过对自然界存在的一些致病力较弱的病毒进行基因改造制成特殊的溶瘤病毒，利用靶细胞中抑癌基因的失活或缺陷从而选择性地感染肿瘤细胞，在其内大量复制并最终摧毁肿瘤细胞。溶瘤病毒疗法最初发现于 20 世纪初期，活跃于 20 世纪中期的大量临床试验，但由于当时技术有限，主要是利用天然的溶瘤病毒，其引发的强烈免疫反应和并发症导致治疗效果不佳、副作用大，使当时化疗和放疗显示出了颠覆性的疗效，故而该领域受到冷落。2005 年，改造的腺病毒 H101（安柯瑞）在中国获批上市，但临床疗效未得到国际认可，未受关注。2015 年，美国 FDA 批准溶瘤疱疹病毒 T – VEC 上市，标志溶瘤病毒技术的成熟。❶

5.6.2 溶瘤疱疹病毒 T-VEC

2015 年 10 月，美国 FDA 批准了用基因工程改造的单纯疱疹病毒 I 型（T – VEC，

---

❶ 李平翠，杨帆，欧霞，等. 溶瘤病毒载体研究进展 [EB/OL]. [2020 – 10 – 13]. https：//kns.cnki.net/kcms/detail/11.2161.Q.20201013.1621.002.html.

商品名为 Imlygic）治疗晚期黑色素瘤，成为首个也是目前唯一获得 FDA 批准的溶瘤病毒。伦敦大学的 Robert Coffin 等人首先设计了 T-VEC，并在 2000 年创立了 BioVex，2011 年，安进以高达 10 亿美元的价格收购了 BioVex，[1] 从 BioVex 手中获得了 Imlygic 的专利所有权。

Imlygic 是一种减毒 1 型单纯疱疹病毒（Herpes simplex virus type 1，HSV1），通过基因修饰实现在肿瘤细胞中选择性复制，并表达 GM-CSF（Granulocyte-macrophage colony-stimulating factor），T-VEC 通过双重机制介导抗肿瘤活性，一方面，通过在肿瘤细胞中复制，导致肿瘤细胞裂解，并释放肿瘤相关抗原，从而促进抗肿瘤免疫应答；另一方面，T-VEC 释放的 GM-CSF 可以招募树突细胞和巨噬细胞来杀伤肿瘤细胞。

T-VEC 来源于 JS1 病毒株，其修饰过程如下：正常细胞在遭受病毒感染后会激活抗病毒通路，从而限制病毒的传播并促进感染细胞的凋亡或坏死，HSV-1 的毒性是由 ICP34.5（Infected cell protein 34.5）介导，可以通过阻断细胞的抗病毒通路以感染正常细胞。T-VEC 中编码 ICP34.5 的基因被删除，以消除 HSV-1 感染正常细胞的能力。一些癌细胞的抗病毒通路存在异常，可以通过下调某些关键的信号传导组分，使其更容易被病毒感染，因此，ICP34.5 缺失的 T-VEC 仍然可以感染癌细胞，从而实现在癌细胞中选择性复制的能力。为了进一步提高 T-VEC 的溶瘤能力，编码 ICP47（一种阻断抗原呈递的蛋白）的基因也被删除，从而增强病毒抗原的呈递。此外，ICP47 的缺失还诱导 US11 蛋白（Unique short 11 glycoprotein）早期表达量的上调并通过阻断抗病毒通路来促进病毒在癌细胞中进行复制。GM-CSF 是一种能够促进树突细胞聚集和成熟的细胞因子，将编码 GM-CSF 的基因插入 ICP34.5 缺失的位置，从而增强抗原提呈并刺激 T 细胞免疫应答。经修饰的 T-VEC 感染癌细胞之后，可以逆转免疫抑制的肿瘤微环境，诱导抗肿瘤免疫反应。

5.6.3 溶瘤疱疹病毒 T-VEC 相关专利分析

在 Questel Orbit 数据库中检索了 Amgen 和 BioVex 的专利申请，其中与 T-VEC 相关专利申请有 9 项，如表 5-6-1 所示。

表 5-6-1 T-VEC 相关专利

公开号	发明名称	法律状态	被引证次数/次	引证次数/次	同族量/项
US20020192802A1	Replication competent herpes virus strains	失效	7	2	5
CN1250732C	病毒株	授权	148	40	54
CN1829523B	病毒载体	授权	76	36	22

---

[1] Tiplab. 溶瘤病毒 Imlygic [EB/OL]. [2018-06-15]. http://www.tip-lab.com/article/?uuid=ed3539d283ce4d27a783c2bfd71a40b1.

续表

公开号	发明名称	法律状态	被引证次数/次	引证次数/次	同族量/项
US10301600B2	Virus strains	授权	16	40	2
CN104704002A	使用单纯疱疹病毒和免疫检查点抑制剂治疗黑色素瘤的方法	授权	38	26	15
CN110461346A	溶瘤病毒单独或与检查点抑制剂组合用于治疗癌症的用途	申请中	1	40	8
CN111246883A	用抗PD-L1抗体和溶瘤病毒治疗三阴性乳癌或结肠直肠癌伴随肝转移	申请中	2	38	9
WO2020180864A1	Use of oncolytic viruses for the treatment of cancer	申请中	0	43	1
WO2020205412A1	Use of oncolytic viruses in the neoadjuvant therapy of cancer	申请中	0	41	1

通过对该9项专利申请的同族专利数量、引证数量、被引证数量以及技术内容等方面分析，找到T-VEC的核心专利家族为CN1250732C。

图5-6-1列举了涉及T-VEC的专利申请，梳理了T-VEC相关专利发展技术路线。其中除了专利US20020192802A1处于失效状态，其余专利均处于有效状态。2011年1月22日，BioVex同时递交了2001WO-GB00225和2001WO-GB00229两项PCT申请，而且要求相同的优先权（GB0001475、GB0001475、GB0100288、GB0100430）。两项PCT申请分别进入指定国，并由此衍生出保护T-VEC的一个大的专利族CN1250732C。

专利US7223593B2的权利要求1保护一种单纯疱疹病毒，并且限定了病毒的结构和功能，T-VEC正在专利US7223593B2的保护范围内。专利US8277818B2保护一种包含病毒的组合物，并对病毒的结构和功能进行了具体的限定，即包含GM-CSF、缺少ICP34.5和ICP47、在感染的肿瘤细胞中具有复制能力，对T-VEC进行更进一步的保护。专利US8680068B2保护一种通过直接瘤内注射对肿瘤施用治疗有效量的单纯疱疹病毒来治疗癌症的方法。专利US20140154215A1保护包含多个编码免疫调节蛋白基因的单纯疱疹病毒，比如RANTES、B7.1、B7.2或者CD40L。专利US20150232812A1将免疫调节蛋白基因进一步限定在启动子的控制之下。专利US7063835B2对单纯疱疹病毒的结构和功能进行限定，修饰的临床分离株比以与临床分离株相同的方式修饰的参考实验室HSV株具有更大的能力；没有限定疾病的类型，使用该专利中的单纯疱疹病毒治疗癌症也受US7223593B2的限制。专利核心专利US7063835B2分案及继续申请：

年份				
2000	伦敦大学的RobertCoffin等人首先设计了T-VEC,并在2000年创立了BioVex			
2001	US20020192802A1 WO0153507A1 US20030113348A1 US20030091537A1			
2004	CN1829523A			
2006	US20070003571A1			
2007		US20070264282A1		
2009	US20090220460A1			
2011	2011年,安进以高达10亿美元的价格收购了BioVex			
2012			US20120321599A1	
2013				WO2014036412A2
2014	US20140154215A1 US20140154216A1			
2015	US20150232812A1	2015年10月,T-VEC获美国FDA批准		
2018				WO2018170133A1 WO2019032431A1
2020				WO2020180864A1 WO2020205412A1
	疱疹病毒	组合物	治疗方法	联合治疗

图 5-6-1　T-VEC 相关专利申请

专利 US7537924B2 对病毒的结构进行了限定,缺少 ICP34.5 和 ICP6 基因。

US20090220460A1 同样保护修饰的溶瘤性单纯疱疹病毒。

综上,BioVex 围绕 US7223593B2 和 US7063835B2 进行一系列的针对 T-VEC 的外围专利保护,形成严密的专利保护网。

除了 CN1250732C 专利族外,CN1829523B 和 US10301600B2 专利族同样保护改进的单纯疱疹病毒结构,其中 CN1829523B 的权利要求 1 保护 "一种缺少功能性 ICP34.5 编码基因的疱疹病毒,所述病毒包括:(i) 编码前体药物转化酶的外源基因;以及 (ii) 编码能够导致细胞与细胞融合的蛋白的外源基因";US10301600B2 的权利要求 1 保护 "An oncolytic herpes simplex virus 1 (HSV1) strain, wherein said HSV1 strain: does not contain a functional ICP 34.5 - encoding gene; does not contain a functional ICP 47 - encoding gene; does not contain a heterologous lacZ gene; and has a greater ability to replicate in or kill tumor cells than HSV1 strain 17 +, wherein said HSV1 strain 17 + is modified to lack a functional ICP 34.5 - encoding gene"。

除了单纯疱疹病毒结构外,安进还申请了保护 T-VEC 的其他专利,主要是与免疫检查点抑制剂组合治疗癌症,其中 CN104704002A 专利权利要求 1 保护 "一种用于治疗黑色素瘤的方法,其包括向ⅢB期到Ⅳ期黑色素瘤患者施用有效量的免疫检查点抑制剂和单纯疱疹病毒,其中所述单纯疱疹病毒缺乏功能性 ICP34.5 基因、缺乏功能性 ICP47 基因并且包含编码人 GM-CSF 的基因",免疫检查点抑制剂是 CTLA-4 抗体、抗 PD-L1 抗体、抗 PD1 抗体;CN110461346A 专利权利要求 4 保护"一种通过给予以下项治疗 B 细胞淋巴瘤、结直肠癌、头颈部鳞状细胞癌或乳腺癌(例如,三阴性乳腺癌)的方法:(i)治疗有效量的溶瘤病毒;和(ii)治疗有效量的检查点抑制剂",检查点抑制剂是 CTLA-4、PD-L1 或 PD-L1 阻断剂;CN111246883A 专利权利要求 1 保护"一种对患有三阴性乳腺癌或结肠直肠癌的受试者进行治疗的方法,该方法包括向该受试者施用溶瘤病毒和抗 PD-L1 抗体的组合,其中该溶瘤病毒以初始剂量、随后以第二剂量向该受试者施用,其中该初始剂量低于该第二剂量"。在 2019 年美国芝加哥举行的美国临床肿瘤学会(ASCO)年会上,新的研究报告显示:使用 T-VEC 溶瘤病毒联合检查点抑制剂 Yervoy、Keytruda 等免疫疗法,其应答率高达 62%。这种联合疗法具有良好的耐受性和高度的有效性。大多数患者在接受这种联合治疗后肿瘤缩小了 50% 以上。[1] 联合免疫治疗有望提高总的治疗效果,可成为今后的主要研究方向。而且,T-VEC 的专利在美国、欧洲、加拿大、澳大利亚、中国、日本、韩国基本都有同族专利申请,非常注重全球专利布局,国内申请人需要关注同族专利申请的法律状态和保护范围,在核心专利失效之前积极开展仿制药的开发。

5.7 本章小结

通过对全球以及中国病毒载体药物技术领域总体概况、重点技术分支、主要适应证以及重点专利申请人的分析,归纳如下:

(1)全球专利申请经历平稳增长后进入低潮期并再度快速增长的过程,1987~1992 年,全球病毒载体药物专利申请数量相对较少,年申请量在 20 项以下;1993~2002 年,病毒载体药物的专利申请量平稳增长,到 2002 年的年申请量达到 200 项;2003~2013 年,受 2003 年初基因治疗药物临床试验出现的不良反应的影响,病毒载体药物的专利申请量不升反降;自 2014 年起,全球病毒载体药物专利数量又开始回升,且增长较快。在此期间,安进、葛兰素史克、诺华、罗氏等大型原研药企业的病毒载体药物产品陆续完成临床实验,并陆续获批上市。来自美国的专利申请占据了绝对的优势地位,占全球申请总量的 54%,是主要的病毒载体药物技术来源地。

中国专利申请没有经历低潮期,总体增长幅度小于全球专利申请增长幅度,近年来申请快速增长,但是年专利申请量只有同期全球的一半。

(2)全球范围内,美国、欧洲、中国、澳大利亚、加拿大是主要目标市场,国外申请人间存在较多合作申请,海外专利布局意识强。中国缺乏国际竞争力的研发企业,

---

[1] 马诺医疗:T-VEC 溶瘤病毒免疫联合疗法治疗晚期黑色素瘤,应答率高达 62%[EB/OL].(2019-11-27)[2020-11-30]. https://www.sohu.com/a/356724099_100229093.

国内申请人的海外专利布局不足。

（3）在所有的基因治疗技术分支中，癌症是专利申请数量最多的适应证。CAR-T的研究主要集中在癌症方面，其他适应证专利数量极少，是专利布局的空白点。

（4）AAV载体是基因治疗领域的主要载体技术，密码子优化、调控元件技术手段的专利数量是最多的，衣壳突变、免疫抑制剂、衣壳化学修饰的专利数量较少；AAV载体改造的首要技术效果是载体高效表达，其次是细胞靶向性，降低免疫原性和毒性以及解决载体容量限制的专利数量较少，为了解决现有AAV基因治疗药物的技术瓶颈，衣壳突变、免疫抑制剂、衣壳化学修饰可纳入国内申请人的主要研究方向。Voyager Therapeutics、Spark Therapeutics以及UniQure是AAV基因治疗的先驱企业，其专利布局、专利保护范围、临床研究进展以及产品上市情况值得国内申请人重点关注。

（5）相比传统疫苗以及DNA疫苗，mRNA疫苗安全性具有一定优势。MODERNA是全球领先的mRNA疫苗公司，其mRNA疫苗治疗传染病的专利布局方法值得借鉴和学习。开发mRNA疫苗的通用技术平台、优化效递送系统是mRNA疫苗未来成功的关键。

（6）从全球范围专利数量来看，中国在慢病毒基因治疗领域是有优势的，申请人以高校和研究机构为主，企业可寻求专利许可合作，将慢病毒应用于HSC的基因治疗和CAR-T细胞治疗，促进技术产业化，抢占国际市场。Oxford BioMedica、蓝鸟生物是慢病毒基因治疗的先驱，拥有多个研发管线，产品上市指日可待，需密切关注。

（7）溶瘤病毒技术基本成熟，前景广阔。T-VEC作为首个获得美国FDA认可的溶瘤病毒产品，在发达国家/地区全面布局，在中国也有布局。T-VEC的核心专利限定了溶瘤病毒的结构和功能，在核心专利基础上进行分案和继续申请，进一步保护溶瘤病毒的治癌方法、目的基因的启动子控制以及修饰的病毒株。该核心专利的中国同族到期日为2021年1月，中国相关企业和研究机构要重点关注。此外，安进还申请了保护T-VEC的其他专利，主要是与免疫检查点抑制剂组合治疗癌症。联合免疫治疗有望提高总的治疗效果，可成为今后的主要研究方向。

第6章 基因治疗药物重点专利

本章使用的专利数据库主要是 Questel Orbit 和 IncoPat，使用的非专利数据库有 FDA Orange Book、Google Scholar、ema.europa.eu 以及 ClinicalTrials.gov，本课题组从非专利的网站获取药物的载体、活性成分等信息，然后通过 Orange book 或者 EMA 登记的药品链接核心专利出发整理专利的相关信息。图 6-0-1（见文前彩色插图第 6 页）列出了已经被批准的基因治疗药物。

本章用两个例子来对两种重要的基因治疗药物进行梳理，这两种药物分别是反义寡聚核苷酸及使用病毒载体的基因药物。本课题组试图从基因治疗药物的研发进程、专利布局、遇到的审查以及无效的问题，探讨新药的全球专利布局如何配合研发和上市的进程，以及新药的专利申请应该如何利用各国的法律规定，提前做好在主要市场应对竞争对手无效和诉讼的策略部署。

6.1 Nusinersen

Nusinersen 是一种"孤儿药"，商品名为 Spinraza，在美国的定价为每次注射 125000 美元，第一年的治疗费用为 750000 美元，此后每年为 375000 美元。据《纽约时报》报道，Nusinersen 跻身世界上最昂贵的药品之列。❶

6.1.1 脊髓性肌萎缩症

脊髓性肌萎缩症（SMA）是一种罕见的神经肌肉疾病，可导致运动神经元丧失和进行性肌肉消瘦。通常在婴儿或儿童早期被诊断出，它是婴儿死亡的最常见遗传原因。它也可能出现在晚年，但是病情较轻。共同特征是肌肉进行性无力，首先是手臂、腿和呼吸肌受到影响。相关问题可能包括头部控制不佳、吞咽困难、脊柱侧弯和关节挛缩。

SMA 根据发病年龄和症状严重程度分为多种类型。SMA 归因于运动神经元存活基因 1（SMN1）的异常（突变），该基因编码 SMN1 蛋白质，是运动神经元存活所必需的蛋白质。脊髓中这些神经元的丢失阻止了大脑和骨骼肌之间的信号传导。另一个基因 SMN2 被认为是一种疾病改良基因，因为通常 SMN2 拷贝越多，病程就越温和。SMA 的诊断基于症状并经过分子遗传学检测。

导致 SMA 的分子机制是 SMN1 的两个拷贝均缺失，这种蛋白是一种多蛋白复合物

---

❶ 70万元一针的诺西那生钠注射液，在日本打要多少钱？[EB/OL].（2020-08-27）[2020-12-30］. https://www.sohu.com/a/411975295_120236673.

的一部分，该多蛋白复合物被认为参与小核糖核酸蛋白 snRNP 生物合成和循环。在染色体 5q13 的复制区存在一个基本相同的基因 SMN2，其调节疾病的严重程度。尽管 SMN1 和 SMN2 都能够编码相同的蛋白，但 SMN2 在其外显子 7 的 +6 位含有翻译沉默突变，会导致在 SMN2 转录物中外显子 7 的包含不足。这样，SMN2 主要形成被截短的版本，缺乏外显子 7，其不稳定且无活性。❶ SMN2 基因表达产生 10%～20% 的 SMN 蛋白和 80%～90% 不稳定/非功能性的 SMNΔ7 蛋白。SMN 蛋白在剪接体装配过程中的作用已被验证，且其还可以介导 mRNA 在神经元的轴突和神经末梢间的转运。

通常，SMN1 基因的突变是通过常染色体隐性方式从父母双方遗传的，但是也有 2% 的新发突变。全世界 SMA 的发生率从 1/4000 到 1/16000，中国尚无 SMA 的发病率流行病学资料，但是根据新生儿数量推测，中国 SMA 患者的数量在 3 万～5 万人。

目前，基因治疗 SMA 的方式有两种，分别是：

（1）SMN1 基因替代

SMA 中的基因治疗旨在通过使用病毒载体将特制的核苷酸序列（SMN1 转基因）插入细胞核来恢复 SMN1 基因的功能。scAAV-9 和 scAAV-10 是正在研究的主要病毒载体。在 2019 年，使用 AAV9 疗法的基因产品 Zolgensma 获得 FDA 批准。

（2）SMN2 剪切调节

该方法旨在修饰 SMN2 基因的可变剪接，以迫使其编码更高百分比的全长 SMN 蛋白。有时也被称为基因转换，因为它试图将 SMN2 在基因功能上转换为 SMN1 基因。这就是本章涉及的药物 Nusinersen 的治疗机制，如图 6-1-1 所示。

6.1.2 Nusinersen 的研发历程

Nusinersen 的活性成分是 SMN2 中的内含子抑制序列元件，名为 ISS-N1（用于"内含子剪接沉默子"），有效靶向为 SMN2 pre-mRNA 中的 SMN2ISS-N1 位点，从而调节 SMN2 pre-mRNA 的剪接。引起 SMN 蛋白表达的升高，从而补偿了在患有 SMA 的受试者中通常观察到的 SMN 蛋白表达的损失。这个药物是美国冷泉港实验室的 Adrian Krainer 与伊奥尼斯合作开发的。发现 Nusinersen 的最初工作是由 Cure SMA 资助的马萨诸塞大学医学院的 Ravindra Singh 博士及其同事完成的。❷

2011 年，Nusinersen 开始 I 期临床，2012 年，伊奥尼斯与百健合作开发该产品，该药物研发进展很快，分别在 2013 年、2014 年进入 II、III 期临床试验，2016 年 12 月，根据 III 期临床试验结果，该新药申请通过 FDA 的优先审查程序获得美国上市批准，并于 2017 年 5 月获得 EMA 批准。随后，Nusinersen 在加拿大（2017 年 7 月）、日本（2017 年 7 月）、巴西（2017 年 8 月）和瑞士（2017 年 9 月）被批准治疗 SMA。在 2019 年 2 月，（NMPA）批准该药在中国上市（见图 6-1-2）。

---

❶ CARTEGNI L, KRAINER A R. Disruption of an SF2/ASF-dependent exonic splicing enhancer in SMN2 causes spinal muscular atrophy in the absence of SMN1 [J]. Nature Genetics, 2002, 30 (4): 377-384.

❷ GARBER K. Big win possible for Ionis/Biogen antisense drug in muscular atrophy [J]. Nature Biotechnology, 2016, 34 (10): 1002-1003.

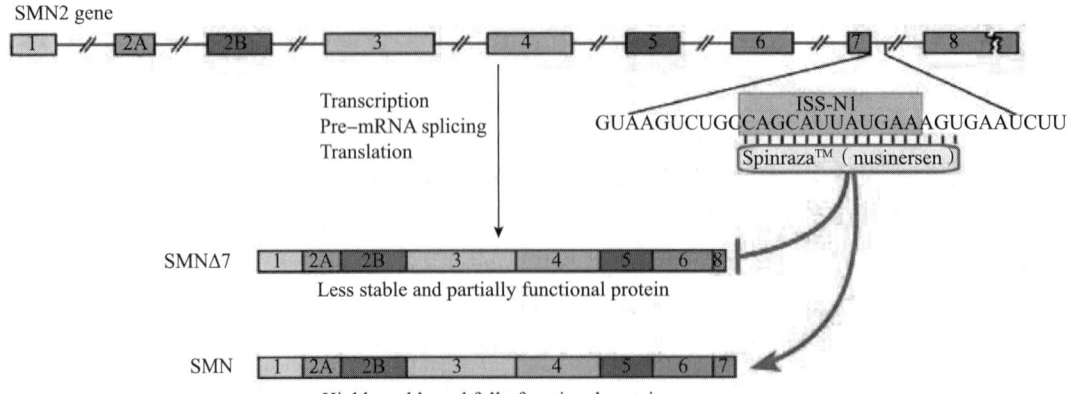

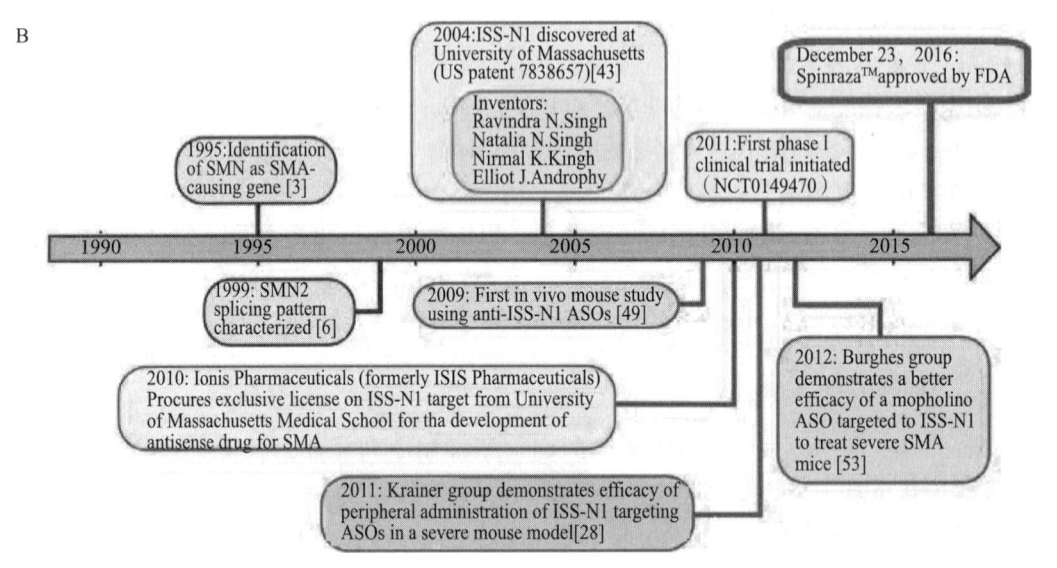

图 6－1－1　Nusinersen 的治疗机理以及早期研究[1]

图 6－1－2　Nusinersen 的研发上市历程

6.1.3　Nusinersen 的专利保护网络

无论是最初的研发者伊奥尼斯和冷泉港实验室，还是其后投入资源的百健，对

---

[1]　OTTESEN E W. ISS－N1 makes the First FDA－approved Drug for Spinal Muscular Atrophy［J］. Translational Neuroscience，2017，8（1）：1-6.

Nusinersen 的专利保护以及专利壁垒的构建一脉相承（见图 6-1-3）。本课题组将从活性成分、生产工艺、诊断/给药方法，以及与药物组合物 4 个方面来具体分析 Nusinersen 的专利保护策略。

图 6-1-3　Nusinersen 相关专利分布

注：深灰色为 Orange Book 药物链接的核心专利，浅灰色为同一专利族。

（1）寡核苷酸序列

对 SMN2 中的内含子抑制序列元件的专利保护最早从 2007 年就开始了，在专利 WO2007002390A3 中，伊奥尼斯和冷泉港实验室作为原始申请人，申请保护了一系列靶向 SMN2 的内含子 6、外显子 7 或内含子 7 的反义化合物，用以调节 SMN2 pre-mRNA 的剪接。反义化合物的长度为 12~20 个核苷酸，在权利要求书中，申请保护的化合物共有 129 种。可以推论，在 2007 年申请专利时，申请人还未得知临床效果最好的化合物，所以把所有有希望进入临床试验的化合物全部申请专利。

到了 2010 年，核心专利申请 WO2010148249A1 就明确保护 Nusinersen 的序列，除了序列本身，该申请的权利要求中还记录了给药位置（权利要求 1~5）和给药剂量（权利要求 6~32），以及各种联合用药和对序列的各种化学修饰。在这件专利申请中，申请人明确提出了，含有外显子 7 氨基酸的 SMN2 多肽的量增加至少 70%。受试对象中的运动功能改善、运动功能丧失被推迟或减少、呼吸功能改善或者生存率改善。

专利 WO2014110291A1 中要求保护与 WO2010148249A1 相同的序列，仅在美国获得授权。专利 WO2015161170A3 和 WO2007002390A3 比较相似，保护了一揽子的序列，而且加入了比较多的对序列的各种修饰，其中每个"N"代表核碱基，每个"s"代表硫代磷酸酯核苷间键，每个"o"代表磷酸二酯核苷间键。非常可惜的是，由于其中独立权利要求的序列已经在先公开了，所以此申请在美国和欧洲都被驳回了。在此之后，百健没有再申请过和 Nusinersen 序列直接相关的其他专利。

（2）诊断/给药方法

2010 年，专利 WO2010148249A1 明确了效果最好的反义序列之后，在实验数据的支持下，专利 WO2010148249A1 以及其后的专利 WO2014110291A1、WO2016040748A1 从不同的角度对诊断/给药方法进行保护，虽然各国法律对疾病的诊断和治疗方法规定并不相同，但是 PCT 申请仍旧从最大范围对诊断和治疗进行了保护，并在进入国家阶段之后依据不同国家的法律对专利权利要求进行修改。

其中，给药部位分别有鞘内空隙、脑内的脑脊液，给药方式有推注注射和利用递送泵输注，给药的剂量为每千克对象体重 0.01~10mg 反义化合物，反义化合物的给药浓度为 0.01~100mg/ml，另外，在专利 WO2016040748A1 中，保护了使用抗原抗体反应的方法来测量 SMN 蛋白质含量，评估药物疗效的方法，并对抗体蛋白质的序列进行了保护。

(3) 生产工艺

在合成寡核苷酸过程中，很容易产生杂质，比如导致寡聚体缺失核苷（N-1 杂质）或具有磷酸二酯键而不是所需的硫代磷酸酯键（P=O 杂质）。另外，在合成期间或之后暴露于氧化条件可以将 P=S 转化为 P=O 以形成 P=O 杂质。完成所需序列的寡核苷酸的合成后，目标寡核苷酸与所有失败的序列以及 N-1 杂质和 P=O 杂质混合，需要将这些杂质与目标寡核苷酸分离。一种常用的分离技术是使用反相高效液相色谱（RP-HPLC）来纯化寡核苷酸，然而，RP-HPLC 通常不能有效去除 N-1 杂质、P=O 杂质、ABasic 杂质、CNEt 杂质和/或 N+1 杂质。RP-HPLC 的另一个缺点是使用大量有机溶剂，导致产生了处置问题以及需要在防爆设施中进行纯化。

在公开药物序列以及相关的诊断治疗方法之后，百健布局专利 WO2017223258A1、WO2017218454A1 以及 WO2020227618A3 进一步保护了工业化大规模高效合成反义寡核苷酸链的制造方法。

专利 WO2017218454A1 描述了使用疏水相互作用色谱法（HIC）纯化目标寡核苷酸的方法。该方法以特定的动态加载容量将目标寡核苷酸与产物相关杂质的混合物施加到 HIC 色谱树脂（或疏水性吸附剂），使 N-1 杂质和 P=O 杂质与目标寡核苷酸的分离得到改善，并且消除了纯化过程中有机溶剂的使用。该方法还可以去除 ABasic 杂质、CNEt 杂质和/或 N+1 杂质。

专利 WO2017223258A1 保护了制备部分硫醇化的寡核苷酸，所述寡核苷酸包含硫代磷酸酯（P=S）和磷酸二酯（P=O）。部分硫醇化的寡核苷酸常规地通过 4 步反应步骤循环制备，所述循环中的第三步骤是氧化或硫化，这取决于是需要 P=O 还是 P=S。该方法可用于消除硫化步骤后的加帽步骤。然而，因为氧化步骤的副产物不能使未反应的 5'-羟基加帽，所以在氧化步骤之后可能剩余残留量的未反应的 5'-羟基。然而，对于包含少量 P=O（例如 4 个或更少）的部分硫醇化的寡核苷酸，在此所述的方法甚至可在氧化步骤之后没有加帽步骤的情况下使用。对于包含更大量的 P=O（例如 5 个或更多）的部分硫醇化的寡核苷酸，可使用本方法，在每个氧化步骤后使用常规加帽步骤（例如用乙酸酐）。而且在硫化步骤之后仍然不需要加帽步骤，无论存在多少 P=O。

专利 WO2020227618A3 描述了通过偶联两个或多个（例如 3 个、4 个、5 个、6 个等）寡核苷酸片段来制造寡核苷酸的会聚液相方法，每个寡核苷酸片段具有两个或多个核苷酸。该收敛液相方法可以用于合成高纯度的受保护的寡核苷酸，而无需通过色谱法（例如柱色谱法）纯化，这使该方法适合用作大规模生产方法。在脱保护和标准下游纯化后，可获得适合治疗用途的高纯度反义寡核苷酸。

(4) 药物组合物

在核心专利 WO2010148249A1 中，申请人已经预料到该药物可以与其他的常规手段结合，并在权利要求中保护了与丙戊酸、利鲁唑、羟基脲、丁酸盐以及曲古霉素 A 联合给药，并且很宽泛地描述了可以和干细胞或者其他基因治疗一起使用。而相隔 10 年之后，在大量临床应用的基础上，申请人在专利 WO2020037161A1 中，披露了 Nusinersen 与 SMN1 药物联合用药的治疗方法。

具体来说，在该申请中 SMA 的受试者联合施用编码 SMN1 的重组核酸和 Nusinersen。SMN1 重组核酸在病毒载体 rAAV 中和 Nusinersen 被共同配制并作为单一组合物施用于受试者。或者，SMN1 重组核酸和 Nusinersen 作为单独的组合物提供，但是同时（例如，在相同的医疗访问期间或在相同的就诊期间）施用于受试者。

(5) Nusinersen 的中国和美国专利法律状态

中国和美国都是新药的巨大市场，跨国制药企业在两国进行布局的时候，会因为两国专利法律的巨大差异对保护内容进行主动或者被动的调整，通过比较上述 PCT 申请在进入国家阶段之后一直到授权所经历的变化，能够对跨国药物专利布局有一定启示。

如图 6-1-4（见文前彩色插图第 7 页）所示，专利 WO2007002390A3 保护了一揽子的反义核苷酸序列，其中的美国专利申请利用美国的分案制度和部分继续申请制度分别在 2010 年、2013 年、2015 年、2018 年、2018 年和 2020 年递交申请，整个申请持续 10 年，不断地试图延长专利的保护时限。可惜的是，这个重要的 PCT 申请并未进入中国，丧失了 100 多个反义核苷酸序列在中国的保护。

作为对照，该药物的核心专利 WO2010148249A1 不仅在美国取得了两项关键的授权，而且通过 PCT 途径进入中国。虽然 NMPA 已经于 2019 年批准了该药物在中国上市，但是保护该药物的两项核心专利中有一项已经被驳回，另一项还在审查中，其审查流程分析如下。

中国专利申请 CN102665731A 已被驳回，其权利要求基本上是 PCT 申请的直接翻译版本，并无明显的进入国家阶段的修改，中国专利审查员发过 3 次审查意见通知书，在第三次审查意见中，以不具备创造性理由驳回了所有权利要求。

权利要求 1 请求保护包含反义寡核苷酸的反义化合物在制备药物中的用途。对比文件 2（WO2007002390A3）公开了调节细胞中 SMN2 mRNA 剪切的化合物、组合物或方法，其可以治疗 SMA，并公开了靶向 SMN2 内含子 6、外显子 7 或内含子 7 的反义寡核苷酸，具有 12~20 个核苷酸，包含 2′-甲氧乙基糖配基，可以调节 MN2 mRNA 剪切，增加外显子 7，从而治疗 SMA；实施例 3 公开了靶向 SMN2 内含子 7 的反义寡核苷酸 ISIS387949，其序列为 ATTCACTTTCATAATGCTGG（与 CN102665731A SEQ ID3 相同，包含 SEQ ID 1 的序列，即其互补于人 SMN2 的编码核酸的内含子 7），其由 2′-甲氧乙基核苷酸组成。

权利要求 1 与对比文件 2 最重要的区别在于权利要求 1 中限定了碱基序列由 SEQ ID NO：1 的核碱基序列组成，各核苷间连接均为硫代磷酸酯连接。由此确定该申请实际要解决的技术问题是将反义寡核苷酸用于治疗特定 SMA。

对比文件 2 公开了寡核苷酸最少具有 8 个保守核苷碱基，并可以在两端延长、直至达到 10~50 个碱基。本领域技术人员可以通过常规实验确定序列 ISIS387949 保守序列，并可以得到合适长度的寡核苷酸。ISIS387949 序列与 SEQ ID NO：1 的核碱基序列差别在于：ISIS387949 多出了 AT 两个碱基，如上评述，本领域技术人员可以通过常规实验确定 ISIS387949 保守序列，并可以得到合适长度的寡核苷酸，即根据 ISIS387949 序列，得到 SEQ ID NO：1 的核碱基序列是容易的，硫代磷酸酯连接也是常用的核苷酸之间的连接方式。因此，在对比文件 2 的基础上，通过合乎逻辑的推理和常规实验得到权利要求技术方案对本领域技术人员来说是显而易见的，其不具备《专利法》第 22 条第 3 款规定的创造性。

申请人曾在其后提出复审请求，但是没有在通知书指定的日期内答复，最后复审请求视为撤回。

另一件核心的中国专利申请 CN106983768A 目前处于在审状态，与上述情况相同，专利 WO2007002390A3 也被专利审查员作为对比文件引用。权利要求 1 请求保护由核碱基序列为 SEQ ID NO：1 的 18 个核苷连接组成的反义寡核苷酸在制备用于改善患有 SMA 的人类对象运动功能的药物中的用途，其中所述反义寡核苷酸的每个核苷包含 2′-MOE 糖配基并且所述反义寡核苷酸的每个核苷间连接是硫代磷酸酯。对比文件 1❶ 公开了一种调控 SMN2 基因剪接的反义寡核苷酸，其序列为 CACTTCATAATGCTGG（与该申请 SEQ ID NO：1 的序列相同）。所述反义寡核苷酸是硫代磷酸酯骨架且包含 2′-MOE 糖配基。经核实，其在进行寡核苷酸合成时，对寡核甘酸中的胞嘧啶碱基进行甲基化修饰。权利要求 1 请求保护的技术方案和对比文件公开的内容相比，其区别特征在于限定在患有 SMA 的人类对象中治疗。基于上述区别特征所能达到的技术效果，权利要求要求保护的技术方案实际解决的技术问题是如何具体地应用所述药物。对于上述区别特征，对比文件 1 已经公开了所述反义寡核苷酸的具体核苷酸序列和骨架和修饰方式，对比文件 2（WO2007002390A3）公开了调节细胞中 SMN2 mRNA 剪切的化合物、组合物或方法，其可以治疗 SMA，并公开了靶向 SMN2 内含子 6、外显子 7 或内含子 7 的反义寡核苷酸具有 12~20 个核苷酸，其包含 2′-甲氧乙基糖配基，其可以调节 SMN2 mRNA 剪切，增加外显子 7，从而治疗 SMA。对比文件 2 公开了可以将反义寡核苷酸制备用于改善患有 SMA 的人类对象运动功能的药物中。可见，在对比文件 1 公开内容的基础上结合对比文件 2 和本领域的普通技术知识和常规技术手段以获得权利要求请求保护的技术方案对于本领域技术人员来说是显而易见的，其不具备突出的实质性特点和显著的进步，因此不具备创造性，不符合《专利法》第 22 条第 3 款关于创造性的规定。

作为对比，分析专利 WO2010148249A1 在美国的两个授权同族专利 US8980853B2 和 US9717750B2 的审查历史，如图 6-1-5 所示，通过分析同样的申请在美国能够授

---

❶ YIMIN H. Antisense Masking of an hnRNP A1/A2 Intronic Splicing Silencer Corrects SMM2 Splicing in Transgenic Mice [J]. The American Journal of Human Genetics, 2008 (82): 834-848.

权而在中国却被全部驳回的原因，进一步了解基因药物专利在中美两国的申请策略。

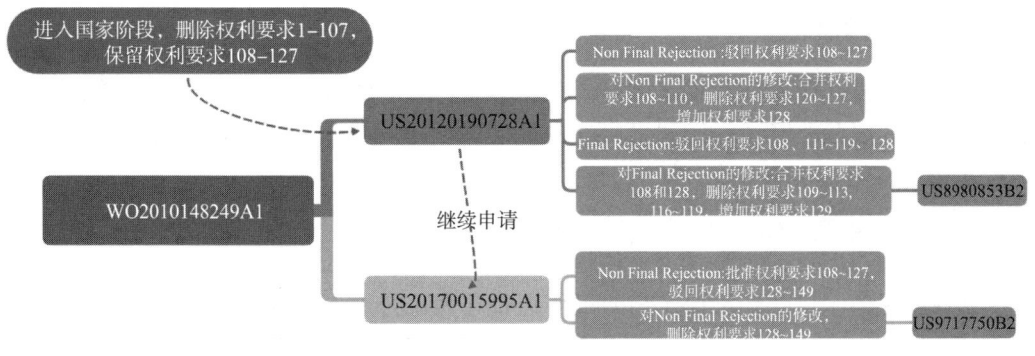

图 6-1-5　核心专利 WO2010148249A1 美国审查历史

专利 US9717750B2 经过两次审查意见和两次修改最终获得授权，最终获得保护的独立权利要求还是成功地保护了反义寡核苷酸链。主要原因是美国专利审查员并没有把中国专利审查员所使用的专利 WO2007002390A2 作为核心对比文件，而是选用了美国马萨诸塞大学的 Singh 等人的美国专利 US20100087511A1 作为核心对比文件。

美国专利审查员认为，专利 US20100087511A1 已公开了靶向人 SMN2 pre-mRNA 内含子 7 的反义寡核苷酸的使用，并且已公开了完全磷酸化 2′-MOE 修饰的反义寡核苷酸。审查员指出，Singh 等人尚未具体公开用 2′-MOE 修饰 SEQ ID NO：1。Baker 等人的专利 WO2007002390A2 包含完全 2′-MOE 修饰的 SEQ ID NO：1 的寡核苷酸，审查员得出结论，显然将所有这些元素组合在一起，影响目标申请的创造性。

申请人认为，通过将 2′-MOE 化合物的方法与使用 2′-OME 的方法的比较，可以"证明所要求保护的发明产生了现有技术中不存在的、出乎意料的改善"。审查员认为，显而易见的是，将各种参考文献中公开的要素进行组合以实现所要求保护的发明。这包括用 Baker 等人公开的 2′-MOE 修饰的寡核苷酸完全取代 Singh 等人公开的 2′-OMe 修饰的寡核苷酸，然而申请人辩解说，与 2′-OME 相比，要求保护的 2′-MOE 修饰提供了出乎意料的益处。例如，在动物模型和人体试验中，2′-MOE 修饰都表现出更好的疗效，以及更低的毒性。审查员随后接受了申请人的创造性的论述，立刻给予授权。

综上所述，比起中国专利审查员的对比文件，美国专利审查员的核心对比文件在创造性的论述上缺乏说服力。

6.2　AMT-061

AMT-061 使用 AAV5 载体，其活性成分为密码子优化的人 FIX 互补脱氧核糖核酸（cDNA）的 Padua 变体。

在患有 B 型血友病的患者中，产生 FIX 的基因有缺陷，从而阻止了他们制造 FIX。AMT-061 药物是基于 AAV 载体，该病毒载体含有负责 FIX 的基因的正常拷贝。当注射到患者的静脉中时，病毒将被携带到肝脏，在那里该基因将被吸收到患者的肝细胞中并开始产生 FIX。预期单剂量的药物将长时间维持升高 FIX 水平,从而减少出血。

6.2.1 B 型血友病

B 型血友病也被称为乙型血友病,是由于凝血因子Ⅸ的遗传突变并导致凝血因子Ⅸ的缺乏,而引起的容易瘀伤和出血的血液凝固性疾病。它比凝血因子Ⅷ缺乏症(A 型血友病)少见。

B 型血友病的体征和症状包括容易瘀伤、尿道出血、鼻出血和关节出血。患者的并发症包括表现出较高的牙周疾病和龋齿发生率,这是因为担心出血,导致缺乏口腔卫生和口腔保健。轻度 B 型血友病的最明显口腔表现是原发性牙列剥脱过程中的牙龈出血,或侵入性手术/拔牙后出血时间延长。在严重的血友病患者中,口腔组织、嘴唇和牙龈可能会自发出血,并伴有瘀斑。在极少数情况下,可能会观察到颞下颌关节的出血(渗入关节腔)。血友病患者在其一生中会经历许多口腔出血发作,每年平均 29.1 次出血事件。

凝血因子Ⅸ基因位于 X 染色体(Xq27.1 ~ q27.2)上。这是一个与 X 连锁的隐性特征,这解释了为什么男性受到更多影响。

如图 6 - 2 - 1 所示,凝血因子Ⅸ缺乏会导致凝血级联的干扰,从而在发生创伤时导致自发性出血。Ⅸ因子激活后会激活 X 因子,后者有助于纤维蛋白原向纤维蛋白的转化。Ⅸ因子最终在Ⅷ辅因子(特别是 IXa 因子)的凝结中变得有活性。血小板为两个辅因子提供结合位点。该复合物(在凝血途径中)最终将激活 X 因子。

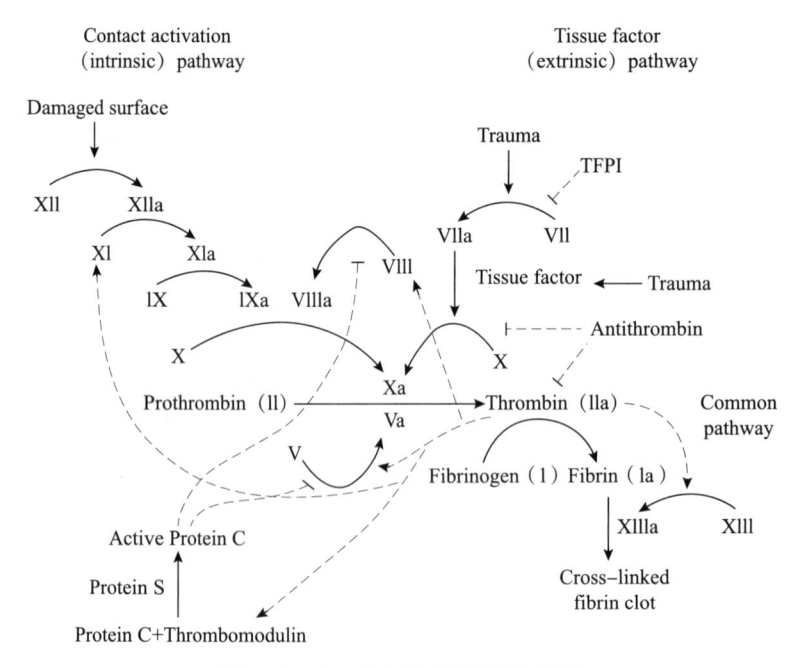

图 6 - 2 - 1 凝血因子的互相作用[1]

---

[1] More in - depth version of the coagulation cascade, Joe D, Wikipedia.

6.2.2 AMT-061 的研发进程

2017 年 10 月，UniQure 从意大利帕多瓦大学 Paolo Simioni 教授手中获得 FIX-Padua 变体的专利族。[1]

UniQure 提交了有关 AMT-061 IIb 期临床研究的数据（见图 6-2-2）。入组的 3 名患者接受了剂量为 2×1013 vc/kg 的单次静脉输注。在给药 AMT-061 之前，所有 3 名患者均显示出低水平的 AAV5 中和性抗体。有趣的是，此试验并未因为他们预先存在的抗体而排除这些患者。36 周后，数据显示所有 3 名患者的 FIX 水平持续升高，平均 FIX 活性水平为 45%。具体为第一名患者的 FIX 活性达到 54IU/dL；第二名患者的 FIX 活性达到 30IU/dL；第三名患者的 FIX 活性达到 51IU/dL。

无患者经历 FIX 水平的实质性丧失。此外，没有任何出血事件或需要预防/按需 FIX 替代治疗的报告。一名患者由于预先存在的状况而需要进行髋关节手术，并且在术后进行了短时间的治疗。[2]

UniQure 于 2019 年 9 月宣布，已招募所有 56 名患者进入 III 期临床试验（HOPE-B）。[3] 2020 年 11 月 20 日，UniQure 宣布 AMT-061 的 III 期 HOPE-B 临床试验达到主要终点和次要终点。

图 6-2-2　AMT-06 的研发进程

6.2.3 AMT-061 的专利保护网络

和其他药物不同的是，依靠病毒载体的基因药物，活性成分往往已经是公知技术，或者掌握在别人手中，新病毒载体药物的创造性来源一般是优化的载体加上载体上的活性成分。AMT-061 就是非常典型的例子，其专利保护网络由一个核心专利 WO2010029178A1，以及另一件专利 WO20200231958A1 来保护载体和活性成分的结合，另外用 9 件专利来保护对载体的各种优化（见图 6-2-3）。

---

[1] CHANG J L, et al. Changing residue 338 in human factor IX from arginine to alanine causes an increase in catalytic activity [J]. Journal of biological chemistry, 1998, 273 (20): 12089-12094.

[2] 终身只要打一针就可以让 B 型血友病恢复到正常水平，UniQure 公司基因疗法正在走向冠军的路上 [EB/OL]. (2019-02-11) [2020-05-30]. http://www.yidianzixun.com/article/0LGd48LX.

[3] UniQure 提前完成 B 型血友病基因疗法 III 期试验招募 [EB/OL]. (2020-03-27) [2020-05-30]. https://www.obiosh.com/hykx/2907.html.

```
年份
2007                                    WO2007148971A2
                                        WO2007046703A2
- - - - - - - - - - - - - - - - - - - - - - - - - - - - -
2008    ITBO20080564A1                  WO2009014445A2
2009    ITBO20090275A1   WO2010029178A1
- - - - - - - - - - - - - - - - - - - - - - - - - - - - -
2014                                    AU2014201171A1
2015                                    WO2015137802A1
2016                                    AU2016202153A1
2019                     US20200231958A1 WO2019016349A1  WO2019122293A1
2020                                    WO2020104424A1

        活性成分        病毒载体+活性成分    载体优化         载体试剂盒优化
```

图 6－2－3　AMT－061 相关专利分布

注：深灰色为核心专利，浅灰色为同一专利族 Paolo Simioni 教授拥有的专利。

（1）活性成分

该药物最核心的专利直接保护人工修饰的 FIX 多肽，两件意大利专利 ITBO20080564A1 和 ITBO20090275A1 都掌握在发明人 Paolo Simioni 教授手中，其中专利 ITBO20080564A1 明确保护了人工修饰的亮氨酸的位置在 338 位置，以及与登录号为 K02402 的序列（GenBank）具有至少 50% 的同源性。除了序列，这两件专利还保护了人工修饰的 FIX 多肽，用于治疗至少一种凝血病。

紧随其后，专利 ITBO20090275A1 进一步保护了修饰的 FIX 多肽，在位置 338 的位置中选自亮氨酸、半胱氨酸、天冬氨酸、谷氨酸、组氨酸、赖氨酸、天冬酰胺、谷氨酰胺、酪氨酸。以及相对应的核苷酸序列，在对应于位置 34098、34099 和 34100 的位置中包含选自由以下组成的组的三联体：TTA、UUA、TTG、UUG、CTT、CUU、CTC、CUC、CTA、CUA、CTG、CUG、GAT、GAU、GAC、CAA、CAG。

综上所述，两件意大利专利基本上封死了其他公司直接在活性成分上获取专利的前景。因此所有利用该蛋白质的技术就只能围绕着提升载体的功能来进行布局。

（2）病毒载体 + 活性成分

核心专利族 WO2010029178A1 的国际申请文本与专利 ITBO20090275A1 非常相似，也是保护修饰的 FIX 多肽，其在对应于位置 338 的位置包含选自以下的氨基酸：亮氨酸、半胱氨酸、天冬氨酸、谷氨酸、组氨酸、赖氨酸、天冬酰胺、谷氨酰胺、酪氨酸。对应的核苷酸序列与登录号为 K02402（GenBank）的序列具有至少 90% 的同源性。核苷酸序列在对应于位置 34098、34099 和 34100 的位置中包含选自以下的三联体：TTA、UUA、TTG、UUG、CTT、CUU、CTC、CUC、CTA、CUA、CTG、CUG、GAT、GAU、GAC、CAA、CAG。

很明显，这样的申请是无法在国家阶段得到授权的，因此无论其美国专利还是欧洲专利，都加入了病毒载体，以期避免和在先公开的文献重合，缺乏创造性。

同样地，随着研发的进一步深入，最新公开的专利 US20200231958A1 请求保护的是 AAV 载体，病毒能编码修饰的 FIX 多肽的核酸，该修饰的 FIX 多肽包含 338 位具有亮氨酸，148 位具有丙氨酸或苏氨酸，除了 FIX 序列的修饰，该专利还描述了 FIX 多肽的核酸进一步包含编码由氨基酸 1～28 组成的疏水信号肽的序列，以及一个启动子序列。该专利在专利 WO2010029178A1 的基础上，增加了 FIX 基因和 AAV 载体的优化组合，进一步巩固了技术的领先地位。

（3）载体以及载体试剂盒优化

如前文所述，当活性成分的核心专利掌握在别人手中时，基因治疗药物，特别是依靠载体设置基因治疗药物的专利壁垒，很大程度上利用对载体的优化。UniQure 一共有 33 项专利，与 FIX 基因治疗相关的载体优化专利有 9 项。这 9 项专利基本上可以分为核酸体构建、启动子以及试剂盒三种类型。

① 病毒的核酸构建体

专利 WO2007046703A3 涉及在昆虫细胞中生产 AAV 载体。其中，AAV VP1 衣壳蛋白的翻译起始密码子为非 ATG 的亚最佳起始密码子。还包括至少一个 AAV 反向末端重复核苷酸序列；包括与用于昆虫细胞内表达的表达控制序列可操作地连接的 Rep52 或 Rep40 编码序列；以及与用于昆虫细胞内表达的表达控制序列可操作地连接的 Rep78 或 Rep68 编码序列。该专利还涉及病毒衣壳蛋白比例改变的 AAV 载体，病毒衣壳蛋白比例的改变增强了病毒颗粒的感染性。

专利 WO2007148971A8 涉及用于在昆虫细胞中生产重组细小病毒（如 AAV）载体的核酸构建体，以及含有这种构建体的昆虫细胞和用所述细胞生产重组细小病毒粒子的方法。昆虫细胞优选地含有编码细小病毒 Rep 蛋白的核苷酸序列，其中细小病毒 Rep78 蛋白的翻译起始密码子是可在昆虫细胞表达时实现部分外显子跳跃的次优起始密码子。昆虫细胞还含有 AAV 末端反向重复核苷酸序列和含有编码细小病毒衣壳蛋白的序列。

专利 WO2009014445A3 保护核苷酸序列编码细小病毒 Rep52 或 Rep40 蛋白的氨基酸序列，以及另一核苷酸序列编码细小病毒 Rep78 或 Rep68 蛋白的氨基酸序列，并且其中所述共同氨基酸序列包含细小病毒 Rep52 或 Rep40 蛋白的从第二个氨基酸到 C 末端最后一个氨基酸的氨基酸序列。

专利 WO2015137802A1 涉及在昆虫细胞中产生 AAV 载体，其编码 AAV 衣壳蛋白，其中 AAV VP1 衣壳蛋白翻译的启动密码子为非 ATG、次优的启动密码子，并且其中或多个氨基酸残基的编码序列已被插入至所述次优翻译启动密码子与编码氨基酸残基（对应于野生型衣壳氨基酸序列的位置 2 处的氨基酸残基）的密码子之间，其中氨基酸残基为丙氨酸、甘氨酸、缬氨酸、天冬氨酸或谷氨酸。所述昆虫细胞还包含 AAV 反向末端重复核苷酸序列；用于在昆虫细胞中表达的表达控制序列相连接的 Rep52 或 Rep40 编码序列；和用于在昆虫细胞中表达的表达控制序列相连接的 Rep78 或 Rep68 编码序列。

专利 WO2019016349A1 涉及在昆虫细胞中腺相关病毒载体，包括编码 AAV 衣壳蛋白的核苷酸序列，其中用于翻译 AAV VP1 衣壳蛋白的起始密码子是 AUG。VP1 开放阅读框的上游设置选择性框外起始密码子，使 VP1 蛋白的翻译起始被减少，允许以良好化学计量比产生 VP1：VP2：VP3，得到具有高效价的 AAV。

另两件澳大利亚专利 AU2014201171B9 和 AU2016202153B2 同样涉及核酸构建体，涉及包含 5 种这样的构建体的昆虫细胞，包括 Rep 蛋白的密码子以及 AAV 的反向末端重复序列。在此不一一赘述。

② 高效表达的启动子

专利 WO2020104424A1 保护在肝脏特异性或优先起作用的启动子。这种启动子能够增强基因的肝脏特异性表达，还包含这种肝脏特异性启动子的表达构建体、载体和细胞，以及使用该启动子的 AAV。

③ 试剂盒

专利 WO2019122293 公布用于医学的 AAV 基因治疗的饱和剂，饱和剂被网状内皮系统（RES）吸收，饱和剂包括一种或多种选自碳水化合物、氨基酸、脂质、维生素、饮食矿物质或其任意组合的营养物。

（4）中国和美国 AMF-061 专利的法律状态

UniQure 是一家在纳斯达克上市的公司，2020 年 6 月，该公司与杰特贝林签订了许可协议，为杰特贝林提供针对 B 型血友病患者的研究性基因治疗 AMT-061 的全球独家权利。为此，UniQure 将收到 4.5 亿美元的前期现金付款，并根据监管和商业进程获得最高 16 亿美元的付款，同时还将有资格获得由合作产生的专利许可费，最高可达产品净销售额的 20%。该协议是迄今为止宣布的最大的基因治疗技术交易之一，并利用杰林贝特的全球血液学功能和基础设施使全世界的 B 型血友病患者受益。❶

该药在中美两国的专利授权情况如图 6-2-4（见文前彩色插图第 8 页）所示，很明显，比起上文的反义寡核苷酸药物 Nusinersen，病毒载体药物的专利授权比例更高，很遗憾，核心专利 WO2010029178A1 并未进入中国，另一个病毒载体＋活性成分的专利 US20200231958A1 也没有进入中国。因此可以利用专利 WO2007148971A8 来研究其申请策略以及比较两国在审查病毒载体基因治疗药物上面的差异。

专利 WO2007148971A8 含有两件授权的中国同族专利，其中，专利 CN101506369 的申请公开和授权公布的权利要求如下：

①申请公开

权利要求 1 请求保护一个含有开放阅读框的核苷酸序列，所述开放阅读框含有编码细小病毒 Rep 蛋白的核苷酸序列，其中细小病毒 Rep78 蛋白的翻译起始密码子是可在昆虫细胞中表达时实现部分外显子跳跃的起始密码子。

权利要求 3 根据权利要求 1 或 2 的核苷酸序列，其中所述核苷酸序列含有表达控制序列，所述表达控制序列含有 SEQ ID NO：7 的核苷酸序列或与 SEQ ID NO：7 基本同源的核苷酸序列，位于编码 AAV Rep78 蛋白的核苷酸序列的起始密码子的上游。

②授权公布

权利要求 1 请求保护一个含有开放阅读框的核苷酸序列，所述开放阅读框含有编

---

❶ 基因治疗公司 UniQure（QURE. US）宣布达成超 20 亿美元 B 型血友病产品对外授权协议［EB/OL］.（2020-06-25）［2020-12-30］. https：//baijiahao. baidu. com/s？id=1670432593587097328&wfr=spider&for=pc.

码 AAV Rep78 和 Rep52 蛋白的核苷酸序列，其中所述 AAV Rep78 蛋白的翻译起始密码子是次优起始密码子，所述核苷酸序列含有表达控制序列，所述表达控制序列由 SEQ ID NO：7 的核苷酸序列组成，位于编码所述 AAV Rep78 蛋白的核苷酸序列的起始密码子的上游。

很显然，在中国，对于一个病毒架构的专利保护，不包含序列信息的独立权利要求在中国会受到审查员的质疑，只有把含有序列信息的权利要求 3 合并入权利要求 1 以后，新的独立权利要求 1 才会被授权。

中国专利 CN103849629 的申请公开和授权公布的权利要求如下：

①申请公开

权利要求 1　请求保护一个含有开放阅读框的核苷酸序列，所述开放阅读框含有编码细小病毒 Rep 蛋白的核苷酸序列，其中细小病毒 Rep78 蛋白的翻译起始密码子是可在昆虫细胞中表达时实现部分外显子跳跃的起始密码子。

权利要求 2　根据权利要求 1 的核苷酸序列，其中所述起始密码子选自 ACG、TTG、CTG 和 GTG。

②授权公布

权利要求 1　请求保护一个含有开放阅读框的核苷酸序列，所述开放阅读框含有编码 AAV Rep78 和 Rep52 蛋白的核苷酸序列，其中所述 AAV Rep78 蛋白的翻译起始密码子是选自 ACG 和 CTG 的次优起始密码子。

很明显，申请公开的独立权利要求内没有任何具体序列信息，而审查员要求把原来的从属权利要求 2 的起始密码子信息与权利要求 1 合并以后，使授权的独立权利要求范围变小，但是由于含有了具体的序列信息，从而具备创造性。

图 6-2-5 显示了美国审查员对于专利 WO2007148971A2 独立权利要求的审查历史。

作为国际专利进入美国的第一件申请，专利 US20090191588A1 经历了一次分案，两次非最终驳回和两次最终驳回。最后权利要求已经被改得面目全非了，申请公开的权利要求与中国申请的权利要求非常相似：

权利要求 1　请求保护一种核苷酸序列，其包含开放阅读框，所述开放阅读框包含编码细小病毒 Rep 蛋白的核苷酸序列，其中用于细小病毒 Rep78 蛋白翻译的起始密码子是在昆虫细胞中表达后影响部分外显子跳跃的起始密码子。

权利要求 2　根据权利要求 1 的核苷酸序列，其中起始密码子选自 ACG、TTG、CTG 和 GTG。

……

权利要求 22　请求保护一种在昆虫细胞中产生重组细小病毒颗粒的方法，该病毒颗粒包含至少一个细小病毒 ITR 核苷酸序列的 n 个核苷酸序列，该方法包括以下步骤：

（a）在产生重组细小病毒颗粒的条件下培养权利要求 12 的昆虫细胞；和

（b）回收重组细小病毒颗粒。

经过多次审查意见之后，授权专利 US8512981B2 的权利要求 1 如下：

权利要求 1　请求保护一种在昆虫细胞中产生重组细小病毒颗粒的方法，包括以下步骤：

（a）培养昆虫细胞，其包含：

（i）第一核苷酸序列，其包含：

（A）编码细小病毒 Rep 蛋白 Rep78 和 Rep52 的单个开放阅读框；和

（B）选自 ACG、TTG、CTG 和 GTG 的次优起始密码子，和

（ii）除所述第一核苷酸序列外，不包含编码细小病毒 Rep 蛋白的核苷酸序列，在产生重组细小病毒颗粒的条件下；和

（b）回收重组细小病毒颗粒。

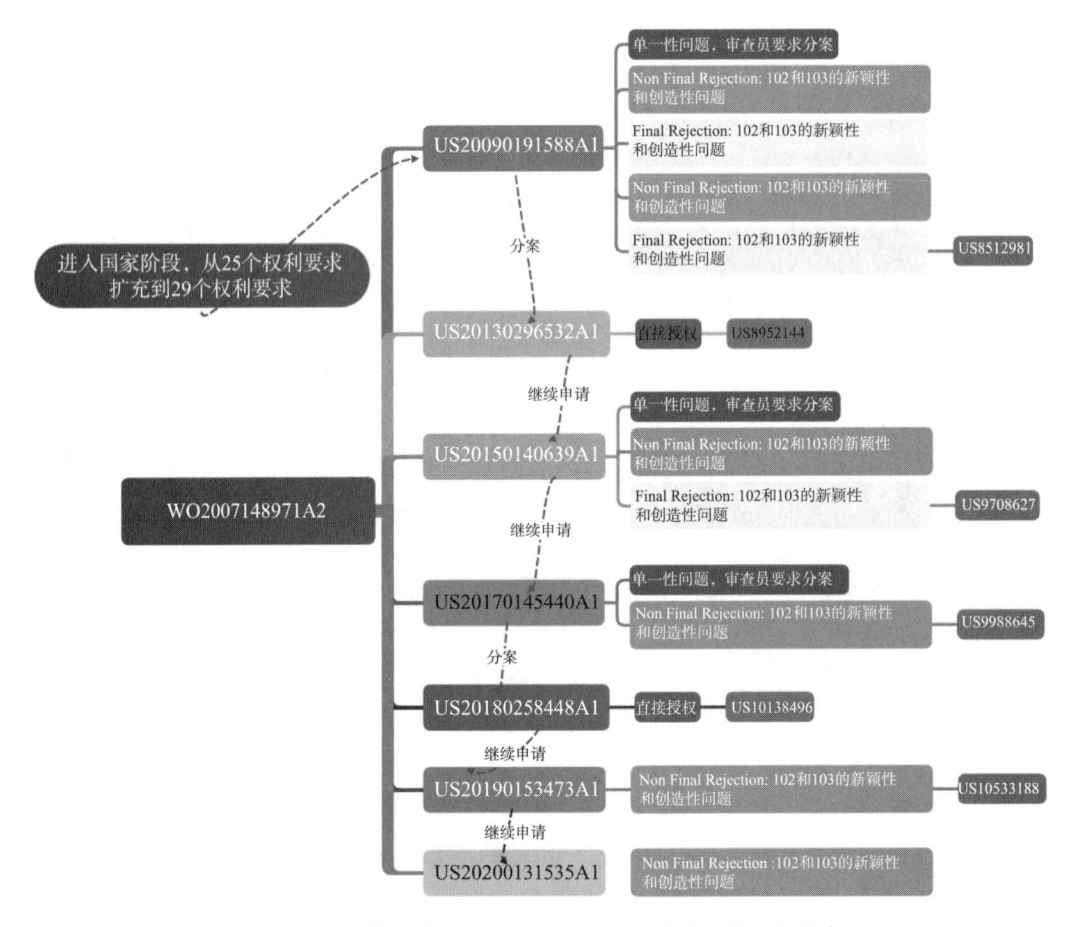

图 6-2-5 核心专利 WO2007148971A2 在美国的审查历史

可以看出，和中国专利审查员一样，美国专利审查员也对不含序列的独立权利要求产生质疑，申请人不仅把从属权利要求 2 补充入独立权利要求，还把从属权利要求 22 的生产方法补充入独立权利要求，与中国专利审查区别的是，美国专利的次优起始密码子选自 ACG、TTG、CTG 和 GTG，而中国专利更为范围更小，只能选自 ACG 和 CTG。可见中国审查员的检索能力更高一筹。

专利 US20130291532A1 作为专利 US20090191588A1 的分案申请，没有经过审查意

见就直接授权了。其授权的独立权利要求如下：

权利要求 1　请求保护一种核酸分子，其包含：

（a）第一核苷酸序列，其包含编码细小病毒 Rep78 和 Rep52 蛋白的单个开放阅读框，其中 Rep78 蛋白的翻译起始位点是选自 ACG、TTG、CTG 和 GTG；和

（b）表达控制序列，其包含可操作地连接至单个开放阅读框的翻译起始位点上游的九核苷酸序列 SEQ ID NO：7。

很明显，只要独立权利要求里面包含序列或者起始位点密码子信息，审查员找不到相似的序列，在中美两国都是很容易授权的。

专利 US20150140639A1 是专利 US20130291532A1 的继续申请，克服了单一性问题，但是还是经历了两次审查意见。修改前的独立权利要求如下：

权利要求 1　请求保护一种核酸分子，其包含：

（a）第一核苷酸序列，其包含编码细小病毒 Rep78 和 Rep52 蛋白的单个开放阅读框，其中 Rep78 蛋白的翻译起始位点是选自 ACG、TTG、CTG 和 GTG；和

（b）表达控制序列，其包含可操作地连接至单个开放阅读框的翻译起始位点上游的非核苷酸序列 SEQ ID NO：7。

……

权利要求 21　请求保护第一核酸构建体，其包含编码来自 Rep78 核苷酸序列的 Rep78 和 Rep52 蛋白的第一核酸序列；第一核酸序列与表达控制序列可操作地连接，该表达控制序列包括在昆虫细胞中有活性的启动子，并被构建为使在昆虫细胞中表达时既产生 Rep78 蛋白又产生 Rep52 蛋白。

很明显，独立权利要求 1 和独立权利要求 21 是存在单一性问题的，最后申请人考虑到权利要求 1 可能和之前已经授权的专利产生重复授权的问题，因此删除了权利要求 1 及其从属权利要求 2~20，把权利要求 21 作为唯一保护的主题，最后权利要求 21 没有经过修改，得到了授权。需要注意的是，这里的权利要求 21 并没有保护新的序列，而是把两个序列连接，使两种蛋白同时得到表达，这也是该专利的发明点。

专利 US20170145440A1 是专利 US20150140639A1 的继续申请，经历一次审查意见，授权前后的独立权利要求没有大的改动：

权利要求 1　请求保护一种核酸构建体，其包含编码细小病毒蛋白 Rep78 和 Rep52 的核苷酸序列，其中所述核苷酸序列基本上由单个 Rep78 编码序列、第一表达控制序列和第二表达控制序列组成，所述单个 Rep78 编码序列是可操作的连接至在昆虫细胞中表达的第一表达控制序列和位于昆虫细胞中表达 Rep52 的 Rep78 编码序列内的第二表达控制序列。

可以看出，在专利 US20150140639A1 的基础上，专利 US20170145440A1 进一步明确保护了两种表达控制序列，第一表达控制序列控制 Rep78 的单独表达，而第二表达控制序列是 Rep78 和 Rep52 同时表达，这就是为什么这个继续申请能够授权的原因。在美国合理利用继续申请制度的前提就是不能构成重复授权（Double Patenting），做好详细的规划就能够不断延长专利的保护期限。

专利 US20180258448A1 是专利 US20170145440A1 的分案,在原有专利的基础上,继续添加新的技术内容,这次也毫无悬念地直接授权,其独立权利要求如下:

权利要求 1 请求保护一种在昆虫细胞中产生重组细小病毒病毒的方法,包括用编码细小病毒 Rep 蛋白 Rep78 和 Rep52 的核苷酸序列转染昆虫细胞,该核苷酸序列包含 Rep78 和 Rep52,该 Rep78 和 Rep52 与表达控制序列可操作地连接,以在昆虫细胞中表达 Rep78 蛋白和 Rep52 蛋白,其中,Rep52 编码序列包含在 Rep78 编码序列内,并且当在昆虫细胞中表达核苷酸序列时,产生 Rep78 与 Rep52 的摩尔比为 1∶10 至 10∶1。

专利 US20190153473A1 是专利 US20180258448A1 的继续申请,经历了一次审查意见即获得授权,该专利继续增加核酸构建体的内容,如果在中国可能有创造性的问题,但是在美国,只经历了一次审查意见就授权了,独立权利要求如下:

权利要求 1 请求保护一种编码细小病毒 Rep 蛋白 Rep78 和 Rep52 的核酸构建体,该核酸构建体包含:

(a)编码细小病毒 Rep78 蛋白和 Rep52 蛋白的双顺反子核酸,该双顺反子核酸包含编码 Rep78 蛋白的核酸序列,该核酸序列与编码 Rep52 蛋白的核酸序列重叠,使编码细小病毒 Rep52 蛋白在双顺反子核酸中不重复;

(b)在昆虫细胞中有活性的第一表达控制序列,该昆虫细胞与编码 Rep78 蛋白的序列可操作地连接;

(c)在昆虫细胞中有活性的第二表达控制序列,所述昆虫细胞与编码 Rep52 蛋白的序列可操作地连接。

专利 US20200131535A1 是专利 US20190153473A1 的继续申请,根据美国专利申请法律状态查询数据库(PAIR)最新的信息,经过一次审查意见的答复,该专利的独立权利要求没有改动,已经于 2020 年 11 月 24 日获得授权,其独立权利要求如下:

权利要求 1 请求保护一种在昆虫细胞中产生重组细小病毒颗粒的方法,包括用编码细小病毒蛋白 Rep78 和 Rep52 的核苷酸序列转染昆虫细胞,该核苷酸序列包含 Rep78 编码序列和 Rep52 编码序列,所述 Rep78 编码序列、Rep52 编码序列与表达控制序列可操作地连接,以在昆虫细胞中表达 Rep78 蛋白和 Rep52 蛋白。其中 Rep52 编码序列包含在 Rep78 编码序列内,并且其中核苷酸序列在至少五次传代中稳定地保持在昆虫细胞内。

综上所述,通过利用美国的分案和继续申请的制度,申请人可以巧妙地设计申请策略,在超过 10 年的时间跨度上延续对发明的保护,同时享受最初的申请日。

6.2.4 AMT-061 的核心专利在欧美被无效

AMT-061 的核心专利 WO2010148249A 在欧洲生效的同族专利 EP2337849B1(共 9 项授权的权利要求),专利 EP2337849B1 共有 5 个欧洲的异议记录,其中一件异议已经撤销,尚有 4 件在审,公开的异议人包括辉瑞与 Baxalta GmbH(两家公司都在 2019 年 3 月 12 日递交异议),其他 3 家未公开异议人(见图 6-2-6)。

根据 EPO 公开的异议文件,下面分析仍在进行的 4 件异议案的请求内容。

发起时间	异议人	代理律所	法律状态
2018-12-17	稻草人公司	D Young & Co LLP	有效
2019-03-12		Schiweck Weinzierl	有效
2019-03-12	Baxalta GmbH	Hoffmann Eitle	有效
2019-03-12	辉瑞	Pfizer European Patent Department	有效
2019-03-13		Greaves Brewster LLP	放弃

图6-2-6 核心专利EP2337849B1在欧洲的异议情况

（1）Schiweck Weinzier

授权的权利要求1、3、5、8超出了申请文本的内容，违反了欧洲专利法（EPC）第123（2）条的规定。权利要求1~9相对对比文件4（WO9903496A1）缺乏新颖性，权利要求1~9相对对比文件9缺乏新颖性，权利要求1~9相对对比文件4缺乏创造性。权利要求4~7公开不充分，至此，Schiweck Weinzier要求该专利全部无效。

（2）Baxalta GmbH

Baxalta GmbH是全球生物制药领域的领导者，致力于开发、制造和商业化用于治疗孤儿疾病以及血液学、肿瘤学和免疫学条件不佳的疗法。Baxalta GmbH广泛而多样的产品线包括具有新颖机制和先进技术平台（如基因疗法）的生物制剂。Baxalta GmbH的疗法可在100多个国家/地区使用，并且设有12个研究机构。Baxalta GmbH总部位于美国伊利诺伊州北部，拥有16000名员工。

Baxalta GmbH有一个治疗B型白血病的药物BAX326已经进入了Ⅲ期临床试验，这个药物使用了非常相似的AAV8.sc-TTR-FIXco-Padua构型，所以必须对AMT-061的核心专利提起无效宣告，否则会严重影响后期的上市和营利。

同样地，Baxalta GmbH使用了很大篇幅来论证审查过程中的修改超出了申请文本的范围，违反了EPC第100（C）条、第123（2）条的规定，授权的权利要求1超出了申请文本的内容。权利要求1~9相对对比文件1（WO9903496A1，即Schiweck Weinzier异议的对比文件4）缺乏新颖性，违反EPC第100（A）条、第54条的规定。权利要求1还存在缺乏创造性和公开不充分的问题，不符合第100（A）条、第56条，以及第100（B）条、第83条的规定，Baxalta GmbH要求该专利权利要求全部被无效。

辉瑞和其他的异议人同步递交了异议申请，同样认为该专利授权的权利要求1超出了申请文本的内容，违反了EPC第100（C）条、第123（2）条的规定。辉瑞还认为由于添加了新的技术内容，不符合EPC第87条的规定，不再享有优先权。另外，辉瑞也把专利WO9903496A1作为对比文件，用于异议目标专利全部权利要求的新颖性和创造性。

辉瑞有两个基于AAV-SPARK100-FIXco-Padua构型的新药SPK-9001和BENEGENE-2在临床实验阶段，❶ 其中与Spark Therapeutics合作的项目使用相同的Padua变体，大约在UniQure招募其第一批Ⅲ期临床试验患者的同时开始进行其Ⅲ期试

---

❶ BATTYP, LILLI CRAP D. Advances and challenges for hemophilia gene therapy [J]. Human Molecular Genetics, 2019, 28 (R1): 95-101.

验。但是 Stifel 的分析师 Paul Matteis 在 12 月 9 日给客户的报告中写道，他认为 UniQure 的治疗将首先覆盖患者。

UniQure 首席执行官 Matt Kapusta 说，UniQure 的关键试验涉及 6 个月的适应阶段，以评估患者对因子替代疗法的使用和出血率作为基线，该试验于 2021 年 1 月为首例患者注入了基因疗法。基于入组，Matt Kapusta 说，HOPE-B 的 62 名患者中的最后一名将在 2020 年第四季度进行最后的治疗后随访，可能允许在 2021 年申请。辉瑞基因疗法的Ⅱ期试验数据表明，输注一年后，有 15 名患者的 IX 因子平均表达率为 23%。15 名患者中有 12 名没有出血事件，年出血率为 0.4。15 例患者中有 5 例报告了总共 20 次因子替代疗法输注，而两例患者因免疫相关的肝酶峰值而接受了糖皮质激素治疗。❶

另一个来自稻草人公司的异议，内容与上述异议大致相同，在此不再赘述。

对于在欧洲的所有异议，专利权人在 2019 年 3 月 25 日递交了意见陈述书，对 5 个异议人的异议内容进行了统一的驳斥。

在美国，同族专利 US9249405B2 有复审记录，由辉瑞于 2020 年 1 月 4 日向美国专利审判与上诉委员会（PTAB）提起的，专利 US9249405B2 的权利要求如下：

1. 一种药物组合物，其包含：

修饰的重组 FIX 多肽，其与 SEQ ID NO：2 具有至少 70% 的同一性，并且在 SEQ ID NO：2 的 338 位具有亮氨酸。所述修饰的重组 FIX 多肽的量适合于提供每日剂量，其范围为 0.1μg/kg 至 400μg/kg 体重，和至少一种药学上可接受的赋形剂。

2. 根据权利要求 1 所述的药物组合物，其中所述多肽与 SEQ ID NO：2 具有至少 90% 的同一性。

3. 根据权利要求 1 的药物组合物，其被配制用于口服、肠胃外或直肠给药、通过吸入或吹入给药。

4. 一种治疗方法，所述方法包括向有此需要的个体施用根据权利要求 1 所述的药物组合物。

5. 根据权利要求 4 的方法，其中进行所述给药以治疗所述个体中的至少一种凝血病。

6. 编码修饰的 FIX 多肽的核苷酸序列，其与 SEQ ID NO：2 具有至少 70% 的同一性，并且在 SEQ ID NO：2 的 338 位具有亮氨酸。

7. 根据权利要求 6 的核苷酸序列，其中所述核苷酸序列与登录号为 K02402 的序列具有至少 90% 的同源性。

8. 根据权利要求 6 所述的核苷酸序列，其在与具有 SEQ ID NO：2 的未修饰的成熟 FIX 多肽的 34098、34099 和 34100 的位置相对应的位置中，选自由以下组成的组的三联体：TTA，UUA，TTG，UUG，CTT，CUU，CTC，CUC，CTA，CUA，CTG，CUG，GAT，GAU 和 GAC。

---

❶ JONATHAN G. UniQure, Pfizer updates hint at gene therapy potential in hemophilia B［EB/OL］.（2019-10-10）[2020-12-30］. https://www.biopharmadive.com/news/uniqure-pfizer-hemophilia-b-gene-therapy-updates/568809/.

9. 一种核酸，其包含根据权利要求 6 的核苷酸序列。

10. 根据权利要求 9 的核酸，所述核酸包含与所述核苷酸序列可操作连接的启动子。

11. 包含权利要求 9 的核酸的载体。

12. 药物组合物，其包含根据权利要求 6 的核苷酸序列。

13. 一种产生修饰的 FIX 多肽的方法，该方法包括根据权利要求 9 的核酸表达修饰的 FIX 多肽。

14. 一种进行基因治疗的方法，所述方法包括通过配置用于基因治疗的载体，向有此需要的个体施用根据权利要求 6 的核苷酸序列。

15. 根据权利要求 14 的方法，其中进行所述给药以治疗所述个体中的至少一种凝血病。

辉瑞使用的对比文件主要是 WO9903496A1（"Stafford"）（EX1004），以及"Gao, Novel adeno-associated viruses from rhesus monkeys as vectors for human gene therapy,"（EX1006），在复审申请中，辉瑞认为基于 Ex1004 Stafford，权利要求 6、9~15 缺乏新颖性，基于 Ex1004 和 Ex1006 的结合，权利要求 6、9~15 缺乏创造性。

2020 年 7 月 13 日，PTAB 作出决定，权利要求 6、9~15 被无效。专利 US9249405B2 较宽泛的独立权利要求 6 被无效，剩下的独立权利要求 1 由于还含有技术特征"所述修饰的重组 FIX 多肽的量适合于提供每日剂量，其范围为 0.1μg/kg 至 400μg/kg 体重，和至少一种药学上可接受的赋形剂。"其范围相对独立权利要求 6 还是大大缩小的。这个复审为辉瑞的类似药物上市铺平了道路。

可以预见到的是，该美国专利的无效，必定会对正在进行中的 4 个欧洲异议产生重要影响，由于使用了相同的对比文件，欧洲专利审查员必定会慎重考虑美国专利的无效结果。

6.3 本章小结

通过研究以上两个典型基因治疗药物，我们可以得到的启示如下。

（1）研发和专利的相互关系

现代的药物研究，单靠制药企业单打独斗是不够的，制药企业必须关注当下相关研发的进展，寻找机会通过技术转让和专利许可收购获得技术，不仅节约研发成本，可以减少研发的时间，在此过程中，也可以尽早申请专利抢占制高点，抢先布局技术相邻的领域（例如病毒载体的优化）。但是在申请过程中必须注意策略，特别是在先权利对在后权利造成抵触的情况，可以一步步调整保护范围以保护权利的获得以及持续。

（2）专利布局和上市时间

对与产品密切相关的核心专利，必须在产品上市之前取得尽可能宽泛的专利保护，在药品审批的过程中，合理利用分案、继续申请或者部分继续申请来延长保护期限，在竞争中抢占有利的位置。合理规划在后申请的范围,不对保护范围过于限定。

(3) 专利的全球布局以及诉讼

由于基因治疗药物还是比较新的领域,目前,在全球范围内发生的专利无效和诉讼的案件数量不多,但有快速增长的趋势。Nusinersen 的核心专利在中国没有布局,这是制药企业缺乏长远规划和预期的表现。药品研发是一个漫长的过程,制药企业必须对未来市场的变化有足够的认识,提前在有潜力的市场做好专利布局,并了解目标市场,做好在目标市场进行专利战的准备工作,知己知彼,才能百战不殆。

第7章 基因治疗药物专利诉讼分析

7.1 宏观分析

据不完全统计,基因治疗药物涉诉的专利族有274个,涉及432件专利。

7.1.1 涉诉专利权人构成分析

如图7-1-1所示,涉诉专利权人前十位中,高校和科研机构如马萨诸塞大学、杜克大学、麻省理工学院、怀特黑德生物医学研究所,全部为美国的大学/研究所。

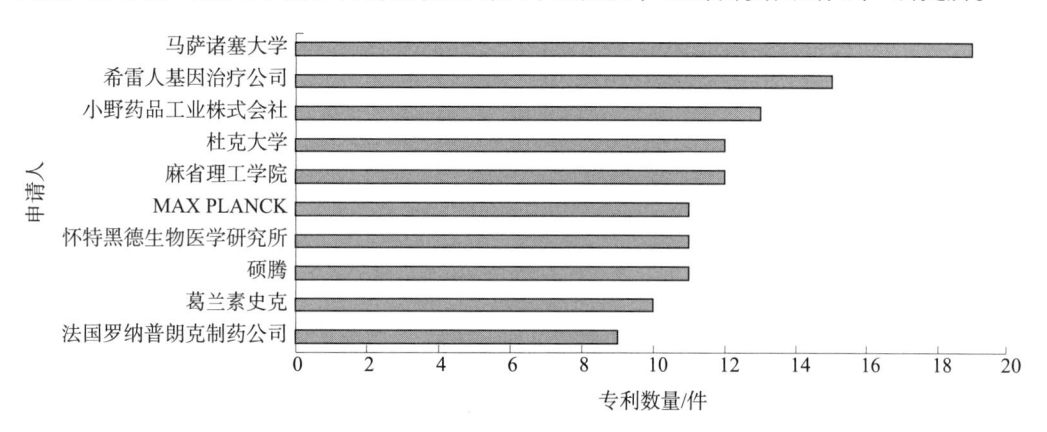

图7-1-1 基因治疗药物涉诉专利权人构成分析

排名第一位的马萨诸塞大学医学院是美国著名的医学院,开设的课程包括生物信息学及综合生物学、基因的功能、免疫学、病毒学、神经科学、生物化学及分子药理学、癌症生物学、细胞及分子生理学、分子遗传学、微生物学等。马萨诸塞州拥有世界顶级的一流大学,是全球最具创新优势的地区,几乎所有的著名生物医药公司都在此设立了研发中心。

涉诉专利权人前十位中,医药公司有希雷人基因治疗公司(SHIRE HUMAN GENETIC THERAPIES)❶、小野药品工业株式会社、葛兰素史克、法国罗纳普朗克制药公司,其中全球十大制药巨头仅有葛兰素史克位列其中。

希雷人基因治疗公司是一家全球生物技术公司,致力于为患有罕见疾病和其他高度专业化疾病的人们提供服务。该公司的产品可在100多个国家/地区的核心治疗领域

---

❶ Shire [EB/OL]. https://en.wikipedia.org/wiki/Shire_(pharmaceutical_company).

中使用，这些领域包括血液学、免疫学、神经科学、溶酶体贮积病、胃肠道/内科/内分泌和遗传性血管性水肿、越来越多的肿瘤疾病以及新兴的眼科疾病创新治疗。其品牌和产品包括 Vyvanse、Lialda/Mezavant、Cinryze、Gattex/Revestive & Natpara 和 Firazyr，在 2019 年 1 月 8 日被武田制药收购。

7.1.2 涉诉地域分析

如图 7-1-2 所示，涉诉地域分析中可以看出，基因治疗药物主要的诉讼专利为美国专利。这和美国生物医药产业的发展情况相匹配。

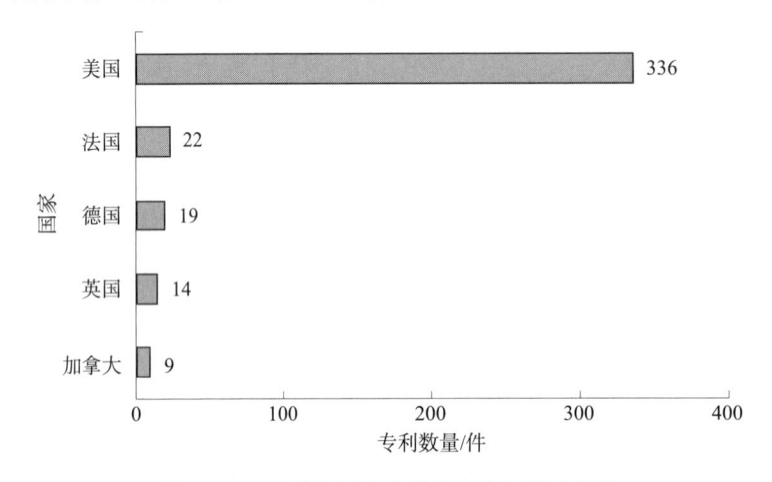

图 7-1-2 基因治疗药物涉诉专利地域分析

美国拥有世界上约一半的生物医药公司和一半的生物医药专利。❶ 美国生物医药产品销售额占全球生物医药产品市场的 50% 以上。生物医药产业是美国新型的技术密集型产业，它正对美国的经济发展产生较大的影响。美国专利诉讼数量连续 4 年降低。2019 年，美国专利诉讼案件总量为 3588 件，与 2018 年（3590 件）基本持平，相较于 2013 年的峰值减少了超过 40%。2019 年涉诉企业榜单中，生物技术和制药公司逐渐增多，罗氏、辉瑞、大冢制药均排名靠前。2019 年涉诉企业榜单中的制药公司比过去十年的总量还要多。❷

7.2 典型案例

7.2.1 CRISPR 专利诉讼案

7.2.1.1 基本案情

CRISPR 是一种基因编辑技术，用于修剪 DNA，替换或修改基因，并且精确度极

---

❶ 曹苏民，郦雅芳. 美国生物医药产业发展现状及思考 [J]. 江苏科技信息，2009（3）：3-5.
❷ Lex Machina 2019 年度美国专利诉讼报告.

高。虽有争议，但是 CRISPR 技术在一些人眼中已俨然成为近年来最伟大的生物科技发明。

CRISPR 技术已经应用到一些科研活动中。这种基因编辑工具可以创造一种抗疟疾的蚊子、一种异乎寻常的雄性比格犬、一种微型宠物猪。不仅如此，CRISPR 还有希望用于治疗基因疾病，比如镰状细胞性贫血症和囊胞性纤维症。中国已有临床试验将 CRISPR 用于编辑癌症患者的免疫细胞来抗击肺癌。❶

科学家还研究了来自化脓性链球菌的更简单的 CRISPR 系统，其依赖于蛋白 Cas9。Cas9 内切核酸酶是包含两个小 RNA 分子的四组分系统。詹妮弗·杜德纳、艾曼纽·卡彭特及张锋各自独立地探索 CRISPR 关联蛋白，了解细菌如何在它们的免疫防御使用间隔。他们共同研究一个比较简单的依赖于被称为 Cas9 蛋白质的 CRISPR 系统。❷

2017 年，艾曼纽·卡彭特、加州大学及维也纳大学上诉至美国联邦巡回上诉法院，被告为博德研究所、哈佛大学校董委员会及麻省理工学院。2018 年，美国联邦巡回上诉法院裁定麻省理工学院张锋教授及其所属的博德研究所拥有的 CRISPR 专利有效（12 项授权美国专利及 1 件专利申请）。❸

案号：2017 - 1907

原告：艾曼纽·卡彭特、加州大学、维也纳大学

被告：博德研究所、哈佛大学校董委员会、麻省理工学院

法院：美国联邦巡回上诉法院

申请日期：2017 - 04 - 13

结束日期：2018 - 09 - 10

涉诉技术：CRISPR - Cas9 system

涉案专利：US10266850B2

专利名称：Methods and compositions for rna - directed target dna modification and for rna - directed modulation of transcription

申请日：2013 - 03 - 15

该发明提供了包含靶向序列的靶向 DNA 的 RNA，以及修饰多肽，提供靶向 DNA 和/或与所述靶向 DNA 相关的多肽的位点特异性修饰。进一步提供位点特异性修饰多肽，位点特异性修饰靶向 DNA 和/或与所述靶 DNA 相关的多肽的方法。该专利提供调节靶细胞中的靶核酸转录的方法，所述方法总体上涉及使所述靶核酸与酶失活的 Cas9 多肽和靶向 DNA 的 RNA 接触。还提供执行所述方法的试剂盒和组合物。该专利提供产生 Cas9 的遗传修饰的细胞；和 Cas9 转基因非人多细胞生物。

发明人：詹妮弗·杜德纳、马丁·吉内克、艾曼纽·卡彭特、克日什托夫·黑林斯基。

---

❶ 廖青. 基因编辑 CRISPR 专利诉讼案正将学界撕裂 [EB/OL]. (2016 - 12 - 20) [2020 - 12 - 30]. https://news.bioon.com/article/6695890.html.

❷ CRISPR [EB/OL]. https://zh.wikipedia.org/wiki/CRISPR.

❸ Regents of University of Ca V. Broad Institute, 903 F. 3d 1286 - Court of Appeals, Federal Circuit 2018.

该专利现在的权利人为艾曼纽·卡彭特、加州大学及维也纳大学。图7-2-1显示了专利US10266850B2权属转移的过程。

图7-2-1 US10266850B2专利权转移过程

7.2.1.2 案件聚焦

2012年,生化学家詹妮弗·杜德纳和艾曼纽·卡彭特以及其他科学家在《科学》杂志上发表了一篇论文,❶报道了利用CRISPR进行基因组编辑的技术,该论文阐明了Cas9酶可以定向切割离体DNA的特殊位点。❷此后不久,詹妮弗·杜德纳于提交了专利申请,优先权日是2012年5月25日。

2013年,在另一篇《科学》杂志的论文中,麻省理工学院的生物工程科学家张锋和他的团队研发出一套CRISPR系统在哺乳动物机体中的应用,可用于编辑小鼠和人类基因。❸2013年10月张锋向美国专利商标局提出了CRISPR-Cas9技术的专利申请。该专利申请优先日是2012年12月12日。但和詹妮弗·杜德纳团队不一样的是,张锋的这一次研究还申请了适用专利加速审查的机制来加快专利申请速度,适用该程序的专利申请可以在12个月内获得批准。该加速机制由美国专利商标局建立,目的是鼓励和支持创新发明。

2014年4月,美国专利商标局授予张锋关于CRISPR-Cas9技术的专利(US8697359B1)。此后,博德研究所和麻省理工学院得到了一系列CRISPR相关专利。

加州大学伯克利分校对此专利(US8697359B1)授予行为提出异议,他们认为,张锋等人在申请专利过程中采取了"非正当竞争手段",自己才应该是CRISPR-Cas9技术的专利所有人。加州大学伯克利分校因而要求美国专利商标局进行抵触审查程序(interference proceeding),并重新评估谁是CRISPR-Cas9的发明者。麻省理工学院的生物工程科学家张锋是"抵触申请"案的关键人物。

双方争论的焦点不仅在于谁发明了CRISPR,还有谁首先解决了这项科技关键问题。同样是CRISPR技术的先驱者,张锋团队和詹妮弗·杜德纳团队都对这一技术作出

---

❶ JINEK M, CHYLINSKI K, FONFARA I, et al. A programmable dual-RNA-guided DNA endonuclease in adaptive bacterial immunity [J]. Science, 2012, 337 (6096): 816-821.

❷ 世纪判决:张锋团队在CRISPR专利案中胜诉,裁定称双方"无专利冲突" [EB/OL]. (2018-09-11) [2020-11-30]. https://www.sohu.com/a/253241753_354973.

❸ JIANG W, et al. RNA-guided editing of bacterial genomes using CRISPR-Cas systems [J]. Nature Biotechnology, 2013, 31 (3): 233.

了非常大的贡献。但是，詹妮弗·杜德纳及加州大学伯克利分校的看法是，他们是 CRISPR 技术的原创者，张锋团队只是将他们发明的技术进一步应用到老鼠和人类细胞上。

而张锋团队认为，詹妮弗·杜德纳提出了 CRISPR 可能会在人类细胞上起作用，张锋团队是首个将 CRISPR 运用到真核细胞中的发明者。双方的争议点可以简单理解为，詹妮弗·杜德纳团队提出原创想法和张锋团队将其付诸实践，无论是想法还是实践，二者都是获得科学发明专利的两个关键要素，其中究竟哪一方对该技术的贡献更大，确实是一个难以回答的问题。

更复杂的是，两个团队之所以会有这样的争议也在于 2013 年美国修订了其专利法，专利权授予的基本原则由 2013 年以前的先发明制变成先申请制。两个团队申请专利的时间都在专利法修订之前，此案如果按先发明制的标准进行审理，最终的归属取决于双方谁能够证明自己是此项技术的最早发明人。而如果适用先申请制的原则，最终的归属取决于双方谁能够证明自己是此项技术的最早申请者。但无论是哪个原则，这场专利争夺战的胜利最终取决于大量证明材料的准备是否充分、证据是否更具有说服力等专业问题。

2016 年 1 月 11 日，美国专利商标局宣布启动抵触审查程序，重新审核双方关于 CRISPR 技术的专利申请。2017 年 2 月 15 日，PTAB 裁定，张锋团队的专利与詹妮弗·杜德纳的发现并不存在冲突，张锋所属的博德研究所保留其 CRISPR – Cas9 的专利权。这一决定至关重要，同时也是对博德研究所在基因编辑技术领域地位的一种肯定。裁决后，Editas Medicine 股价大涨 20% 以上。但两个月后，加州大学伯克利分校再次提起上诉（案号 2017 – 1907），申请撤销 PTAB 的判决。

2018 年 9 月 10 日，美国联邦巡回上诉法院裁定麻省理工学院张锋教授及其所属的博德研究所拥有的 CRISPR 专利有效（12 项授权美国专利及 1 件专利申请），[1] 这一决定也是维持了 PTAB 在 2017 年 2 月的判决。

美国联邦巡回上诉法院认为，张锋所属的博德研究所应当持有基因编辑突破性技术 CRISPR 的专利，加州大学伯克利分校寻求专利保护的论据被驳回。在判决电子文件中，美国专利商标局认为，张锋团队的发明与詹妮弗·杜德纳团队的申请涵盖不同范围，二者并不存在冲突。美国联邦巡回上诉法院裁定认为，"PTAB 对事实证据进行了全面分析，并考虑了专家对双方和发明人的各种陈述，以及各自在该领域的失败和成功，同时提供了发明的证据，以及将 CRISPR – Cas9 延伸至新环境中应用的证据。"美国专利商标局对此表示，两个团队都有权获得专利，因为他们所涉及的内容属于不同的领域。美国联邦巡回上诉法院认为美国专利商标局的决定是基于"实质性证据"。

对于这一判决，加州大学伯克利分校认为，博德研究所只是使用"常规现成的工具"，在植物和动物中应用 CRISPR – Cas9 的 6 个研究小组之一。该大学表示正在考虑下一步如何选择，其中可能包括要求美国联邦巡回上诉法院重新考虑决定或向美国联

---

[1] Regents of University of Ca V. Broad Institute, 903 F. 3d 1286 – Court of Appeals, Federal Circuit 2018.

邦最高法院提出请愿。"我们期待能够证明詹妮弗·杜德纳和艾曼特·卡彭特两位博士才是将这项技术首先使用在动物和植物细胞上的技术开拓者，这也是全球科学界的共识"，加州大学伯克利分校在另一份声明中表示。

博德研究所则发表声明说："博德研究所和加州大学伯克利分校的专利和申请涉及不同的主题，因此不会相互干扰，除了诉讼之外，我们应当共同努力，确保这项变革性技术能够广泛、开放的获取。"

"我们十分满意美国联邦巡回上诉法院的决定，该决定肯定了专利审查和上诉委员会对博德研究所在 CRISPR – Cas9 基因组编辑方面的创新和基础工作授予专利的决定"，Editas Medicine 首席执行官兼董事长卡特琳·博斯林表示。"这一决定对于 Editas Medicine 和博德研究所十分有利，因为它重申了我们知识产权基础的优势，并对生产 CRISPR 药物具有深远的意义。"

Editas Medicine 是一家由张锋创办的基因编辑初创公司。此案中的一些 CRISPR – Cas9 专利已被博德研究所独家授权给 Editas Medicine。受此判决影响，Editas Medicine 股价大涨，最高涨幅达到近 8%。

Editas Medicine 的知识产权基础包括涵盖 CRISPR – Cas9 和 CRISPR – Cpf1（也称为 CRISPR – Cas12a）基因编辑的专利。这些专利广泛涵盖使用 CRISPR – Cas9 和 CRISPR – Cpf1 对包括所有人类细胞的真核细胞进行基因编辑。对于生产基于 CRISPR 的药物来说，成功编辑这种细胞是至关重要的。总体而言，Editas Medicine 拥有 CRISPR 的基础专利，涉及其基因组编辑平台的所有组成部分。

短短两三年的时间，CRISPR 已发展成为生物学领域炙手可热的研究工具之一。它不但丰富了我们对于细菌、古细菌生理机制的认知，更重要的是，人类可以利用它对基因进行改造。

而近几年呈爆发式增长的 CRISPR 研究和应用都充分证明，这项技术会给人类带来非常大的变革，无论是粮食生产还是医疗保健，其都可能引发革命性的变化。因此，这项技术的商业价值是不言而喻的。也正因为关系到其所有权和商业化开发的利益，两大研究阵营开始了其漫长的对峙，双方的专利大战也一直是全世界都在关注的焦点。

美国联邦巡回上诉法院指出，不管他们的主张是否具有可专利性差异，此次判决都无法支持他们主张的合法性。这意味着此后双方还可能出现法律纠纷，而且短期内很难有最终结果。此外，很有可能出现交叉许可的情况。

虽然目前来看，CRISPR – Cas9 是工业界和学术界的首选，但是随着科学的发展，或许会出现新的替代技术对基因进行更加高效的编辑。

7.2.2 CAR – T 专利系列诉讼案

CAR – T 全称为 Chimeric Antigen Receptor T – Cell Immunotherapy，其原理在于经嵌合抗原受体修饰的 T 细胞，可以特异性地识别肿瘤相关抗原，使效应 T 细胞的靶向性、杀伤活性和持久性均较常规应用的免疫细胞高，并可克服肿瘤局部免疫抑制微环境并打破宿主免疫耐受状态，进而治疗肿瘤疾病。

7.2.2.1 案件回顾

吉利德旗下 Kite Pharma 在其 CAR-T 疗法 Yescarta 有关的专利侵权案中被判故意侵权，需向百时美施贵宝（BMS）旗下朱诺医疗公司支付技术专利赔偿，金额为 12 亿美元。❶

CAR-T 疗法专利系列诉讼案有 3 起诉讼，案号分别是 2：17-cv-07639、2：17-cv-06496 及 2020-1758，该系列案的涉案专利为 US7446190。

(1) 案号：2：17-cv-06496❷

原告：朱诺医疗公司、纪念斯隆凯特琳癌症中心、斯隆凯特琳癌症研究所

被告：Kite Pharma, Inc.

法院：美国加利福尼亚中央地方法院

申请日期：2017-09-01

结束日期：2017-11-27

涉诉产品：KTE-C19 product-chimeric antigen receptor products

法律状态：双方和解

(2) 案号：2：17-cv-07639❸

原告：朱诺医疗公司、纪念斯隆凯特琳癌症中心、斯隆凯特琳癌症研究所

被告：Kite Pharma, Inc.

法院：美国加利福尼亚中央地方法院

申请日期：2017-10-18

结束日期：2020-04-08

涉诉产品：Chimeric antigen receptor（CAR）

法律状态：原告胜诉

(3) 案号：2020-1758❹

原告：朱诺医疗公司、纪念斯隆凯特琳癌症中心、斯隆凯特琳癌症研究所

被告：Kite Pharma, Inc.

法院：美国联邦巡回上诉法院

申请日期：2020-05-01

涉诉产品：Chimeric antigen receptor（CAR）

法律状态：该案正在进行，尚无决定

---

❶ 吉利德 CAR-T 专利被判"故意"侵权 BMS"坐享"12 亿美元赔偿 [EB/OL].[2020-04-13]. https://med.sina.com/article_detail_100_2_80671.html.

❷ https://ecf.cacd.uscourts.gov/cgi-bin/DktRpt.pl?688096.

❸ https://ecf.cacd.uscourts.gov/cgi-bin/DktRpt.pl?691790.

❹ https://pacer.login.uscourts.gov/csologin/login.jsf?pscCourtId=CAFC&appurl=https%3A%2F%2Fecf.cafc.uscourts.gov%2Fn%2Fbeam%2Fservlet%2FTransportRoom%3Fservlet%3DCaseSummary.jsp%26amp%3BcaseNum%3D20-1758%26amp%3BincOrigDkt%3DY%26amp%3BincDktEntries%3DY.

7.2.2.2 案件聚焦

此系列侵权案涉及的核心产品和技术是吉利德旗下 Kite Pharma 关于 CAR-T 疗法的 Yescarta 和百时美施贵宝旗下朱诺医疗公司关于靶向 CD19 的 CAR-T 技术。❶ 吉利德于 2017 年斥资 120 亿美元收购 Kite Pharma 以获得其 CAR-T 疗法 Yescarta，同年，该疗法获得 FDA 批准上市。

涉案专利为 US7446190，发明名称：Nucleic Acids Encoding Chimeric T Cell Receptors，该专利优先权日为 2002 年 5 月 27 日，涉及用于编码具有嵌合抗原受体（CARs）、共刺激结构域和使其能够靶向 CD19 其他成分的 T 细胞的方法。CD19 是一种蛋白质，在某些血液癌中，尤其是在急性淋巴细胞白血病和非霍奇金淋巴瘤中，广泛表达于这类肿瘤细胞表面。目前已获批上市的两款 CAR-T 疗法均靶向 CD19 抗原，Yescarta 用于治疗 DLBCL，诺华的 Kymriah 用于治疗 DLBCL 和 ALL。而朱诺医疗公司自身的主要候选产品 lisocabtagene maraleucel 也已申请上市，用于治疗复发/难治大 B 细胞淋巴瘤。

2013 年，朱诺医疗公司从斯隆·凯特林和纪念斯隆凯特林癌症中心获得 US7446190 的独家授权许可。❷ 2015 年 8 月 13 日，Kite Pharma 向美国专利商标局的多方专利复审程序（案号：IPR2015-01719）要求宣告专利 US7446190 权利要求 1~13 无效。但 2016 年 12 月 16 日，PTAB 出具的书面决定中认定 Kite Pharma 提供的证据为非优势证据，不能用来无效专利 US7446190 的权利要求 1~13，因此该专利维持有效。随后，Kite Pharma 与美国国家癌症研究所的研究人员合作开发自己的 CAR-T 结构，当时的开发名称为 KTE-C19。

朱诺医疗公司基于分析 Kite Pharma 产品 KTE-C19 后，认为 Kite Pharma 的产品 KTE-C19 侵犯了其 190 专利的专属权。2016 年 12 月 19 日，朱诺医疗公司对 Kite Pharma 提起第一次诉讼，起诉法院为美国特拉华州联邦地区法院，案号为 1:16-cv-01243。Kite Pharma 针对法院的管辖权进行了质疑，提出驳回原告上诉的动议。经过审理后，2017 年 6 月 13 日，法院准予被告驳回原告上诉的动议。

2017 年 9 月 1 日，朱诺医疗公司对 Kite Pharma 提起第二次诉讼，起诉法院为加州中央地方法院，案号为 2:17-cv-06496，认为 Kite Pharma 的产品 KTE-C19 侵犯了专利 US7446190 的专利权。最终原告朱诺医疗公司提出主动撤诉而导致该诉讼于 2017 年 11 月 27 日终止。

2017 年 10 月 18 日，Kite Pharma 公司 Yescarta 获得 FDA 批准上市。同日，朱诺医疗公司对 Kite Pharma 提起第三次诉讼，起诉法院还是加州中央地方法院，案号为 2:17-cv-07639，认为 Kite Pharma 的产品 KTE-C19 侵犯了专利 US7446190 的专利权。法官在 2020 年 4 月 13 日做出了判决，认为：

---

❶ Calling Gilead's CAR-T infringement "willful," judge enhances BMS' award to $1.2B [EB/OL]. [2020-04-10]. https://www.fiercepharma.com/pharma/calling-gilead-s-car-t-infringement-willful-judge-enhances-bms-award-to-1-2b.

❷ 7.52 亿美元败诉赔偿！吉利德/百时美的 CAR-T 专利之争审判落锤 [EB/OL]. [2019-12-16]. https://www.xianjichina.com/special/detail_435994.html.

被告 Kite Pharma 侵犯了专利 US7446190 的权利要求 3、5、9 和 11。被告需要向原告支付约 12 亿美元赔款，赔款共分为三个部分：

（1）陪审团判决书中的 778343501 美元，其中上述金额包括①预付款、②专利权使用费两方面。其中①预付款为 585000000 美元；而②专利权使用费为 193343501 美元，该专利权使用费计算公式为 Kite Pharma 公司涉及该侵权产品收入的 27.6% 计算，其中 Kite Pharma 公司涉及该侵权产品收入计算来自两部分，第一部分为 Kite Pharma 自 2017 年 10 月 18 日至 2019 年 9 月 30 日的销售收入 603650765 美元，而第二部分为 Kite Pharma 从 2019 年 10 月 1 日至 2019 年 12 月 12 日的 Yescarta 销售净收入为 96869167 美元。

（2）利息为 32807300 美元。

（3）追加赔偿金为 389171750.5 美元。

同时，根据被告支付的时间长短，原告还将获得判决后利息。

2020 年 5 月 1 日，朱诺医疗公司对 Kite Pharma 提起第四次诉讼，起诉法院为联邦巡回上诉法院，案号是 2020 - 1758，包括诉状等具体信息目前还处于未公开状态。

7.3 本章小结

通过分析基因治疗药物涉诉专利情况及典型案例，可以得到以下启示：

（1）如果基因治疗药物专利涉及的完成发明必须使用的生物材料是公众不能得到的，专利权人需要按照《专利法实施细则》第 25 条的规定对该生物材料进行保藏。

（2）药物研发过程中要选取好专利申请时机，应考虑以下因素：所选择的靶点或药物的竞争激烈程度、所选择的保护策略和/或药物的新颖性、提供完整的研究数据确保获得专利保护。

（3）专利权利要求保护范围要合适，应考虑以下因素：已经做出的研发成果、企业的研发方向，避免权利要求得不到说明书的支持，避免权利要求范围较大影响企业后续申请专利的新颖性和创造性，同时避免竞争对手分析出有用信息而捷足先登。

（4）合理运用基础专利和后续专利的专利保护策略，基础专利包括药物结构、药物制备方法、药物组合物、药物用途等，后续专利包括方法专利、联合用药专利等，以便延长专利保护期。

（5）早日将专利布局纳入企业战略，构建企业产品相关的专利信息数据库，在遭遇诉讼风险时，快速分析竞争对手的专利稳定性；关注失效专利和授权专利，做好侵权风险规避；针对具体技术点抢先申请并且绕开对手专利布局范围。

第8章 总　结

经过对基因治疗领域进行行业调查、全球专利分析、主要申请人分析、技术分析、药物分析以及诉讼情况等方面的分析，我们得出的主要结论如下：

（1）基因治疗作为新兴的医学技术，仍然存在诸多挑战，基因治疗技术上的难点主要是如何提高有效性以及降低安全风险。目前主要的研究方向包括：①针对病毒载体的优化改造可以进一步提高外源基因的高效转导以及降低机体的免疫原性；②基于基因编辑工具的升级改造可以提高靶向切割的效率以及降低脱靶效应的产生；③开发高效精准的靶向基因组将有助于外源基因的长期稳定整合，实现遗传疾病的长期有效治疗。

（2）基因治疗领域全球专利申请趋势曾于2001年到达顶峰，而后随着安全性问题受到广泛重视，基因治疗行业收缩，申请量出现明显下滑；2011年以后，基因治疗领域逐步进入稳健发展阶段，目前正在稳步发展。

（3）欧美等发达国家/地区在基因治疗领域起步较早，特别是美国领先优势非常巨大，日本、中国、韩国发展较晚，技术积累相对薄弱。总体而言，基因治疗的研发需要耗费非常大的人力、物力和财力，基因治疗技术的研发主要集中在上述国家/地区，尤其是美国。

（4）中国在基因治疗领域的研发正在与世界领先国家缩小差距，特别是近几年中国专利的增量很大；但是中国申请人以高校和科研机构为主，企业的申请量较少，且全球布局的比例很少。

（5）在基因治疗领域，适应证涉及癌症的专利申请数量最多，特别是CAR-T的研究主要集中在癌症方面，而其他适应证专利数量极少，是专利布局的空白点。

（6）AAV载体是基因治疗领域的主要载体技术，密码子优化、调控元件技术手段的专利数量是最多的，衣壳突变、免疫抑制剂、衣壳化学修饰的专利数量较少。AAV载体改造的首要技术效果是载体高效表达，其次是细胞靶向性，降低免疫原型和毒性以及解决载体容量限制的专利数量较少，为了解决现有的AAV基因治疗药物的技术瓶颈，衣壳突变、免疫抑制剂、衣壳化学修饰可作为国内申请人的主要研究方向。Voyager Therapeutics、Spark Therapeutics以及UniQure是AAV基因治疗的先驱企业，其专利布局、专利保护范围、临床研究进展以及产品上市情况值得国内申请人重点关注。

（7）从全球范围专利数量来看，中国在LV基因治疗领域是有优势的，申请人以高校和科研机构为主，企业可寻求专利许可合作，将LV应用于HSC的基因治疗和CAR-T细胞治疗，促进技术产业化，抢占国际市场。Oxford BioMedica、蓝鸟生物是LV基因治疗的先驱，拥有多个研发管线，产品上市指日可待，需密切关注。

附　录　申请人名称约定表

约定名称	申请人的中文名称	申请人的外文名称
诺华	诺瓦蒂斯有限公司 诺华股份有限公司 诺华疫苗和诊断公司 诺瓦提斯公司 诺瓦提斯研究基金会	Novartis AG Novartis Vaccines & Diagnostics, Inc. Novartis, Inc. Novartis Pharma GmbH Novartis Corp. Novartis International Pharmaceutical Ltd. Novartis Forschungsstiftung Novartis Pharma AG Novartis Vaccines & Diagnostics SL Novartis UK Ltd. Novartis Vaccines & Diagnostics Srl Novartis Pharmaceuticals Corp. Novartis Consumer Health Novartis SA Novartis Inflammasome Research, Inc. Beijing Novartis Pharma Ltd. Novartis Institutes for Biomedical Research, Inc. Novartis Finance Corp Shanghai Novartis Animal Health Co. Ltd. Novartis Crop Protection Corp. Novartis Biociências SA Novartis Ophthalmics, Inc. Novartis Pharmaceuticals AG Novartis Seeds AG Novartis Ophthalmics AG Novartis Groupe France SA Novartis Forschungsinstitut GmbH China Novartis Institutes for BioMedical Research Co., Ltd. Novartis Pharmaceuticals (HK) Ltd. Novartis Institute for Functional Genomics, Inc. Novartis Pharma NV Novartis Farma Novartis Farmaceutica SA de CV

续表

约定名称	申请人的中文名称	申请人的外文名称
葛兰素史克	葛兰素史密丝克莱恩有限公司 葛兰素史密斯克兰实验室 史密斯克莱恩比彻姆药物实验室 史密丝克莱恩比彻姆有限公司 史密斯克莱比奇曼公司 葛兰素集团有限公司 史密丝克莱恩比彻姆生物有限公司 葛兰素史密丝克莱恩生物有限公司 史密丝克莱恩比彻姆公司 史密斯克莱·比奇曼生物公司 史密斯克兰·比彻姆公共有限公司 葛兰素史克知识产权开发有限公司	GlaxoSmithKline Plc GlaxoSmithKline LLC GlaxoSmithKline Biologicals SA GlaxoSmithKline SpA GlaxoSmithKline AEBE GlaxoSmithKline Consumer Healthcare GmbH & Co. KG GlaxoSmithKline GmbH & Co. KG GlaxoSmithKline, Inc. GlaxoSmithKline Intellectual Property (No. 2) Ltd. GlaxoSmithKline Consumer Healthcare (UK) IP Ltd. GlaxoSmithKline KK Glaxosmithkline Istrazivacki Centar Zagreb doo GlaxoSmithkline Ltd. GlaxoSmithKline Consumer Healthcare Holdings Ltd. GlaxoSmithKline (Tianjin) Co., Ltd GlaxoSmithkline BV Laboratoire Glaxosmithkline SAS Glaxosmithkline Vaccines Srl GlaxoSmithKline Intellectual Property Management Ltd. Glaxosmithkline Holdings (One) Ltd. GlaxoSmithKline Services Unlimited Glaxosmithkline Intellectual Property Development Ltd. GlaxoSmithKline AG GlaxoSmithKline Trading Services Ltd. GlaxoSmithKline Intellectual Property Holdings Ltd. GlaxoSmithkline AB GlaxoSmithKline Intellectual Property Ltd. Glaxosmithkline Pharmaceuticals SA GlaxoSmithKline Caribbean Ltd. GlaxoSmithKline Research & Development GlaxoSmithKline Consumer Healthcare (US) IP LLC GlaxoSmithKline Services GmbH & Co. KG GlaxoSmithKline Asia Pvt Ltd. Glaxosmithkline Australia Pty Ltd. GlaxoSmithKline (China) Investment Co., Ltd. Glaxosmithkline Holdings Pty Ltd. GlaxoSmithKline Chile Farmaceutica Ltda. Glaxosmithkline Oy GlaxoSmithKline Brasil Ltda.

续表

约定名称	申请人的中文名称	申请人的外文名称
赛诺菲	塞诺菲－安万特美国有限责任公司 塞诺菲－安万特股份有限公司 赛诺菲 赛诺菲－安万特 安万特药物公司 塞诺菲－安万特德国有限公司 萨诺费合成实验室 赛诺菲－安万特墨西哥股份公司 赛诺菲股份有限公司 赛诺菲巴斯德 赛诺菲巴斯德有限公司 赛诺菲巴斯德股份公司 艾文蒂斯药品有限公司 安万特医药股份有限公司 阿文蒂斯药物有限公司 建新公司 健赞股份有限公司 健赞集团	Sanofi Sanofi－Aventis Deutschland GmbH Sanofi－Aventis France Sanofi－Aventis U. S. LLC Sanofi Pasteur Ltd. Sanofi Pasteur SA Sanofi SA Sanofi－Synthelabo, Inc. Sanofi Winthrop Sanofi Biotechnology SAS Sanofi KK Sanofi AG Sanofi UK Sanofi－Aventis Ltd. Sanofi AB Sanofi－Aventis Healthcare Pty Ltd. Shenzhen Sanofi Pasteur Biological Products Co., Ltd. Sanofi Aventis Farmacêutica Ltda Sanofi Aventis KK Sanofi Animal Health Ltd. Sanofi US Services, Inc. Sanofi－Aventis Otc SpA Sanofi Aventis Thailand Ltd. Sanofi－Aventis de México SA de CV Sanofi Diagnostics Pasteur, Inc. Sanofi－Aventis SA Sanofi－Aventis Korea Co., Ltd. Sanofi Chimie SA Sanofi 4 Sanofi－Aventis Singapore Pte Ltd. Sanofi Aventis AB Sanofi Pharma Sanofi Ilaç Sanayi ve Ticaret AS Aventis Pharma SARL Aventis Pharma Genzyme Corp Aventis Pharma AG Aventis Pharmaceuticals Genzyme Ltd Aventis, Inc Aventis Pharma Ltd

续表

约定名称	申请人的中文名称	申请人的外文名称
默克	默克专利有限公司 默克专利股份有限公司 默克股份有限公司	Merck KGaA Merck Patent Gesellschaft Mit Beschränkter Haftung Merck Ltd. Merck KGaA Merck SA E. Merck KG Merck Santé SAS Merck AG Merck Serono SA Merck Serono Co., Ltd. Merck Gmbh Merck Serono Ltd. Merck Serono SAS Merck Oy Merck Performance Materials Services UK Ltd. Merck Chimie SAS Merck Ltd.（Japan） Merck & Cie KG Merck SpA Merck Millipore Ltd. Merck Chemicals Ltd. Merck d. o. o. Merck Performance Materials Ltd. Merck Ventures Merck SL Merck Electronic Materials Ltd. Merck Pty Ltd.（Australia） Merck SeQuant AB Merck, Inc. Merck Serono SpA Merck Performance Materials GK Merck Serono Ltd.（Israel） Merck Performance Materials IP GK Merck Biodevelopment SAS Merck Serono International SA Merck Kft Merck Display Technologies Ltd. Merck Biosciences AG Merck Lipha Sa

续表

约定名称	申请人的中文名称	申请人的外文名称
默沙东	默沙东公司	Merck & Co., Inc. Merck Sharp & Dohme BV Merck Sharp & Dohme Corp. Merck Sharp & Dohme Ltd. Merck Frosst Canada Ltd. Merck Canada, Inc. Merck Frosst Canada & Co. Merck Research Laboratories Merck & Co., Inc. Master Retirement Trust Merck Sharp & Dohme Ireland Ltd. Merck Sharp & Dohme de España SA Merck HDAC Research LLC Merck Sharp & Dohme (I.A.) LLC Merck, Sharp & Dohme (IA) Corp. Merck-Medco Managed Care LLC Merck Frosst Co. Laboratoires Merck Sharp & Dohme-Chibret SAS Merck Sharp & Dohme (Israel-1996) Co. Ltd. Merck Sharp & Dohme (Europe), Inc. Merck Sharp & Dohme Lda. Merck Sharp & Dohme (Australia) Pty Ltd. Merck Sharp & Dohme Pharmaceutical Industrial & Commercial SA Merck Global Research LLC Merck Sharp & Dohme Chile, Inc.
加州大学	加利福尼亚大学董事会 加利福尼亚大学校务委员会 加州大学评议会 美国加利福利亚大学董事会	University of California Regents of the University of California University of California, Los Angeles University of California San Diego University of California, Berkeley The University of California, San Francisco University of California, Santa Barbara California Law Review
UniQure	优尼科 IP 有限公司 尤尼克尔生物制药股份有限公司	uniQure NV uniQure IP BV uniQure biopharma BV uniQure GmbH

续表

约定名称	申请人的中文名称	申请人的外文名称
辉瑞	辉瑞研究及发展公司 辉瑞研究开发公司 辉瑞研究与发展公司 辉瑞产品公司 辉瑞爱尔兰制药公司 惠氏控股有限公司 惠氏公司 惠氏控股公司	Pfizer Inc. Pfizer Ltd. Pfizer Products, Inc. Pfizer Chemical Corp. Pfizer GmbH Pfizer BV Pfizer Hospital Products Group, Inc. Pfizer Italia SRL Pfizer Research & Development Co. NV Pfizer Ireland Pharmaceuticals ULC Pfizer Health AB Pfizer ApS Pfizer Japan, Inc. Pfizer SL Pfizer Manufacturing Services Ltd. Pfizer International Corp. SA Pfizer Animal Health MA EEIG Pfizer Ireland Ltd. Pfizer Innovations AB Pfizer Asia Pfizer Ophthalmics Pfizer Pharmaceuticals Ltd. (Ireland) Pfizer PGM Pfizer AG Pfizer Vaccines LLC Pfizer Anti–Infectives AB Pfizer Pigments, Inc. Pfizer Leasing Ireland Ltd. Pfizer Healthcare Ireland Pfizer Australia Pty Ltd. Pfizer Italiana Pfizer Investment Co., Ltd. Pfizer SRL Pfizer Transactions LLC Pfizer Consumer Healthcare Pfizer AB Pfizer Enterprises SARL Pfizer Parke Davis, Inc. Pfizer PFE Hellas E. P. E. Pfizer Specialty UK Ltd. Pfizer Pte Ltd. Pfizer Seiyaku KK Pfizer Oy Pfizer Pharmaceuticals Korea Co., Ltd. Pfizer Pharmaceuticals Ltd. Pfizer Corporation Austria GmbH Pfizer Holding und Verwaltungs Gmbh Pfizer Taito Co. Ltd. Wyeth Holdings LLC Wyeth LLC Wyeth Corp. Wyeth Holding Corp.

续表

约定名称	申请人的中文名称	申请人的外文名称
安进	安进股份有限公司 安进研发（慕尼黑）股份有限公司 安进公司 安姆根弗里蒙特公司 安姆根有限公司 安进弗里蒙特公司 阿布格尼克斯公司 艾伯吉尼斯公司 依默耐克斯有限公司 拜奥维克斯有限公司	Amgen SF LLC Amgen, Inc. Amgen Fremont, Inc. Amgen Research (Munich) GmbH Kirin-Amgen, Inc. Amgen Boulder, Inc. Amgen (Europe) GmbH Amgen Canada, Inc. Amgen Ltd. Amgen AB Amgen Mountain View, Inc. Amgen K-A, Inc. Amgen Australia Pty Ltd. Amgen Europe BV AMGEN GmbH Immunex Corp. Abgenix, Inc. BioVex Ltd.
罗氏	豪夫迈·罗氏有限公司 吉宁特有限公司 霍夫曼-拉罗奇有限公司 健泰科生物技术公司 基因泰克公司 弗·哈夫曼-拉罗切有限公司	Genentech, Inc. Genentech Ventures Genentech USA, Inc. F. Hoffmann-La Roche Ltd. Roche Holding AG Hoffmann-La Roche Ltd. Roche Diagnostics Operations, Inc. Roche Diabetes Care, Inc. Hoffmann-La Roche, Inc. Roche Diagnostics GmbH Roche Molecular Systems, Inc. Roche Diagnostics Corp. Roche Products Ltd. Roche Innovation Center Copenhagen A/S Roche Vitamins, Inc. Roche Sequencing Solutions, Inc. Roche Finance Ltd. Roche Diabetes Care AG Roche Holdings, Inc. Roche Intertrade Ltd. Roche SpA Roche Diagnostics (Shanghai) Co., Ltd. Roche Diagnostics Ltd. Roche Diagnostics Automation Solutions GmbH Roche Glycart AG Roche SAS Roche (Malaysia) Sdn. Bhd. Roche Farma SA Roche Nicholas SA Roche Therapeutics, Inc.

续表

约定名称	申请人的中文名称	申请人的外文名称
百时美施贵宝	布里斯托尔-迈尔斯斯奎布药品公司 百时美施贵宝公司 米德列斯公司 梅达雷克斯有限责任公司 梅达莱克斯公司 津莫吉尼蒂克斯公司	Bristol Myers Squibb Co. Bristol-Myers Squibb GmbH & Co. KGaA Bristol Myers Squibb SA Bristol-Myers Squibb Pharma Co. Bristol-Myers Squibb Canada Co. Bristol-Myers Squibb KK Bristol-Myers Squibb SA（Switzerland） Bristol-Myers Squibb Pharmaceutical Research Institute Bristol Myers International Group Bristol-Myers Squibb Australia Pty Ltd. Bristol-Myers Squibb BV Bristol-Myers Squibb Holdings Ireland Unlimited Co. Bristol-Myers Squibb SRL Bristol Myers Sl Bristol-Myers Squibb International Co. ULC Bristol Laboratories International SA Bristol-Myers Squibb AB ZymoGenetics, Inc. Medarex, Inc.
武田制药	千年药品公司 千年制药公司 千禧制药公司 米伦纽姆医药公司 千禧药品公司 武田有限公司 武田药品工业株式会社 武田疫苗股份有限公司 塔科达有限责任公司	MILLENNIUM PHARMACEUTICAL MILLENNIUM BIOTHERAPEUTIC MILLENNIUM PREDICTIVE MED Takeda Chemical Industries Ltd. Takeda Pharmaceutical Co., Ltd. Takeda GmbH Takeda San Diego, Inc. Takeda Pharmaceuticals U.S.A., Inc. Takeda Vaccines, Inc. Takeda Rika Kogyo Co. Ltd. Takeda A/S Takeda Pharmaceuticals Australia Pty Ltd. Takeda Cambridge Ltd. Takeda Vaccines（Montana）, Inc. Takeda AS Takeda Consumer Healthcare Co., Ltd. Takeda Pharma AG Takeda Architectural Design Consulting（Shanghai）Co. Ltd. Takeda Pharma A/S Takeda Austria GmbH Takeda Distribuidora Ltda. Takeda Development Center Americas, Inc. Takeda Development Centre Europe Ltd. Takeda Vaccines Pte Ltd. Takeda Pharmaceuticals International, Inc. Takeda Global Research & Development Center, Inc.

续表

约定名称	申请人的中文名称	申请人的外文名称
阿斯利康	米迪缪尼有限公司 阿斯利康（瑞典）有限公司 免疫医疗有限公司 麦迪穆有限责任公司 美商阿斯特捷利康有限责任公司 阿斯利康制药有限公司	MedImmune Vaccines, Inc. MedImmune Oncology, Inc. MedImmune LLC MedImmune Ltd. AstraZeneca AB AstraZeneca UK Ltd. AstraZeneca Canada, Inc. AstraZeneca LP AstraZeneca Pharmaceuticals LP AstraZeneca Pty Ltd. AstraZeneca India Pvt Ltd. AstraZeneca GmbH AstraZeneca SAS AstraZeneca AS AstraZeneca KK Astrazeneca Sweden Investments Ltd. AstraZeneca Investment (China) Co. Ltd. AstraZeneca (Wuxi) Trading Co. Ltd. AstraZeneca Collaboration Ventures LLC AstraZeneca Pharmaceuticals LLC Astrazeneca AG Astrazeneca Dunkerque Production SCS AstraZeneca Reims AstraZeneca Plc
百健	拜奥根 IDEC 公司 IDEC 药物公司 生物基因 IDEC 公司 艾德药品公司 生物基因 IDEC 麻省公司 IDEC 医药公司 比奥根艾迪克 MA 公司 拜奥根有限公司 比奥根玛公司 拜奥根 IDEC 马萨诸塞公司 比奥根 MA 公司 美商百健 MA 公司	IDEC Pharmaceuticals Corp. Biogen, Inc. Biogen MA, Inc. Biogen BV Biogen International GmbH Biogen Swiss Manufacturing GmbH Biogen Chesapeake LLC Biogen U.S. LP Biogen GmbH Biogen Colombia SAS Biogen U.S. Corp.

续表

约定名称	申请人的中文名称	申请人的外文名称
INSERM	法国国家健康与医学研究院 法国国家卫生及研究医学协会 国家健康与医学研究院 国立医学与健康研究所 国家医疗保健研究所 法国国家健康和医学研究院	INSERM – INSTITUT NATIONAL DE LA SANTE & DE LA RECHERCHE MEDICALE INST NAT SANTE & LA RECHE RCHE NATIONAL DE LA SANTE & DE LA RECHERCHE MEDICALE
CNRS	国家科研中心 国家科学研究中心 法国国家科学研究中心 国立科学研究中心 法国国家科学研究中心 科学研究国家中心	CNRS – CENTRE NATIONAL DE LA RECHERCHE SCIENTIFIQUE CNRS – CENTRE NATIONAL DE LA RECHERCHE SCIENTIFIQUE Centre National de la Recherche Scientifique Centre Scientifique et Technique du Bâtiment Centre Nat de la Recherche Scientifique Centre National de la Recherche Scientifique Centre de Recherche sur L'Endocrinologie Moleculaire et le development
MODERNA	摩登纳特斯有限公司 现代治疗公司 莫德纳公司	MODERNA THERAPEUTICS ModernaTX, Inc. Moderna, Inc. Moderna LLC

图 索 引

图 1-1-1　全球基因治疗临床试验的适应证分布 （5）
图 3-1-1　基因治疗专利全球和主要国家历年申请趋势 （18）
图 3-1-2　全球基因治疗专利总量法律状态分布 （20）
图 3-2-1　全球基因治疗专利分布主要国家、地区和组织排名 （20）
图 3-2-2　基因治疗全球主要国家/地区专利年度分布 （21）
图 3-2-3　中国基因治疗专利地域分布 （23）
图 3-2-4　中国基因治疗专利申请人类型分布 （23）
图 3-3-1　全球基因治疗专利总量排名前 30 位申请人申请量分布 （24）
图 3-4-1　中国和美国基因治疗专利年度变化趋势 （26）
图 3-4-2　美国基因治疗领域专利排名前 30 位申请人申请量和有效量分布 （27）
图 3-4-3　美国基因治疗专利近 5 年排名前 30 位申请人申请量分布 （29）
图 3-4-4　美国基因治疗专利总量全球布局 （30）
图 3-4-5　美国基因治疗专利近 5 年全球布局 （30）
图 3-4-6　美国基因治疗专利总量法律状态分布情况 （31）
图 3-4-7　美国基因治疗专利近 5 年法律状态分布情况 （31）
图 3-4-8　中国基因治疗领域专利排名前 30 位申请人申请量和有效量分布 （32）
图 3-4-9　中国基因治疗专利近 5 年申请量排名前 30 位申请人申请量分布 （33）
图 3-4-10　中国基因治疗专利总量法律状态分布 （34）
图 3-4-11　中国基因治疗近 5 年专利法律状态分布 （34）
图 3-4-12　中国基因治疗专利总量全球布局情况 （35）
图 3-4-13　中国基因治疗专利近 5 年全球布局情况 （35）
图 3-4-14　中国基因治疗专利全球布局的发展趋势 （36）
图 3-4-15　中国基因治疗全球专利布局主要申请人申请量分布 （37）
图 3-4-16　中国基因治疗专利全球布局情况 （38）
图 3-4-17　中国基因治疗全球专利总量法律状态分布 （38）
图 3-4-18　基因治疗中国国内专利优先权地域分布 （38）
图 3-4-19　基因治疗中国国内和来华专利年度申请对比 （39）
图 3-4-20　日本基因治疗专利申请趋势 （40）
图 3-4-21　日本基因治疗领域专利排名前 25 位申请人申请量和有效量分布 （41）
图 3-4-22　日本基因治疗专利近 5 年排名前 25 位申请人申请量分布 （42）
图 3-4-23　日本基因治疗专利总量全球布局 （42）
图 3-4-24　日本基因治疗专利近 5 年全球布局 （43）
图 3-4-25　日本基因治疗专利总量法律状态分布 （43）
图 3-4-26　欧洲基因治疗专利申请趋势 （44）
图 3-4-27　欧洲基因治疗领域专利排名前 25 位申请人申请量和有效量分布 （45）

197

图 3-4-28	欧洲基因治疗领域专利近5年排名前25位申请人申请量分布（45）
图 3-4-29	欧洲基因治疗专利总量全球布局情况（46）
图 3-4-30	欧洲基因治疗专利近5年全球布局情况（46）
图 3-4-31	欧洲基因治疗专利总量法律状态分布（47）
图 3-4-32	韩国基因治疗专利申请趋势（47）
图 3-4-33	韩国基因治疗领域专利排名前25位申请人申请量和有效量分布（48）
图 3-4-34	韩国基因治疗专利近5年排名前25位申请人申请量分布（49）
图 3-4-35	韩国基因治疗专利总量全球布局（49）
图 3-4-36	韩国基因治疗专利近5年全球布局（50）
图 3-4-37	韩国基因治疗专利总量法律状态分布（50）
图 3-4-38	澳大利亚基因治疗专利申请历年趋势和最早优先权分布对比（51）
图 3-4-39	加拿大基因治疗专利申请历年趋势和最早优先权分布对比（51）
图 3-5-1	基因治疗专利技术分支、适应证、技术效果专利分布（52）
图 4-1-1	全球基因治疗专利排名前15位申请人的专利价值评价（55）
图 4-1-2	全球基因治疗近5年专利排名前十位的申请人申请量分布（56）
图 4-1-3	全球基因治疗专利布局主要申请人的专利法律状态对比（57）
图 4-1-4	全球基因治疗专利主要申请人申请趋势（彩图1）
图 4-1-5	中国基因治疗主要专利申请人专利申请法律状态分布（59）
图 4-1-6	中国基因治疗主要申请人专利申请趋势（60）
图 4-2-1	葛兰素史克关联公司合作图谱（61）
图 4-2-2	葛兰素史克关联公司专利对比（62）
图 4-2-3	葛兰素史克基因治疗专利申请趋势及法律状态分布（63）
图 4-2-4	葛兰素史克基因治疗专利地域分布（65）
图 4-2-5	葛兰素史克基因治疗专利技术发展路线（66）
图 4-3-1	加州大学关联公司和大学合作图谱（68）
图 4-3-2	加州大学关联公司和大学专利族概览（68）
图 4-3-3	加州大学基因治疗专利申请趋势及法律状态分布情况（69）
图 4-3-4	加州大学基因治疗专利地域分布（71）
图 4-4-1	MODERNA关联公司和大学合作图谱（72）
图 4-4-2	MODERNA基因治疗专利申请趋势及法律状态分布（73）
图 4-4-3	MODERNA基因治疗专利地域分布（74）
图 5-1-1	病毒载体药物全球专利申请趋势（80）
图 5-1-2	病毒载体药物专利申请国家/地区分布（82）
图 5-1-3	病毒载体药物专利全球排名前15位的目标市场分布（82）
图 5-1-4	病毒载体药物专利全球排名前十位申请人（83）
图 5-1-5	病毒载体药物中国专利申请趋势（83）
图 5-1-6	病毒载体药物中国专利申请区域分布情况（84）
图 5-1-7	病毒载体药物中国专利排名前十位申请人（85）
图 5-1-8	病毒载体药物中国专利申请人类型分布情况（85）
图 5-2-1	基因治疗药物专利适应证的技术分支分析（91）
图 5-2-2	基因治疗药物近5年中国专利沙盘分析（92）
图 5-2-3	基因治疗药物近5年全球专利沙盘分析（93）

图索引

图 5-3-1　衣壳发现和工程化的4种方法　(94)
图 5-3-2　AAV 药物专利分布　(95)
图 5-3-3　AAV 载体药物全球专利申请趋势　(96)
图 5-3-4　AAV 载体药物专利申请国家/地区分布　(97)
图 5-3-5　美国、中国、欧洲、韩国 AAV 载体药物专利申请趋势　(97)
图 5-3-6　AAV 载体药物专利适应证分布　(98)
图 5-3-7　AAV 载体药物各技术手段专利分布　(98)
图 5-3-8　AAV 调控元件代表专利梳理　(100)
图 5-3-9　AAV 密码子优化代表专利梳理（彩图2）
图 5-3-10　腺相关病毒衣壳突变代表专利梳理（彩图3）
图 5-3-11　AAV 联合免疫抑制剂代表专利梳理（彩图4）
图 5-3-12　AAV 衣壳化学修饰代表专利梳理　(110)
图 5-3-13　AAV 载体药物各技术效果专利分布　(112)
图 5-3-14　申请号为 CN200680038430.6 的专利族　(113)
图 5-3-15　专利 CN200680038430.6 中测量血浆样品中 LPL S447X 的活性　(113)
图 5-3-16　UniQure 基因治疗药物研发管线　(114)
图 5-3-17　Spark Therapeutics 基因治疗领域研发管线　(117)
图 5-3-18　AveXis 基因治疗领域研发管线　(118)
图 5-3-19　Voyager Therapeutics 基因治疗领域研发管线　(119)
图 5-3-20　Voyager Therapeutics AAV 载体药物专利适应证分布　(122)
图 5-3-21　Voyager Therapeutics AAV 载体药物各技术手段专利分布　(122)
图 5-3-22　Voyager Therapeutics AAV 载体药物各技术效果专利分布　(123)
图 5-3-23　拜马林制药 Pharmaceutical 腺相关病毒载体药物研发管线　(124)
图 5-3-24　腺相关病毒载体药物专利目标市场分布　(125)
图 5-3-25　腺相关病毒载体药物中国专利申请趋势　(125)
图 5-3-26　腺相关病毒载体药物中国专利申请地域分布　(126)
图 5-3-27　腺相关病毒载体药物专利中国排名前十位申请人　(127)
图 5-3-28　腺相关病毒载体药物中国专利申请人类型分布　(129)
图 5-4-1　寨卡 mRNA 疫苗和 HIVmRNA 疫苗的专利申请布局　(130)
图 5-4-2　斯微生物和 MODERNA mRNA 专利布局和研发管线对比　(131)
图 5-4-3　MODERNA 传染病相关专利技术发展路线　(132)
图 5-4-4　MODERNA LNP 专利梳理（彩图5）
图 5-5-1　慢病毒载体药物全球专利申请趋势　(139)
图 5-5-2　慢病毒载体药物专利申请国家/地区分布　(139)
图 5-5-3　美国、中国、欧洲、英国慢病毒载体药物专利申请趋势　(140)
图 5-5-4　专利 CN110678197A 5T4-CAR-T 构建体示意　(141)
图 5-5-5　慢病毒载体药物专利目标市场分布　(146)
图 5-5-6　慢病毒载体药物中国专利申请趋势　(146)
图 5-5-7　慢病毒载体药物中国专利申请地域分布　(147)
图 5-5-8　慢病毒载体药物专利中国前七位申请人申请量排名　(147)
图 5-5-9　深圳免疫基因治疗研究院拟采用的双重干细胞基因治疗　(148)
图 5-6-1　T-VEC 相关专利申请　(153)
图 6-0-1　已经被批准的基因治疗药物（彩图6）

199

图 6-1-1　Nusinersen 的治疗机理以及早期研究　（158）
图 6-1-2　Nusinersen 的研发上市历程　（158）
图 6-1-3　Nusinersen 相关专利分布　（159）
图 6-1-4　Nusinersen 相关专利在中国和美国的法律状态　（彩图 7）
图 6-1-5　核心专利 WO2010148249A1 美国审查历史　（163）
图 6-2-1　凝血因子的互相作用　（164）
图 6-2-2　AMT-06 的研发进程　（165）
图 6-2-3　AMT-061 相关专利分布　（166）
图 6-2-4　AMT-061 相关专利在中国和美国的法律状态　（彩图 8）
图 6-2-5　核心专利 WO2007148971A2 在美国的审查历史　（170）
图 6-2-6　核心专利 EP2337849B1 在欧洲的异议情况　（173）
图 7-1-1　基因治疗药物涉诉专利权人构成分析　（177）
图 7-1-2　基因治疗药物涉诉专利地域分析　（178）
图 7-2-1　US10266850B2 专利权转移过程　（180）

表 索 引

表 1-1-1　部分国内基因治疗项目（3）
表 1-2-1　国内基因治疗部分政策汇总（5~6）
表 2-1-1　检索涉及的分类号及对应含义（13~14）
表 2-1-2　Questel Orbit 数据库中检索式和检索结果（14）
表 2-2-1　基因治疗技术特征分解（15）
表 3-4-1　全球具有基因治疗研发实力的 31 个国家/地区（25）
表 4-1-1　中国基因治疗专利排名前 15 位申请人的专利价值评价（57~58）
表 4-1-2　中国基因治疗专利排名前 15 位申请人与国外制药企业专利价值评价比较（58~59）
表 4-2-1　葛兰素史克基因治疗技术相关专利（66~67）
表 4-5-1　瑞博生物基因治疗相关专利（75）
表 4-5-2　百奥迈科基因治疗相关专利（76~77）
表 4-5-3　科济生物基因治疗相关专利（77~78）
表 5-2-1　基因治疗药物适应证分类（86~90）
表 5-3-1　被引次数多于 20 次的 AAV 载体药物调控元件优化有效专利（101~103）
表 5-3-2　被引次数多于 20 次的 AAV 载体药物密码子优化有效专利（103~104）
表 5-3-3　被引次数多于 20 次的 AAV 载体药物衣壳突变有效专利（105~107）
表 5-3-4　典型 AAV 载体药物与免疫抑制剂联用有效专利（109）
表 5-3-5　典型 AAV 载体药物衣壳化学修饰有效专利（112）
表 5-3-6　UniQure AAV 载体药物专利申请（115）
表 5-3-7　Spark Therapeutics 腺相关病毒载体药物专利申请（116）
表 5-3-8　AveXis 公司腺相关病毒载体药物专利申请（118）
表 5-3-9　AGTC 公司腺相关病毒载体药物专利申请（118~119）
表 5-3-10　Voyager Therapeutics 腺相关病毒载体药物专利申请（120~121）
表 5-3-11　拜马林制药 Pharmaceutical 腺相关病毒载体药物专利申请（124）
表 5-3-12　五加和分子腺相关病毒载体药物专利（127）
表 5-3-13　纽福斯生物腺相关病毒载体药物专利（128）
表 5-4-1　Moderna 核苷修饰专利申请（134~135）
表 5-5-1　Oxford BioMedica 慢病毒载体药物相关专利（142~143）
表 5-5-2　蓝鸟生物慢病毒载体药物相关专利（144）
表 5-5-3　吉凯基因慢病毒载体药物典型专利（148）
表 5-5-4　深圳市免疫基因治疗研究院慢病毒载体药物专利（149）
表 5-5-5　深圳市免疫基因治疗研究院 LV 载体药物临床试验（149~150）
表 5-6-1　T-VEC 相关专利（151~152）

书　号	书　名	产业领域	定价	条　码
9787513006910	产业专利分析报告（第1册）	薄膜太阳能电池 等离子体刻蚀机 生物芯片	50	
9787513007306	产业专利分析报告（第2册）	基因工程多肽药物 环保农业	36	
9787513010795	产业专利分析报告（第3册）	切削加工刀具 煤矿机械 燃煤锅炉燃烧设备	88	
9787513010788	产业专利分析报告（第4册）	有机发光二极管 光通信网络 通信用光器件	82	
9787513010771	产业专利分析报告（第5册）	智能手机 立体影像	42	
9787513010764	产业专利分析报告（第6册）	乳制品生物医用 天然多糖	42	
9787513017855	产业专利分析报告（第7册）	农业机械	66	
9787513017862	产业专利分析报告（第8册）	液体灌装机械	46	
9787513017879	产业专利分析报告（第9册）	汽车碰撞安全	46	
9787513017886	产业专利分析报告（第10册）	功率半导体器件	46	
9787513017893	产业专利分析报告（第11册）	短距离无线通信	54	
9787513017909	产业专利分析报告（第12册）	液晶显示	64	
9787513017916	产业专利分析报告（第13册）	智能电视	56	
9787513017923	产业专利分析报告（第14册）	高性能纤维	60	
9787513017930	产业专利分析报告（第15册）	高性能橡胶	46	
9787513017947	产业专利分析报告（第16册）	食用油脂	54	
9787513026314	产业专利分析报告（第17册）	燃气轮机	80	
9787513026321	产业专利分析报告（第18册）	增材制造	54	
9787513026338	产业专利分析报告（第19册）	工业机器人	98	
9787513026345	产业专利分析报告（第20册）	卫星导航终端	110	
9787513026352	产业专利分析报告（第21册）	LED照明	88	

书　号	书　名	产业领域	定价	条　码
9787513026369	产业专利分析报告（第22册）	浏览器	64	
9787513026376	产业专利分析报告（第23册）	电池	60	
9787513026383	产业专利分析报告（第24册）	物联网	70	
9787513026390	产业专利分析报告（第25册）	特种光学与电学玻璃	64	
9787513026406	产业专利分析报告（第26册）	氟化工	84	
9787513026413	产业专利分析报告（第27册）	通用名化学药	70	
9787513026420	产业专利分析报告（第28册）	抗体药物	66	
9787513033411	产业专利分析报告（第29册）	绿色建筑材料	120	
9787513033428	产业专利分析报告（第30册）	清洁油品	110	
9787513033435	产业专利分析报告（第31册）	移动互联网	176	
9787513033442	产业专利分析报告（第32册）	新型显示	140	
9787513033459	产业专利分析报告（第33册）	智能识别	186	
9787513033466	产业专利分析报告（第34册）	高端存储	110	
9787513033473	产业专利分析报告（第35册）	关键基础零部件	168	
9787513033480	产业专利分析报告（第36册）	抗肿瘤药物	170	
9787513033497	产业专利分析报告（第37册）	高性能膜材料	98	
9787513033503	产业专利分析报告（第38册）	新能源汽车	158	
9787513043083	产业专利分析报告（第39册）	风力发电机组	70	
9787513043069	产业专利分析报告（第40册）	高端通用芯片	68	
9787513042383	产业专利分析报告（第41册）	糖尿病药物	70	
9787513042871	产业专利分析报告（第42册）	高性能子午线轮胎	66	
9787513043038	产业专利分析报告（第43册）	碳纤维复合材料	60	
9787513042390	产业专利分析报告（第44册）	石墨烯电池	58	

书 号	书 名	产 业 领 域	定价	条 码
9787513042277	产业专利分析报告（第45册）	高性能汽车涂料	70	
9787513042949	产业专利分析报告（第46册）	新型传感器	78	
9787513043045	产业专利分析报告（第47册）	基因测序技术	60	
9787513042864	产业专利分析报告（第48册）	高速动车组和高铁安全监控技术	68	
9787513049382	产业专利分析报告（第49册）	无人机	58	
9787513049535	产业专利分析报告（第50册）	芯片先进制造工艺	68	
9787513049108	产业专利分析报告（第51册）	虚拟现实与增强现实	68	
9787513049023	产业专利分析报告（第52册）	肿瘤免疫疗法	48	
9787513049443	产业专利分析报告（第53册）	现代煤化工	58	
9787513049405	产业专利分析报告（第54册）	海水淡化	56	
9787513049429	产业专利分析报告（第55册）	智能可穿戴设备	62	
9787513049153	产业专利分析报告（第56册）	高端医疗影像设备	60	
9787513049436	产业专利分析报告（第57册）	特种工程塑料	56	
9787513049467	产业专利分析报告（第58册）	自动驾驶	52	
9787513054775	产业专利分析报告（第59册）	食品安全检测	40	
9787513056977	产业专利分析报告（第60册）	关节机器人	60	
9787513054768	产业专利分析报告（第61册）	先进储能材料	60	
9787513056632	产业专利分析报告（第62册）	全息技术	75	
9787513056694	产业专利分析报告（第63册）	智能制造	60	
9787513058261	产业专利分析报告（第64册）	波浪发电	80	
9787513063463	产业专利分析报告（第65册）	新一代人工智能	110	
9787513063272	产业专利分析报告（第66册）	区块链	80	
9787513063302	产业专利分析报告（第67册）	第三代半导体	60	

书 号	书 名	产 业 领 域	定价	条 码
9787513063470	产业专利分析报告（第68册）	人工智能关键技术	110	
9787513063425	产业专利分析报告（第69册）	高技术船舶	110	
9787513062381	产业专利分析报告（第70册）	空间机器人	80	
9787513069816	产业专利分析报告（第71册）	混合增强智能	138	
9787513069427	产业专利分析报告（第72册）	自主式水下滑翔机技术	88	
9787513069182	产业专利分析报告（第73册）	新型抗丙肝药物	98	
9787513069335	产业专利分析报告（第74册）	中药制药装备	60	
9787513069748	产业专利分析报告（第75册）	高性能碳化物先进陶瓷材料	88	
9787513069502	产业专利分析报告（第76册）	体外诊断技术	68	
9787513069229	产业专利分析报告（第77册）	智能网联汽车关键技术	78	
9787513069298	产业专利分析报告（第78册）	低轨卫星通信技术	70	
9787513076210	产业专利分析报告（第79册）	群体智能技术	99	
9787513076074	产业专利分析报告（第80册）	生活垃圾、医疗垃圾处理与利用	80	
9787513075992	产业专利分析报告（第81册）	应用于即时检测关键技术	80	
9787513075961	产业专利分析报告（第82册）	基因治疗药物	70	
9787513075817	产业专利分析报告（第83册）	高性能吸附分离树脂及应用	90	
9787513041539	专利分析可视化		68	
9787513016384	企业专利工作实务手册		68	
9787513057240	化学领域专利分析方法与应用		50	
9787513057493	专利分析数据处理实务手册		60	
9787513048712	专利申请人分析实务手册		68	
9787513072670	专利分析实务手册（第2版）		90	